高职高专实验实训"十二五"规划教材

高速线材生产实训

主　编　杨晓彩　袁志学
副主编　李秀敏　石永亮　陈　涛　韩晓威

北　京
冶 金 工 业 出 版 社
2015

内容提要

本书是高职高专实验实训“十二五”规划教材，是根据国家示范院校重点建设材料工程技术（轧钢）专业课程改革要求和教材建设计划，参照冶金行业职业技能标准和职业技能鉴定规范，依照冶金企业的生产实际和岗位群的技能要求编写而成。全书共分7章，主要内容包括：高速线材的生产工艺，孔型、导卫与轧辊，高速线材粗、中轧机的调整，预精轧和精轧机组操作技能，主控台，控轧控冷与精整操作，高速线材轧机产品的质量控制。各章均配有复习思考题。

本书可作为材料工程技术（轧钢）专业和材料成型与控制技术专业岗位实训教材，也可作为企业岗位培训教材和相关专业工程技术人员参考书。

图书在版编目(CIP)数据

高速线材生产实训/杨晓彩，袁志学主编．—北京：冶金工业出版社，2015.1

高职高专实验实训“十二五”规划教材

ISBN 978-7-5024-6183-6

Ⅰ.①高…　Ⅱ.①杨…　②袁…　Ⅲ.①线材轧制　Ⅳ.①TG335.6

中国版本图书馆 CIP 数据核字（2014）第237542号

出 版 人　谭学余

地　　址　北京市东城区嵩祝院北巷39号　邮编　100009　电话　(010)64027926

网　　址　www.cnmip.com.cn　电子信箱　yjcbs@cnmip.com.cn

责任编辑　俞跃春　贾怡雯　美术编辑　杨　帆　版式设计　葛新霞

责任校对　卿文春　责任印制　李玉山

ISBN 978-7-5024-6183-6

冶金工业出版社出版发行；各地新华书店经销；北京百善印刷厂印刷

2015年1月第1版，2015年1月第1次印刷

787mm×1092mm　1/16；12印张；289千字；182页

33.00元

冶金工业出版社　投稿电话　(010)64027932　投稿信箱　tougao@cnmip.com.cn

冶金工业出版社营销中心　电话　(010)64044283　传真　(010)64027893

冶金书店　地址　北京市东四西大街46号(100010)　电话　(010)65289081(兼传真)

冶金工业出版社天猫旗舰店　yjgy.tmall.com

前　言

本书是按照国家示范院校重点建设材料工程技术（轧钢）专业课程改革要求、教材建设计划编写的教材。教材内容在行业专家、毕业生工作岗位调研的基础上，跟踪技术发展趋势，以及加热、轧制、精整的任职要求和更新变化，同时还参照了冶金行业职业技能标准和职业技能鉴定规范，符合冶金企业的生产实际和岗位群的技能要求，体现了以岗位技能为目标的特点。

本书共分2个理论讲解项目和5个理实一体项目。在具体内容组织安排上，以岗位操作为主线，根据工作过程和学生认知规律安排。在叙述和表达方式上力求做到深入浅出，通俗易懂。

本书主要为材料工程技术（轧钢）专业高速线材生产课程项目化教学使用，对专业技术人员也有一定的参考价值。

本书由河北工业职业技术学院杨晓彩、袁志学任主编，河北工业职业技术学院李秀敏、石永亮、陈涛以及中钢集团工程设计研究院有限公司石家庄设计院的韩晓威任副主编，参加编写的还有河北工业职业技术学院张景进、戚翠芬、巩甘雷等。

本书在编写过程中参考多种相关书籍、资料，在此，对其作者一并表示由衷的感谢。由于编者水平所限，书中不妥之处，敬请读者批评指正。

编　者

2014年8月

目　录

1 高速线材的生产工艺

1.1 线材的特点及用途

1.1.1 线材的特点

线材是热轧材中断面尺寸最小的一种，由于轧钢厂须将线材在热状态下圈成盘卷并以此交货，故又称之为盘条。

一些带有盘条作业线的高速轧机生产直径的范围为5.5~60mm，一般高速轧机产品规格的范围为5.5~30mm。

在产品品种上，高速线材轧机不但能生产碳素结构钢盘条，还能生产几乎所有钢种的盘条；除能生产圆断面光面盘条外，还可以生产相应断面的螺纹盘条，边长为5~16mm的方断面盘条和内切圆直径为5~16mm的六角盘条。

轧制过程中轧件温降是制约线材产品盘重的决定性因素，高速线材轧机具有普通线材轧机几倍甚至十几倍的轧制速度，完全解决了轧制过程中轧件的温降问题。连续式高速线材轧机从理论上讲可以生产无限大盘重的线材，但实际生产中坯料太长不好，断面受终轧速度限制。上世纪60年代中期高速线材轧机的产品盘重通常在400~700kg，如今大多数高速线材轧机的产品盘重为1000~2500kg。大盘重的产品不仅增加了用户的效益和提高了再加工的效率，同时也提高了高速线材轧机本身的生产效率和成材率。

通常高速线材轧机的产品断面尺寸精度能达到±0.1mm（对ϕ5.5~8.0mm的产品而言）及±0.2mm（对ϕ9.0~16mm产品及盘条而言），断面不圆度不大于断面尺寸总偏差的80%。近年来又出现了成圈前的规圆设备，能把断面尺寸偏差控制到±0.05mm。但尽管高速线材轧机能够生产高精度的产品，由于社会需求的线材并不都要求有这样高的断面尺寸精度，实际生产中为合理使用轧辊轧槽和分别满足各种断面尺寸精度的需要，通常把产品断面尺寸精度控制在±0.1~±0.3mm。

近年来通过轧制中的水冷和相应的变形分配所形成的控制轧制工艺，与轧后控制冷却相配合，使高速线材轧机对产品显微组织及力学性能的控制水平更高。高速线材轧机产品性能的高度均一性是其重要特点，目前普遍可以达到同根线材抗拉强度波动不大于±2.5%，同牌号线材抗拉强度波动不大于±4%。

经控制冷却的线材，其表面的次生氧化铁皮量比常规轧制的产品少得多，仅为产品质量的0.2%~0.6%，而且是易于酸洗清除的FeO组织。

1.1.2 线材的用途

线材不仅用途很广而且用量也很大，它在国民经济各部门中占有重要地位。据有关资料统计，各国线材产量占全部热轧材总量的5.3%~15.3%左右。美国约占5%，日本约占

8%，英国约占9%，法国约占14%，我国约占20%左右。线材的用途概括起来可分为两大类：一类是线材产品直接被使用，主要用在钢筋混凝土的配筋和焊接结构件方面；另一类是将线材作为原料，经再加工后使用。主要是通过拉拔成为各种钢丝，再经过捻制成为钢丝绳，或再经编制成钢丝网；经过热锻或冷锻成铆钉；经过冷锻及滚压成螺栓，以及经过各种切削加工及热处理制成机器零件或工具；经过缠绕成型及热处理制成弹簧等。

1.2 高速线材的生产工艺特点

高速线材轧机的发展是由改造线材轧机的精轧机组和控冷工艺开始的。高速轧机的生产技术成熟以后又广泛应用于小型和线材轧机的改造，无扭精轧机组的使用在生产效率和产品质量上都比横列式轧机有优势，所以在较低速度范围内也能达到一定的水平。通常高速线材轧机的工艺特点可以概括为连续、高速、无扭和控冷，其中高速轧制是最主要的工艺特点。大盘重、高精度、性能优良则是高速线材轧机的产品特点。

1.2.1 高速度轧制的意义

高速线材生产的轧制速度一直是厂家所追求的，因为轧制速度高，生产效率就高，成本就能降低，所以速度就是效益。以目前共存的几代轧机为例比较如下：从产量来看，一套轧制速度为100m/s的机组年产量为65万吨，而一套50m/s的机组年产量为23万吨，前者为后者的2.83倍左右。

从使用坯料情况看，受第一架入口速度的限制，当出口速度一定时，延伸系数即已确定。因此，轧制速度为100m/s的机组其坯料断面面积是50m/s机组的2倍。后者受连铸坯断面不能过小的限制，有可能需采用初轧坯，使成本大大增加。

从投资情况来看，上一套轧制速度为100m/s的高速线材机组比上二套50m/s高速线材机组的投资低。

总之，提高轧制速度是很有意义的。

1.2.2 高速轧制的前提无扭精轧

高速无扭精轧工艺是现代线材生产的核心技术之一，它是针对以往各种线材轧机存在的诸多问题，综合解决产品多品种规格、高断面尺寸精度、大盘重和高生产率的有效手段。唯精轧高速度才能有高生产率，才能解决大盘重线材轧制过程的温降问题。精轧的高速度要求轧制过程中轧件无扭转，否则轧制事故频发，轧制根本无法进行。因此高速无扭精轧是现代高速线材轧机的一个基本特点。

1966年9月加拿大钢铁公司哈密尔顿厂的第一套高速线材轧机投产时，精轧轧制速度可达到43.3m/s。经过20多年的发展，精轧速度达到了100m/s，至今速度已高达140m/s，高速已成为现代线材轧机速度的一个重要标志。

1.2.3 “高速”对生产工艺的要求

1.2.3.1 保障设备可实现高速

精轧机、夹送辊、吐丝机要能适应高速运转。对无扭轧制来说，限制轧制速度的主要因素是设备。近几年来为了达到更高的轧制速度，精轧机都在进行强化，例如，轧机精度高了，辊轴粗了，润滑油量加大了，轧机间距拉开了。

1.2.3.2 高速的前提是保证轧件精度

高精度、高质量的轧件是保证不产生轧制故障的最根本条件。通常应保证进入精轧机的轧件偏差不大于±0.30mm。当成品精度要求小于±0.15mm时，进入精轧的轧件偏差不应大于成品尺寸偏差的2倍。轧件偏差值是指轧件全长（包括头尾），特别是头部的最大偏差。头部不良引起的故障最多。

要保证轧件精度，必须严格控制钢坯尺寸精度。钢坯尺寸的波动会影响轧件尺寸及机座间的张力，特别对粗轧前几道影响较大。为此近几年粗轧机组都采用单独传动，以便及时灵活地调节轧制速度，保证微张轧制。

轧件温度也是影响高速轧制的重要因素，要保证轧件精度，必须保证轧件温度均匀稳定，所以要求加热温度均匀、控冷设施灵敏。

要保证轧件精度，轧机机座的刚度、精度都必须达到相当高的水平。轧机精度提高后，槽孔加工误差、轧机部件间不可控制的配合间隙将占去标准规定偏差的一大部分，必须减少这部分造成的偏差损失，使偏差损失不大于偏差值的三分之一。因为生产线材的轧制压力不大，机件弹性变形量并不大，所以线材轧机的精度比刚度更重要，高刚度的追求应当适度。

轧机间的张力对轧件精度影响极大，应尽可能实现无张力和微张力轧制。在预精轧必须实现无张力，在中轧和粗轧通常认为设置3个活套即可。这要看粗、中轧的控制水平。如果各道张力都不大，活套少些也足以保证轧件精度。

椭圆-立椭，椭圆-圆孔型系统消差作用较好，所以近几年粗、中轧也尽可能地采用椭圆-圆孔型系统。

1.2.3.3 高速工艺的另一保证是导卫

导卫的精度与轧件头部的质量关系很大，要保证轧件头部的尺寸及形状必须从导卫入手。

1.3 控轧及轧后控制冷却

1.3.1 高速度轧制必须实行控轧

高速度轧制必须实行控轧。轧件在高速线材轧机精轧机组的总延伸系数约为10，轧件出口速度如达140m/s，其进口速度也不过14m/s左右。14~16m/s仍属低速范围，通常小型轧机轧制速度达18m/s。高速线材轧机精轧以前都是低速轧机。但是当轧制速度达到10m/s时轧件温度不再下降，超过10m/s时轧件温度升高。高速线材轧机多道次逐次升温给生产工艺造成了重大影响。当轧制速度超过75m/s时，由于成品温度高，水冷段事故增多。轧制速度过高还会出现水冷段的冷却达不到控冷要求。所以在精轧前增加水冷箱，甚至全线增加水冷，实行控轧，降低开轧温度实行低温轧制。轧制中的大幅度降温与降低开轧温度，为在轧制过程中实现控制中、低碳钢线材的金相组织创造了非常有利的条件。开轧温度低，奥氏体晶粒小，还可使部分道次在未再结晶区轧制。低温轧制又是节能措施。控轧既是高速线材轧机的客观要求，又是它的突出优点和特点。低温轧制目前实行的不多，主要受原轧机强度和电机能力的限制。

1.3.2　轧后控制冷却工艺可得到高质量的产品

由于高速线材轧机以高速连续的方式生产大盘重的线材产品，终轧温度比普通线材轧机更高，采用传统的成盘自然冷却将使产品质量恶化。为避免传统成盘自然冷却造成的二次氧化严重、轧后线材的力学性能低并严重不均匀，高速轧机生产线材采用轧后控制冷却工艺。

控制冷却是分阶段控制自精轧机轧出的成品轧件的冷却速度，尽量降低轧件的二次氧化量，可根据钢的化学成分和使用性能要求，使散卷状态下的轧件从高温奥氏体组织转变成与所要求性能相对应的常温金相组织。

尽管早在20世纪40年代轧后控制冷却工艺已在某些线材轧机的生产中应用，但由于当时老式线材轧机的产品盘重都不大，自然成盘冷却问题尚不突出，且用户对产品要求也不太高，线材轧后控制冷却未被广泛采用，轧后控冷技术也没有得以完善。高速线材轧机问世后，大盘重自然冷却使产品质量恶化的问题就极为突出了，这就使轧后控制冷却工艺被广泛采用，并随用户对产品日益提高的要求而逐渐完善。轧后控制冷却工艺已成为高速线材轧机不可分割的组成部分，是高速线材轧机区别于老式线材轧机的特点之一。

1.4　高速线材轧机近年来的技术发展

1.4.1　不断提高轧制速度

提高轧制速度的目的主要是提高单线的生产率，并且随着轧制速度的提高，在钢坯轧入速度不低于允许的轧入速度条件下，连轧能采用较大断面的连铸坯。这是因为大断面钢坯有较好的表面和内在质量可以提高线材产品的质量和减少由于钢坯缺陷造成的操作事故。

到目前为止，高速线材轧机的保证轧制速度已达到120m/s，最高轧制速度已达到150m/s。在全连轧轧入速度不低于允许值的条件下，可采用170mm×170mm断面的钢坯，单线年产量可达70万。

1.4.2　精轧机普遍采用顶交45°结构

20世纪80年代中期以前，精轧机基本是测交45°、平-立、测交15°/75°等形式，保证速度均在90m/s左右。随着轧制速度的不断提高，精轧机高速运转下的设备振动问题阻碍速度进一步提高，80年代中期Morgan公司放弃测交45°结构，精轧机采用消除振源、降低主传动轴重心位置的顶交45°或测交75°/15°和平-立结构，采用顶交45°结构。顶交45°高速线材精轧机还具有操作较少遮蔽视野、较易换辊换导卫、设备安装维护及调整操作方便等优点。图1-1为精轧机轧辊。

1.4.3　8+2和8+4精轧机组

80年代，由于采用较大断面的钢坯增加轧制道次和提高轧出速度以及扩大产品规格范围的需要，精轧机需在 8 架的基础上改成 10 架，Morgon 公司在此需求下开发了 8+2 精轧机技术。

8+2 精轧机，就是各自分别成组传动的一组为 8 架和另一组为 2 架相衔接组成的精轧机组。

图 1-1 精轧机轧辊

在生产时，后 2 架和前 8 架要保持正确的连轧关系，这就不但要保证稳态轧制时轧件断面和速度构成的金属秒流量相等，而且要保证在两组轧机之间开始穿轧时也不产生堆拉钢事故，为此在轧件头部从前 8 架轧出到进入后 2 架前，前 8 架的传动系统必须已经过动态速降阶段达到稳态速度，这就需要将两组之间拉开一定的距离。此距离 L 的大小决定于前 8 架最高轧出速度和主传动系统的传动特性。一般为：

$$L \geqslant 0.25 v_8$$

式中 v_8——前 8 架的最高轧出速度，m/s；

0.25——目前普遍技术能达到的动态到稳态恢复时间，s。

精轧机组分成两组独立的传动可以实现调速，后 2 架可以通过离合变换传动齿轮改变传动速比来实现调速。精轧机组最后两机架的变形量能按需进行调整，同时以速度的调整来保证连轧金属秒流量相等。最后 2 架精轧机组能较大量地改变道次变形量，这样大大扩展了高线轧机的功能，将这 2 架能较大幅度调整变形量和速比的精轧机称为减径机。

为了生产高精度的线材产品，用类似减径机结构制造的定径机就可使线材的尺寸精度达到±0.1mm。减径机和定径机之间也存在连轧关系，机架间速比必须调整。Morgan 公司采用减径机和定径机 4 个机架由一台电机集体传动，机架间用离合变换传动齿轮的方法调整速比。Danieli 公司的减径机和定径机由一台电动传动，并且减径机和定径机紧邻布置，减径机传动电机在从无轧制负载到有轧制负载动态速降的调整过程中轧件头部进入定径机，定径机传动电机速度调整无基准，因此减定径机间轧件堆拉关系调整困难，保障线材成品的尺寸精度变得困难。

1.4.4 实现控制轧制

减径机的使用可以大范围地调整最后两个轧制道次的变形量。同时独立传动的减径机又和精轧机拉开了较大的距离，从而可以在减径机和精轧机间布置水冷装置以达到控制最后两道次的轧制温度的目的。带减径机的高速线材轧机可以实现较大范围内调整变形量和控制轧制温度以达到控制轧制的目的。

为了提高产品的性能，高速线材轧机从实现控轧和轧后控冷技术方面进行不断研究以求得到性能优良的高速线材产品。

1.4.5 预精轧机采用成组传动顶交 45°结构

减定径机的使用简化了高速线材的轧制工艺，通常 4 架预精轧机以两组两架成组传动就可以满足轧件规格的调整需要。随着精轧机轧制速度的提高，相应的预精轧的速度也要与之匹配，于是预精轧机很有必要采用高速无扭技术，成组传动的顶交45°结构也就顺理成章了。成组传动的预精轧机比常规精轧机少设置两个活套，简化了轧线机械设备组成和相应的电控设备。

1.4.6 高速切头尾的飞剪

市场需要的是切去超差头尾段的线材盘卷，而高速线材轧机由于精轧机和粗中轧机只能采用微张力轧制工艺，线材盘卷失张的头尾段断面尺寸超差无法避免。以往处理头尾超差段的剪切是采用人工持剪，在集卷前的散冷辊道上或在P-F线的钩对钩系统处进行剪切，效率低，易造成头尾处乱卷，劳动强度大。

2002年Danieli和Siemag公司分别推出了高速切头尾的飞剪，避免了人工手持剪在集卷前的散冷辊道上或P-F线的钩对钩系统处进行剪切时效率慢劳动强度大的弊端。而高速剪设置在吐丝机前，在减定径机和吐丝机之间的水冷线的最后一段上，实行自动化切头尾操作。

高速飞剪包括两套智能夹送辊和装有回转剪刃的剪机、导向器、切头碎断剪及碎断料收集装置。电动导向器引导轧件进入吐丝机或进入剪切线，导向器的移动通过计算机根据剪刃的位置进行控制，以保证完好的剪切重复性。图1-2所示为高速切头尾飞剪。

图1-2 高速切头尾飞剪

1.4.7 日臻完善的控冷工艺与设备

20世纪60年代末、70年代初，随着高速线材轧机的发展出现过各式各样的轧后控制冷却工艺与设备。70年代末轧后水冷加吐丝成圈后辊道散冷成为主流。

辊道散冷的标准型、延迟型及缓慢型的三种设备中，标准型散冷由于控制温降速度的手段较少，适于生产高中碳钢等少数钢种。缓慢型散冷设备过于庞杂，投资昂贵，并不能适应一种钢种的生产。80年代辊道散冷也多归一为可在不同温度阶段能大范围控制线圈冷却速率而较完善的延迟型，其冷却速度为0.3~17℃/s。

为了使线圈各处冷却速度均匀一致，除在辊道两侧交替设置侧导板使线圈在前行过程中左右摆动错开搭接点外，辊道底板进风孔布置也使线圈搭接点处风量较大。

为适应各钢种和性能线材的生产，轧后控制冷却的工艺与设备不断完善，目前几乎所有钢种可能达到的性能都能通过控冷或控轧控冷得到。

1.4.8 轧机越来越多的采用变频交流传动

随着变频交流传动技术的日益成熟，在造价上和直流传动逐渐接近，线材轧机越来越多地采用变频传动。交流调速系统与直流调速系统相比具有以下优点：

(1) 交流电机维护工作量少。

（2）交流电机体积小，动态特性较好。

（3）电机可制造成大容量、高转速的电机。

1.5 高速线材生产的工艺流程

高速线材生产工艺流程如图 1-3 所示。

1.5.1 钢坯存放

高速线材轧机所采用的钢坯通常较长，为便于存放和吊运，一般把钢坯顺仓库跨的长度方向成排地放在格架中。吊运工具常采用挠性挂梁电磁吊车。在格架内钢坯堆放高度为 3~4m，格架内宽和电磁吊每次吊运最多的钢坯总宽度一致。用格架存放钢坯，有效面积的单位存放量为 18~25t/m²。当然，为避免钢坯混号，要按钢种分别存放。

1.5.2 钢坯质量检查

钢坯主要检查表面质量。碳素结构钢坯的检查多为人工目检；合金钢坯或特殊钢坯的检查多在表面除鳞后用涡流探伤检查。检查后合格钢坯投入生产，不合格钢坯将另做处理。

研究人员认为在线材生产线上布置钢坯表面清理设施是不合理的，因为钢坯作为连铸或开坯轧机的产品，应保证其质量合格。不合格的钢坯应退货，只有这样才能促进钢坯质量的提高，才能从整体上解决钢坯质量问题。

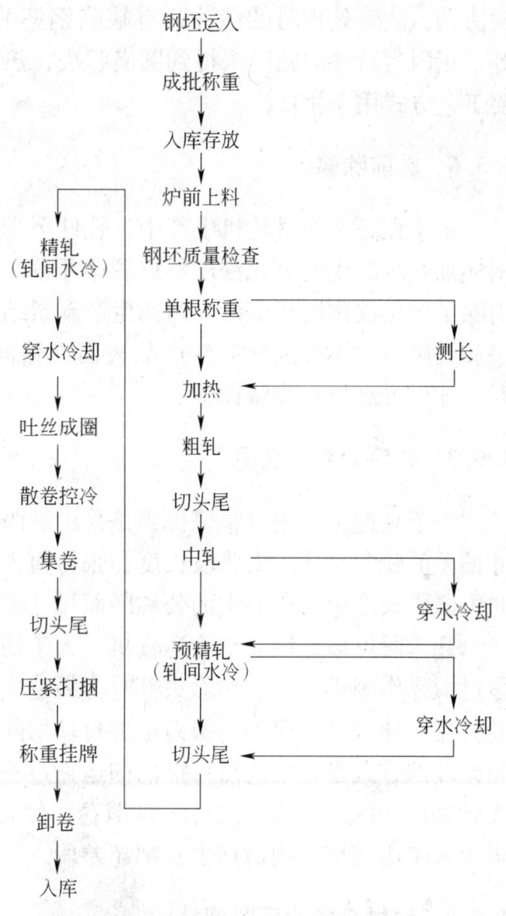

图 1-3 高速轧机的线材生产工艺流程

1.5.3 钢坯称量

钢坯称量包括称重和测长。称重是轧机生产技术经济统计的需要；测长是为加热炉防跑偏对中系统提供控制信号；称重和测长又是物料跟踪系统所必需的输入参数。

1.5.4 钢坯加热

目前高速线材轧机均采用较低的开轧温度和相应的出炉温度。除特殊钢种外，碳素钢和合金钢依钢种不同开轧温度一般在 900~1050℃。之所以采用较低的开轧温度和出炉温度是因为高速线材轧机的粗轧和中轧机组的轧件温降小，而且轧件在精轧机组还升温。降低加热温度可明显减少金属氧化损失和降低能耗。加热温度 900℃ 比 1050℃ 金属烧损低 0.5%，而产品总能耗减少 1.16GJ/t（加热能耗降低 1.3GJ/t，轧制电耗增加 0.14GJ/t）。

1.5.5　钢坯热装

热装一直是一个值得研究的工艺途径，但迄今为止在生产组织和技术上还有不少问题，主要是：供坯生产及线材生产的能力匹配，钢种及规格的对应，检修及工具更换时间的协调，故障处理时的缓冲，有缺陷钢坯的热态检查及清理，热装温度波动的控制对策等。正因为这些问题尚未得到圆满解决，热装工艺还处在小规模试验阶段，还不能作为主要工艺方式用于生产。

1.5.6　轧前除鳞

由于在高速线材轧机生产中，轧件至少要经过19道次以上的两个方向反复轧制压缩，钢坯加热时产生的氧化铁皮早已脱落干净，并在总延伸系数不低于71的延伸变形中彻底消除了氧化铁皮脱落斑痕，因而生产碳素结构钢产品时在轧制前无须设置氧化铁皮清除工序和设施，亦不会因此产生产品表面质量问题。只有在生产合金钢等有特殊要求的产品时，才设置高压水除鳞设施。

1.5.7　轧后切头及切尾

由于高速无扭线材精轧机组是采用微张力轧制，在轧件头部及尾部将出现大于公称尺寸偏差的断面尺寸。失张段长度和张力值大小、机架间间距以及精轧延伸系数成正比，同时失张段长度也与所要求的公称断面尺寸偏差成反比。通常要将此超差段切除后交货。

超差段可以在散卷空冷运输机上人工切除，但在延迟型控制冷却过程中因为无保温罩段过短操作困难，而且切除头部时容易造成线圈拉乱变形，集卷困难。超差段也可以在集卷时用可伸入集卷筒内的镰刀形剪自动切除，但集卷后排除切头困难。目前较合理的切除超差段的方式是在集卷后打捆前的运输过程中，采用倒卷系统，由人工用液压便携剪先切去轧件尾部的超差段，之后将盘倒卷，使轧件头部超差，并使轧件头部超差段露在外面，再由人工用液压便携剪切去头部超差段。

1.5.8　线材盘卷的压紧捆扎

由于高速线材轧机所生产的线材多是大盘重产品，又经过控制冷却在较低温度（一般低于400℃）集卷，盘卷较为膨松。成品盘卷要保证捆扎密实，外形规整，必须实行压紧捆扎。

对于线圈直径ϕ1050mm，盘卷直径ϕ1250mm/ϕ850mm的盘卷，未压实前每100kg高为120mm（光面盘条）或130mm（螺纹盘条），压紧捆扎后应为每100kg约高90mm。施加最大压紧力约400kN。

捆扎材料通常是ϕ5.5~6.5mm线材或冷轧包装带钢，每个盘卷应均匀捆扎4道。对于用线材作捆扎材料的，捆扎搭接部位不应有能造成钩挂的凸起搭扣，以免运输过程中刮断散包或刮伤别的盘卷。

1.5.9　盘卷称重和挂标牌

高速线材轧机产品盘重较大，故均单盘称重。在现代化自动生产线上多用电子秤称量，自动记录、累计并打出标牌。标牌由人工绑挂在盘卷上，作为出厂标记并供生产统计使用。

1.6　一些高速线材厂的生产工艺

1.6.1　马钢高线厂实例

马钢高速线材厂是我国第一家全套引进高速线材轧机的生产厂，也是引进高速线材轧机技术、装备比较成功的一例。

1987 年 5 月该厂热试轧一举成功，并很快轧出了符合国际先进标准的多种规格、多种钢种的优质线材。在试轧的第二个月就达到设计的最大轧制速度 100m/s，第三个月就创造了双线轧制达 120m/s 的速度，成为当时世界上具有较高轧制速度的线材轧机。

图 1-4 所示为该厂主要设备及工艺平面布置图，其有关数据如下：

产品尺寸：ϕ5. 5~16mm；

坯料尺寸：130mm×130mm，长 16m；

轧制速度：100m/s；

轧制线数：2；

年产量：40 万吨；

盘重：2000kg；

粗中轧机组：ϕ560mm×4+ϕ475mm×3+ϕ475mm×1+ϕ410mm×3；

预精轧机组：平-立悬臂式 ϕ285mm×4；

精轧机组：摩根-西马克型 ϕ210. 5mm×2+ϕ158. 8mm×8；

控制冷却线：斯太尔摩型（辊道式）；

设备状况：引进西马克全新设备。

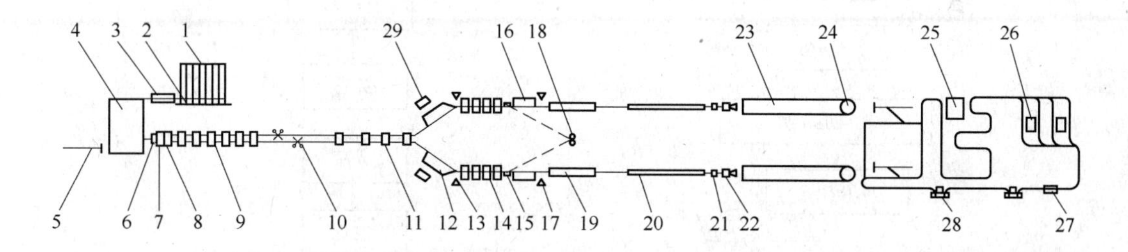

图 1-4　马钢高线厂主要设备及工艺平面布置图

1—步进式上料台架；2—钢坯剔废装置；3—钢坯秤；4—组合式步进加热炉；5—钢坯推出机；6—钢坯夹送辊；7—分钢器；8—钢坯卡断剪；9—七架水平二辊式粗轧机；10，11—四架水平二辊式中轧机；12，16—侧活套；13，17—卡断剪；14—四架平-立紧凑式预精轧机；15—飞剪及转辙器；18—碎断剪；19—十架 45°无扭精轧机组；20—水冷段；21—夹送辊；22—吐丝机；23—斯太尔摩运输机；24—集卷筒；25—成品检验室；26—打捆机；27—电子秤；28—卸卷机；29—废品卷取机

1.6.2　营口天盛重工高线厂生产线简介

营口天盛重工高线厂工艺流程如图 1-5 所示。

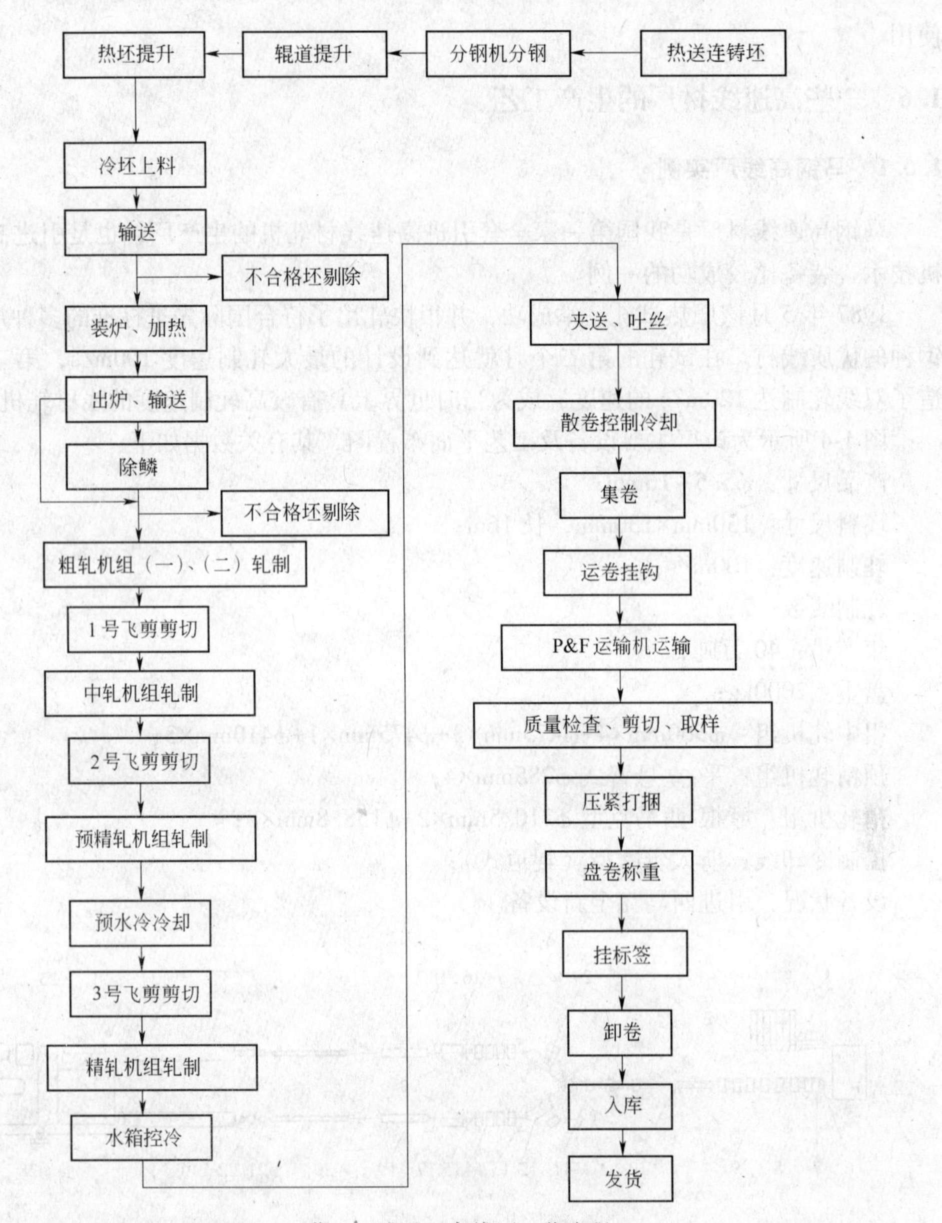

图 1-5　营口天盛重工高线厂工艺流程

1.6.2.1　生产规模

生产规模为年产量 100 万吨合格高速线材。

1.6.2.2　产品方案

（1）生产钢种：碳素结构钢、优质碳素结构钢、低合金钢、冷镦钢、弹簧钢、焊条钢。

（2）产品规格及大纲。

产品：直径 $\phi 5.5 \sim 16$mm 的光面高速线材和螺纹盘卷；

盘卷外径：ϕ1250mm；

盘卷内径：ϕ850mm；

盘卷高度：约 500~1800mm（压紧打捆后，下限为分卷时高度）；

盘卷质量：2000kg。

1.6.2.3 工艺流程简介

A 坯料

从连铸机出来的热坯通过辊道成组送至双高线车间坯料跨，经分钢机分钢后送到热坯输送辊道，被固定挡板挡停后，由带拨爪的链式提升机构将其提升到+5m 平台上的受料台上，然后通过取料机构将钢坯送到上料辊道上，上料辊道继续往前输送到侧进侧出蓄热步进梁式加热炉内加热。

冷坯由电动平车从连铸车间运入本车间坯料跨，上料时磁盘吊车将成排（每排 6~7 根）的冷连铸钢坯从坯料跨坯料堆放处吊放至上料台架上，上料台架将钢坯步进送往加热炉上料辊道，然后由取料机构将钢坯单根送到上料辊道上，送入蓄热步进式加热炉内加热。

如果在上料过程中发现有不合格的钢坯，则通过冷坯上料台架处取料机构将其送到剔除台架上，然后用吊车吊走。

B 加热

钢坯由炉内入炉辊道运入加热炉内，对中停止在加热炉入炉辊道中央，然后由加热炉上料液压推钢机构将辊道上钢坯推到加热炉步进机械上，由步进机械向前移送，钢坯在炉内边向出料端步进移动边被加热。当钢坯被移送到加热炉出钢处时，已被均匀地加热到出炉温度，由加热炉的步进梁将加热好的钢坯自固定梁送到炉内出炉辊道上，然后送往炉外出炉辊道。

C 粗中轧

出炉后的钢坯经高压水除鳞后，由出炉辊道送往粗轧机组。在运送过程中如发现不合格钢坯、或因后部工序故障未能轧制并过冷的钢坯，可通过剔出装置收集，由车间吊车运走，通过过跨车送回坯料跨。

钢坯在粗轧机组（一）中单线无扭转微张力连续轧制 4 个道次，轧成 ϕ105mm 断面，之后经分钢辊道由分钢装置依次分别导入粗轧机组（二）左侧、右侧轧槽中，进行连续双线微张扭转轧制 4 个道次，轧成 ϕ55.5mm 断面。轧件在粗轧机组（一）和粗轧机组（二）之间为脱头轧制。

各钢种开轧温度见表 1-1。

表 1-1 各钢种开轧温度

钢 种	出炉温度/℃	温度偏差/℃
碳素结构钢 Q195、Q215、Q235	950~1000	±20
优质碳素结构钢 35 号~45 号	950	±20

续表 1-1

钢　种	出炉温度/℃	温度偏差/℃
弹簧钢	1000	±20
冷镦钢 ML08Al、ML22Mn	950~1000	±20
焊条钢 H08A、H08C、H08E	1000	±20
低合金结构钢	1000	±20
热轧光圆钢筋 HPB235、HPB300	1000	±20
热轧带肋钢筋 HPB235、HPB300E	1000	±20

轧件自粗轧机组（二）轧出后，在 1 号飞剪（双线）中分别切去轧件头部（事故时亦可将轧件碎断），进入中轧机组连续双线扭转微张轧制 6 个道次，根据成品规格的不同轧成 ϕ27mm 的断面。

在粗轧机组（二）入口设有卡断剪，若轧件在粗、中轧机组内发生事故，卡断剪启动将轧件切断防止后续轧件继续进入后续轧机机组。

D　预精轧

中轧机组轧出的轧件经导槽分线后在 2 号飞剪（双线）中分别切去轧件头尾部（事故时亦可将轧件碎断），进入预精轧机组（双线）。经预精轧机组无扭转无张力地连续轧制 4 个道次，根据成品材的不同分别轧成 ϕ16. 9mm（断面面积 224. 3mm^2）、ϕ18. 5mm（断面面积 246. 63mm^2）、ϕ19. 5mm（断面面积 268. 8mm^2）、ϕ20. 3mm（断面面积 299mm^2）、ϕ21. 1mm（断面面积 317mm^2）的断面。

E　精轧

预精轧机组轧出的轧件，经精轧前水冷装置冷却和均温，控制进精轧温度，避免精轧高速变形所带来的剧烈温升使轧件温度过高、轧件过软，进而导致穿孔困难和金属奥氏体晶粒过分长大，恶化产品性能。

轧件在进入精轧机组前，经 3 号飞剪（双线）切头后，进入精轧机组轧制，根据成品规格不同分别轧制 2、4、6、8、10 个道次，轧成最终成品断面。在精轧过程中采用无扭微张轧制。在生产 ϕ5. 5~7. 0mm 线材时，精轧机组保证终轧速度为 90m/s。

中轧机组和预精轧机组之间、预精轧机组和精轧机组之间设有侧活套，保证机组之间实现无张力轧制。

轧制采用椭圆-圆孔型系统。

F　轧后水冷

轧成成品断面的轧件自精轧机轧出后进行轧后控制冷却。首先进行穿水冷却，使轧件自精轧机出口温度快速冷却至吐丝成圈温度，轧件快速度过强烈氧化的高温阶段，大大减少金属二次氧化，同时避免金属组织在高温区的晶粒长大，为散卷冷却提供好的金相组织。

G　吐丝

经穿水冷却的轧件，借助吐丝机前夹送辊的夹送（夹送辊对小规格高速轧出的轧件只夹尾部以避免前冲成大圈），由吐丝机形成直径 ϕ1050mm 的螺旋线圈，并均匀铺放到散卷冷却辊道上。

延迟型散卷冷却辊道根据所轧线材的钢种、规格、轧出速度和对应所需性能的金属组织，通过调整辊道速度，选择辊道下风机开启的数量和风量，以及选择保温罩的启闭来控制线圈的冷却速度在 0.3~17℃/s 范围内任意调节。使线卷在理想的冷却速度下实现金相组织的转变，从而获得具有良好的金相组织和所需要的均匀一致的力学性能的产品。

各种钢种吐丝温度见表 1-2。

表 1-2　各种钢种吐丝温度

钢　种	吐丝温度/℃
碳素结构钢（直接使用） Q195、Q215 、Q235	600~650
碳素结构钢（拉拔用）	840~860
优质碳素结构钢 35 号~45 号	780~900
弹簧钢	800~840
焊条钢 H08A、H08C、H08E	800~900
冷镦钢 ML08Al、ML22Mn	820~840
低合金结构钢	600~670
热轧光圆钢筋 HPB235、HPB300	630~700
热轧带肋钢筋 HPB235、HPB300E	630~700

H　集卷

螺旋状的线材在风冷运输辊道上按需要的冷却速度完成组织转变后，在辊道运输机的“尾”部通过线圈分配器平稳地落入集卷筒，穿套于集卷芯轴上，并随集卷托板逐渐下降，形成外径为 1250mm，内径为 850mm 的盘卷。集卷时线材温度为 200~400℃。当一卷线材收集完毕后，“快门”托板托住“浮动芯轴”，集卷芯轴下降回转，将立卷翻转成卧卷状态，同时另一个芯轴（无盘卷的芯轴）由水平位置回转到集卷机中心的垂直位置，使集卷工作继续进行。

在集卷芯轴旋转换位过程中，自散冷辊道落入集卷筒中的下一盘卷由快门托板承接和浮动芯轴定位。盘卷运输小车将套在水平状态芯轴上的松散卧卷移出，并挂到处于等待状态的悬挂式运输机（P&F 线）的钩子上。盘卷挂好后，运卷小车返回，等待下一个盘卷。

载有盘卷的钩子由运输机链条带动沿轨道运行。盘卷继续冷却，在检查站的位置由人工进行检查、取样和切头工作。钩子载着盘卷继续运行到打捆站时，由自动打捆机打捆。捆好的盘卷在盘卷秤上称重、并挂标记。钩式运输机最后把盘卷送到卸卷站，小车将盘卷从钩子上取下，把盘卷放到盘卷收集站中。P&F 线的空钩继续运行，返回到集卷站处循环使用。成品库的吊车将卸卷站处的盘卷吊运至成品堆存区存储、等待发货。

在轧制过程中如出现轧制事故，事故点所在轧线上游的所有卡断剪闭合，切断轧件并阻止后续轧件轧入；同时事故点所在轧线上游所有的飞剪启动连续剪切将后续轧件碎断，避免事故扩大和便于事故处理。

粗、中轧机采用机架换辊小车换辊，机架横移换孔；预精轧机和精轧机用专用液压拆装工具更换辊环换辊，用辊环换向或加热方式换孔。

轧制过程中产生的切头及轧废料收集于飞剪下的切头箱，定期由汽车运至厂房端处，再由汽车运出本车间。

1.6.3　某高速线材厂工艺流程简介

生产工艺流程如图 1-6 所示。

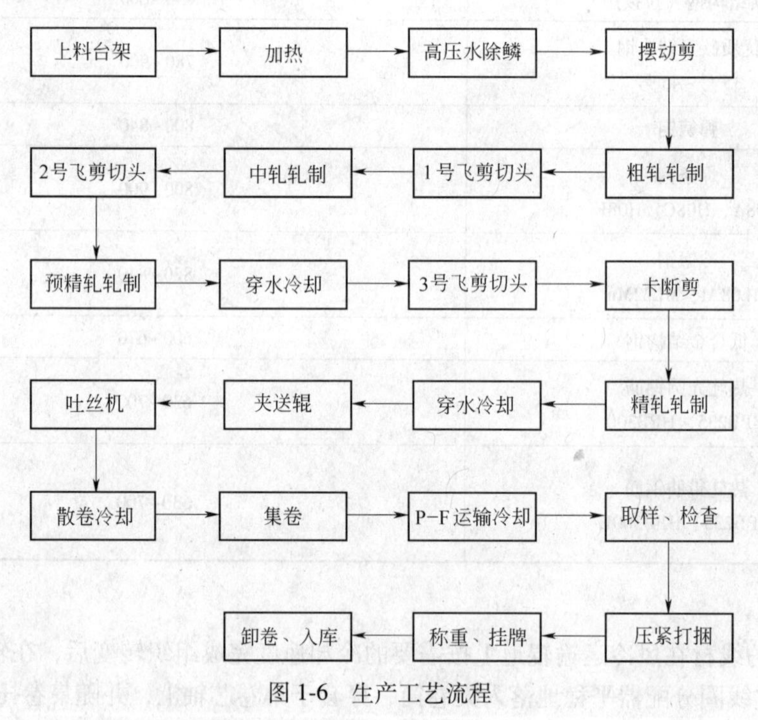

图 1-6　生产工艺流程

1.6.3.1　产品（盘卷）规格

圆钢（ϕ5.5 ~ 20mm）：ϕ5.5mm、ϕ6mm、ϕ6.5mm、ϕ7mm、ϕ7.5mm、ϕ8mm、ϕ8.5mm、ϕ9mm、ϕ9.5mm、ϕ10mm、ϕ10.5mm、ϕ11mm、ϕ11.5mm、ϕ12mm、ϕ12.5mm、ϕ13mm、ϕ13.5mm、ϕ14mm、ϕ14.5mm、ϕ15mm、ϕ15.5mm、ϕ16mm、ϕ17mm、ϕ18mm、ϕ19mm、ϕ20mm。

螺纹钢（ϕ6~16mm）：ϕ6mm、ϕ8mm、ϕ10mm、ϕ12mm、ϕ14mm、ϕ16mm。

1.6.3.2　产品（盘卷）钢种

热轧光圆钢筋、热轧带肋钢筋、碳素结构钢、优质碳素结构钢、合金钢、冷镦钢、弹簧钢和焊接钢等。

1.6.3.3　生产工艺概况

坯料的尺寸为：连铸方坯断面为150mm×150mm、140mm×140mm，连铸坯长度为6000mm、12000mm，最大单重为2415kg。

钢坯通过汽车由炼钢厂运至原料跨，由行车吊运至上料台架，上料台架将钢坯逐根向前推进至入炉辊道上。通过炉内入炉悬臂辊送入加热炉内加热。

根据不同钢种的加热制度要求，钢坯在步进式加热炉内加热到900~1200℃。再根据轧制节奏，由出炉悬臂辊将加热好的钢坯逐根送出炉外。钢坯通过高压水除鳞装置，除去钢坯表面氧化铁皮后进入粗轧机组轧制。

车间主轧线轧机共28架，为全连续布置，分为粗轧机组、中轧机组、预精轧机组及精轧机组。其中粗轧机6架、中轧机6架、预精轧机6架、精轧机10架、全线共28个轧制道次。轧件依次进入各机组，并形成连轧关系。全轧线为无扭轧制，在预精轧机组前、精轧机组前及预精轧机组各机架间设活套装置，用于保证轧件的无张力轧制，以提高产品的尺寸精度。

精轧机组为顶交45°无扭轧机，10架轧机集体传动，采用碳化钨辊环，在精轧机组内轧件为微张力无扭轧制。根据生产规格的不同，轧件在精轧机组内轧制2~10道。精轧机组最高设计速度为115m/s，保证速度为90m/s（轧制ϕ6.5 mm）。

在粗轧机组后、中轧机组后及精轧机组前设飞剪（碎断剪），用于轧件切头切尾和事故碎断；在粗轧机组前、预精轧机组、精轧机组前设气动卡断剪用于设备故障时卡断轧件，以保护设备，检修时放下卡断剪，保证人身安全。

在预精轧机前、精轧机组前设水冷段，以降低进入精轧的轧件温度。轧件温度控制范围为850~950℃。

经过精轧机组轧出的高速线材，首先通过设有4个水箱的水冷段，根据生产要求将高速线材冷却至750~950℃，然后再通过夹送辊送入吐丝机，形成螺旋状线圈，并落至散卷冷却线的辊道上。

散冷线为辊式延迟型，可根据所生产线材钢种、规格以及对性能要求的不同，调节冷却风机的开启台数和风量，对散卷线材进行缓冷或自然风冷，以获得符合力学性能要求的线材。风机带有佳灵装置，可以调节沿辊道宽度方向的风量分布；散冷线设有多个跌落段，以消除线圈搭接热点，保证整根线材力学性能均匀性。线材冷却到低于400℃时，落入带有双芯棒的集卷筒内集卷，当一卷线材收集完成后，分离指闭合将浮动芯棒托起，承卷芯棒即旋转至水平位置，由运卷小车将盘卷运送至P-F线的钩子上，同时另一芯棒旋转至垂直承卷位置，到位后分离指打开，继续收集下一卷线材。

盘卷在PF线上继续冷却，并在运输过程中人工取样、检查、精整。当盘卷运行至打捆机位置时，对盘卷进行压实、打捆。然后盘卷在电子秤处称重、挂牌，最后在卸卷站卸下，由行车吊运入库。

复习思考题

1-1　高速线材产品的特点是什么?

1-2　高速线材产品的用途有哪些?

1-3　高速线材的生产工艺有什么特点?

1-4　“高速”对生产工艺的要求有哪些?

1-5　高速轧制为什么实行控轧?

1-6　为什么控制冷却工艺可得到高质量的产品?

1-7　简述高速线材轧机近年来的技术发展状况。

1-8　简述高速线材生产的工艺流程。

1-9　简述马钢高线厂的生产工艺流程。

1-10　简述营口天盛重工高线厂生产工艺流程。

2 孔型、导卫与轧辊

2.1 概述

钢坯在轧机上通过轧辊的孔槽经过若干道次，被轧成所需断面形状和尺寸，这些轧辊孔槽的设计称为孔型设计。

良好的孔型设计应该符合以下要求：

（1）得到符合要求的形状，精确的尺寸，良好的表面质量和内部组织以及力学性能均佳的优质线材。

（2）轧制工艺稳定，生产操作简单，轧机调整方便，并使轧机具有尽可能高的生产能力。

（3）使轧制能耗和轧辊消耗最低。

（4）劳动条件好，安全，便于实现高度机械化、自动化操作。

为达到上述要求获得最佳效果，孔型设计者除应掌握金属在孔型中的变形规律和孔型设计的方法步骤外，还必须熟悉轧机设备工艺特点和操作习惯，针对具体轧机工艺特点和操作条件进行相应的孔型设计，并在实践中不断改进和完善。

2.1.1 椭圆-圆孔型系统

椭圆-圆孔型系统的优点是：

（1）孔型形状能使轧件从一种断面平稳地转换成另一种断面，避免了由于剧烈的不均匀变形而产生局部应力，减少了轧件劈头。

（2）没有较尖的棱角，轧件冷却均匀，减少轧件在轧制过程中产生裂纹的因素。

（3）孔型形状及变形特点有利于去除轧件上的氧化铁皮，使轧件具有光滑的表面。

（4）与椭圆-方孔型系统相比，轧件断面几何形状好，尺寸波动小，圆形轧件进入椭圆孔型轧制可避免产生椭圆轧件头部大的缺陷。

椭圆-圆孔型系统的缺点是：

（1）椭圆形轧件在圆孔型中轧制不稳定，因而对导卫装置设计和安装调整要求严格。

（2）变形仍不太均匀。

（3）圆孔型对来料轧件尺寸波动适应性差，调整要求严格。

（4）延伸系数比较小，通常平均延伸系数为1.2~1.4。

椭圆-圆孔型系统中的椭圆孔型结构如图2-1所示。

由于现代高速线材轧机对延伸孔型系统的轧件几何形状和尺寸精度要求的提高、椭圆-圆孔型系统孔型结构的完善和其孔型系统的突出优点和滚动导卫装置在高速线材轧机

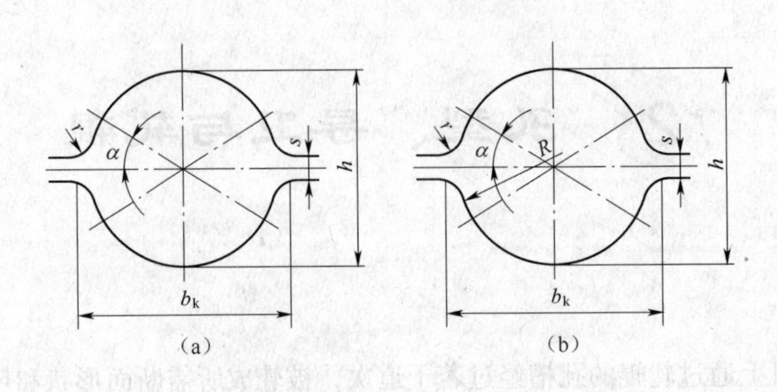

图 2-1　椭圆孔型的结构

(a) 开口切线连接法；(b) 开口圆弧连接法

上的普遍应用，虽然椭圆-圆孔型系统较椭圆-方孔型系统延伸系数小，但是它足以满足现代高速线材轧机对延伸孔型系统的需要，因而椭圆-圆孔型系统已越来越多地在现代高速线材轧机的延伸孔型系统中得到应用。

2.1.2　粗、中轧延伸孔型系统

2.1.2.1　粗、中轧延伸孔型系统的选择

高速线材轧机的原料多是边长为 100mm 以上的轧制方坯或连铸方坯，钢种有高碳钢、低碳钢和低合金钢。粗、中轧机组的设备大多是水平二辊轧机顺列式布置，轧机强度大。单机直流电机传动，传动能力大、调速范围广。产品质量尺寸精度要求高。粗、中轧机组的轧制工艺采用单线或多线轧制，除中轧机组最末一两架外，其他各架的孔型对所有产品都是共用的。

由奇数道次组成的粗、中轧机组的延伸孔型系统，以选择箱（变态箱）-椭圆（双弧椭圆）-圆-椭圆-圆的组合孔型系统最理想，也可选用箱-椭圆-方-椭圆-圆的组合孔型系统。

由偶数道次组成的粗、中轧机组的延伸孔型系统，以选择椭圆-圆-椭圆-圆的组合孔型系统最为理想，也可选用箱-箱-椭圆-方-椭圆-圆的组合孔型系统。

粗轧机组为紧凑式轧机单线轧制的粗、中轧延伸孔型系统，则应选择箱（平）-箱（平）-箱（平）-六角-方-椭圆-圆的组合孔型系统。

2.1.2.2　粗、中轧延伸量的分配

在粗轧阶段，除应注意前两三道次钢坯表面氧化铁皮厚、摩擦系数小和咬入困难外，还应充分利用金属在高温阶段塑性好、变形抗力小的特点和这一阶段对轧件尺寸精度要求不甚严格的条件，故通常采用较大的延伸系数；在中轧阶段，既要继续利用金属在此较高温度下变形抗力小和塑性较好的特点，又要保持轧件尺寸稳定，以便保证中、精轧工艺稳定，故通常采用中等的延伸系数。

几个具有代表性的线材轧机的延伸系数分配情况见表 2-1。

表 2-1　具有代表性的线材轧机的延伸系数分配情况

轧机	钢坯端面尺寸 /mm×mm	成品直径 /mm	全线			粗轧机组			一中轧机组			二中轧或预精轧机组		
			总延伸系数 $\mu_{总}$	总道次 $N_{总}$	平均延伸系数 $\mu_{均}$	总延伸系数 $\mu_{粗总}$	粗轧道次 $n_{粗}$	平均延伸系数 $\mu_{粗均}$	总延伸系数 $\mu_{中总}$	一中轧道次 $n_{中1}$	平均延伸系数 $\mu_{中均}$	总延伸系数 $\mu_{中总}$	二中扎道次 $n_{中2}$	平均延伸系数 $\mu_{中均}$
A	150×150	5.5	938.3	27	1.289	10.52	9	1.299	3.22	4	1.339	2.91	4	1.306
		6.5	672.6	27	1.273	10.52	9	1.299	2.81	4	1.295	2.38	4	1.242
B	130×130	5.5	706.5	24	1.314	17.88	8	1.434	4.68	6	1.293			
		6.5	506.5	24	1.296	17.88	8	1.434	3.49	6	1.232			
C	136×136	5.5	750	25	1.303	7.66	7	1.338	3.62	4	1.379	2.91	4	1.306
		6.5	538.2	25	1.286	7.66	7	1.338	3.21	4	1.338	2.44	4	1.250
D	130×130	5.5	690.9	25	1.299									
		6.5	494.6	25	1.282	4.384	4	1.447	4.045	5	1.322	3.015	6	1.202
E	102×102	5.5	468.4	23	1.307	8.82	7	1.35	5.58	6	1.33			
		6.5	306.9	23	1.283	8.82	7	1.35	4.06	6	1.26			
F	100×100	5.5	414.8	24	1.286	8.84	8	1.31	7.53	8	1.29			
		6.5	297	24	1.268	8.84	8	1.31	6.45	8	1.26			
G	130×130	5.5	701.7	25	1.299	8.21	7	1.351	3.51	4	1.368	2.616	4	1.272
		6.5	516	25	1.282	8.21	7	1.351	3.27	4	1.34			
H	120×120	5.5	601.5	24	1.306	14.06	8	1.39	5.06	6	1.31			
		6.5	431.4	24	1.288	14.06	8	1.39	4.23	6	1.27			

表 2-1 中各轧机的粗、中轧机组所用孔型系统为：

A 轧机　　箱-箱-圆-椭圆-圆

B 轧机　　变态箱形-立椭-椭圆-圆

C 轧机　　箱形-椭圆-圆-椭圆-方

D 轧机　　（粗轧机机组为紧凑式轧机）

E 轧机　　箱形-椭圆-椭圆-方-椭圆-圆

F 轧机　　箱-箱-椭圆-圆-菱-方-椭圆

G 轧机　　箱-椭圆-立椭-椭圆-圆…

H 轧机　　箱形-圆-椭圆-圆…

从表 2-1 可以看出，各机组的平均延伸系数范围是：粗轧机组一般为 1.3~1.45；紧凑式轧机为 1.4~1.7；中轧机组为 1.25~1.38；二中轧机组或预精轧机组或预精轧机组为 1.2~1.31。当初步确定了各机组的平均延伸系数后，即可确定各机组的轧制道次。

具体确定各轧制道次的延伸系数是个复杂问题。因为影响确定各轧制道次延伸系数的因素较多，这些因素主要是：孔型的形状、尺寸；咬入条件；轧辊强度；传动能力与传动方式；孔型共用与轧辊磨损的均衡要求；连续轧制过程中各道次的连轧常数关系。

在不同情况下，这些因素对每道次延伸系数的影响作用是类似的。因此需按照具体情况，根据主要影响因素初步确定每道次延伸系数，在大致确定了孔型尺寸之后，再用其他因素进行校验、调整、修正。

在实践中往往是参照类似的生产条件，按现实生产中的数据确定每道次的延伸系数。

各延伸孔型系数平均延伸系数的经验数据是：

箱形孔型系统的$\mu_{均}=1.2\sim1.33$，变态箱形的可达1.45。

菱-方孔型系统的$\mu_{均}=1.2\sim1.4$。

椭圆-方孔型系统的$\mu_{均}=1.35\sim1.55$。

六角-方孔型系统的$\mu_{均}=1.40\sim1.60$。

椭圆-圆孔型系统的$\mu_{均}=1.25\sim1.40$。

2.1.3　预精轧、精轧机组孔型

2.1.3.1　预精轧、精轧机组孔型系统

现代高速线材轧机的预精轧、精轧机组多采用椭圆-圆孔型系统。这一孔型系统的优点是：

（1）适合于相邻机架轧辊轴线与地平线呈45°/45°，75°/15°，90°/0°相互垂直的布置。

（2）变形平稳，内应力小，可得到尺寸精确、表面光滑的轧件或成品。

（3）椭圆-圆孔型系统，可借助调整辊缝值得到不同断面尺寸的轧件，增加了孔型样板、孔型加工的刀具和磨具、轧辊辊片和导卫装置的共用性，减少了备件，简化了管理。

（4）这一孔型系统的每一个圆孔型都可以设计成既是延伸孔型又是有关产品的成品孔型，适合于用一组孔型系统轧辊，借助甩去机架轧制多种规格产品。

预精轧孔型具体布置如下：

机架号	16号	17号	18号	19号
孔型形状	椭圆	圆	椭圆	圆
机架号	22号	23号	24号	25号
孔型形状	椭圆	圆	椭圆	圆

以椭圆-圆孔型系统轧制多规格产品，为使每个偶数道次均可作为成品道次（本机组可以在25号、23号、21号、19号机架直接轧出各种规格的成品），相邻偶道次即圆孔型间的轧制延伸系数为近似值，其间差异率不大于1.1%。在相邻的椭孔及圆孔间变形分配上有两种做法：一种是椭孔变形较大，道次延伸系数为1.27左右，而圆孔变形较小，道次延伸系数为1.23左右，其指导思想在于以较小的变形保证圆孔轧出成品的尺寸精确性；另一种是椭孔变形较小，道次延伸系数为1.22左右；而圆孔变形较大，道次延伸系数为1.28左右，其依据的道理是圆孔限制宽度作用强，延伸效率高，金属无效的附加流动少，附加摩擦小，而单位延伸变形能耗低，当采用高耐磨材质的轧辊时，变形量的大小不是影响成品尺寸精度的主要因素。生产实践说明这两种变形量的分配在轧制稳定和产品尺寸的精度上并无差异。

2.1.3.2　预精轧、精轧机组孔型延伸系数的分配

预精轧机组，一般由4个机架组成，承接由中轧机组供给的同一尺寸的圆形轧件，经

2~3组不同尺寸的椭圆-圆孔型系统，采取调整孔型高度的方法轧出4~6种圆形轧件供给精轧机组。预精轧机组的孔型平均延伸系数为1.21~1.31。

精轧机组一般由8~10个机架组成，多数为10个机架。精轧机组的平均延伸系数为1.215~1.255。从中轧机组或精轧机组来的轧件一般为ϕ6~21.5mm。当轧制合金钢或采用8机架的精轧机组时，来料直径相应减少2~4mm。

精轧机组各架延伸系数的分配，除第一架外大体上是均匀的。轧件由中轧机组或预精轧机组进精轧机组，因设有活套装置是在无张力状态下轧制，轧制速度较低，咬入条件好，延伸系数的大小不受传动条件的限制，为满足多种规格产品的供料要求，在精轧机组第一道次椭圆孔型内的延伸系数波动范围比较大，一般为1.15~1.31。

其他到此的延伸系数，在椭圆孔型和圆孔型中也有所不同。

在椭圆孔型中的延伸系数为1.23~1.29，一般都略高于精轧机组的平均延伸系数。在同一机组不同道次的椭圆孔型中延伸系数的波动值为0.012~0.019。在同一架次轧制不同产品时延伸系数的波动值为0.002~0.009。

在圆形孔型中的延伸系数为1.21~1.24，一般都略低于精轧机组的平均延伸系数。在同一机组不同道次的圆形孔型中延伸系数的波动值为0.012~0.019。在同一架次轧制不同产品时延伸系数的波动值为0.006~0.01。

几个具有代表性的精轧机组的延伸系数见表2-2。

表2-2 具有代表性的精轧机组的延伸系数

精轧机组	进料尺寸/mm	成品规格/mm	总道次	总延伸系数$\mu_{总}$	平均延伸系数$\mu_{均}$	道次延伸系数									
						1	2	3	4	5	6	7	8	9	10
A	ϕ16	ϕ5.5	10	8.45	1.238	1.304	1.218	1.240	1.223	1.233	1.231	1.233	1.232	1.235	1.231
	ϕ17.5	ϕ6	10	8.50	1.239	1.308	1.217	1.239	1.228	1.235	1.229	1.234	1.230	1.235	1.233
	ϕ18.5	ϕ6.5	10	8.10	1.233	1.244	1.219	1.245	1.220	1.242	1.223	1.241	1.226	1.239	1.227
B	ϕ17	ϕ5.5	10	9.30	1.250	1.250	1.227	1.259	1.226	1.274	1.243	1.273	1.243	1.260	1.238
	ϕ18.5	ϕ6	10	9.31	1.250	1.249	1.227	1.258	1.227	1.273	1.243	1.274	1.241	1.270	1.238
	ϕ19.7	ϕ6.5	10	8.97	1.245	1.203	1.227	1.258	1.227	1.274	1.242	1.274	1.246	1.271	1.238
C	ϕ17	ϕ5.5	10	9.30	1.250	1.266	1.234	1.271	1.232	1.280	1.234	1.275	1.240	1.272	1.238
	ϕ18.6	ϕ6	10	9.37	1.251	1.232	1.233	1.270	1.232	1.283	1.235	1.276	1.239	1.269	1.241
	ϕ20	ϕ6.5	10	8.76	1.242	1.149	1.237	1.269	1.229	1.287	1.235	1.275	1.238	1.273	1.238
D	ϕ17	ϕ5.5	10	9.28	1.250	1.251	1.215	1.272	1.225	1.280	1.232	1.285	1.234	1.274	1.230
	ϕ18	ϕ6	10			1.214	1.206	1.267	1.227	1.286	1.235	1.290	1.235	1.279	1.225
	ϕ19	ϕ5	10			1.196	1.213	1.267	1.274	1.289	1.202	1.290	1.238	1.279	1.229

2.1.3.3 精轧机组孔型

A 孔型的共用

用极少量的基本孔槽样板的孔型，经调整辊缝值后可以得到多种不同尺寸的孔型。这样便可大量减少轧辊辊片、磨具、导卫装置的备件，从而简化了管理。如图2-2所示，由

中轧机组提供 ϕ17mm、ϕ18mm、ϕ19mm、ϕ20mm4 种规格圆形轧件，经精轧机组轧成 ϕ5.5mm~13mm 等 16 种规格的线材，只用了 7 个基本孔槽的孔型。其余孔型通过调整辊缝得到。

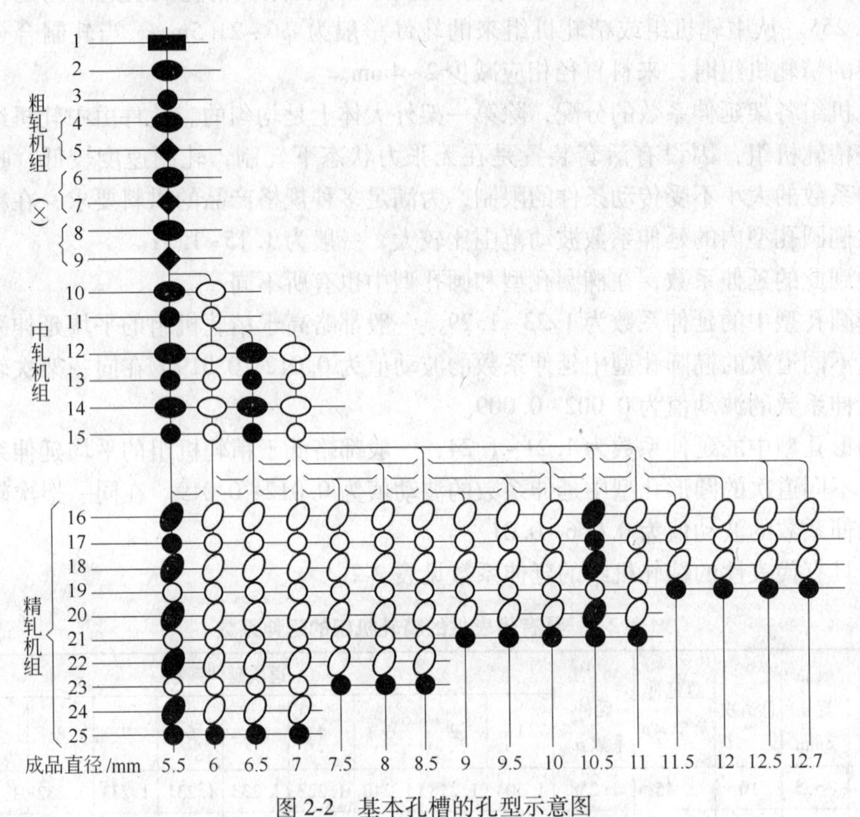

图 2-2 基本孔槽的孔型示意图

（坯料尺寸为 115mm×115mm×13mm；实心孔型是基本孔槽的孔型；×代表剪机）

B 轧件在孔型中的宽展

精轧机组轧件断面面积的精确计算，较粗、中轧机组的计算更为重要，所以必须准确地确定轧件在孔型中的宽展量。根据经验，圆形轧件在椭圆孔型中的绝对宽展系数为 0.5~0.9；椭圆轧件在圆孔中的绝对宽展系数为 0.26~0.4。

C 拉钢系数的分配

在精轧机组的各机架间必须采用微张力轧制。根据经验各架间的拉钢系数为 1.001~1.003。10 个机架的机组其总拉钢系数最大不超过 1.01。

D 精轧机组的轧制温度制度

与普通线材轧机不同，高速线材轧机精轧机组的机架间距小，连续轧制，轧制速度高，轧件的变形热量大于轧制过程中散去的热量，轧件的终轧温度高于进入精轧机组前的温度，一般进入精轧机组前轧件的温度为 900℃左右，经 10 道次轧制后由于终轧速度不同，轧件温度升高 100~150℃。

2.2 导卫装置

概括地说，就是指在型钢轧制中，安装在轧辊孔型前后，帮助轧件按既定的方向和状态准确地、稳定地进入和导出孔型的装置。

导卫在线材生产中的作用有：

(1) 正确地将轧件导入轧辊孔型。

(2) 保证轧件在孔型中稳定地变形，并得到所要求的几何形状和尺寸。

(3) 顺利地将轧件由孔型中导出，防止缠辊。

(4) 控制或强制轧件扭转或弯曲变形，按一定的方向运动。

导卫装置在线材生产中占有非常重要的地位。据某线材厂调查统计表明，约有50%以上的轧制故障是由导卫装置不良造成的。导卫装置是在极其恶劣的条件下工作的。不规则的受力，高温及热交变冲击、高温下的摩擦等直接影响导卫装置的使用寿命。另外，导卫的设计、制造或安装不妥，容易造成轧件的刮伤、折叠、单边耳子、尺寸超差、堆钢等轧制事故。由此可见，对导卫方面重视不够，是造成轧制故障频繁的重要原因。只有正确地设计、制造、安装和维护导卫装置，才能保证得到高质量、高产量的线材产品。

高速线材轧机技术上的重大突破是采用45°无扭精轧机机组和斯太尔摩冷却线。整条工艺线上的设备水平都要与之相适应。同样，对导卫装置也有极高的要求。具有世界先进水平的SMS导卫、Morgan导卫、Ashlow导卫、Danieli导卫各有特点。但总的目标是保证高速线材产品的质量。

导卫在轧线上的布置有一定的规律，可以概括为：

(1) 所有轧辊（辊环）圆孔型入口导卫采用滚动导卫。

(2) 水平布置的粗、中轧机轧辊椭圆孔的出口导卫采用扭转导卫。

(3) 其余采用滑动导卫。例如马钢高速线材厂轧机导卫布置情况见表2-3。

表2-3 轧机导卫布置情况

机组	机架	孔型	进口导卫	出口导卫
粗轧	1	箱型	滑动导卫	滑动导卫
	2	椭圆	滑动导卫	扭转导卫
	3	圆	滚动导卫	滑动导卫
	4	椭圆	滑动导卫	扭转导卫
	5	圆	滚动导卫	滑动导卫
	6	椭圆	滑动导卫	扭转导卫
	7	圆	滚动导卫	滑动导卫
中轧	8	椭圆	滑动导卫	扭转导卫
	9	圆	滚动导卫	滑动导卫
	10	椭圆	滑动导卫	扭转导卫
	11	圆	滚动导卫	滑动导卫
预精轧	12	椭圆	滑动导卫	滑动导卫
	13	圆	滚动导卫	滑动导卫
	14	椭圆	滑动导卫	滑动导卫
	15	圆	滚动导卫	滑动导卫

续表 2-3

机 组	机 架	孔 型	进口导卫	出口导卫
精 轧	16	椭 圆	滑动导卫	滑动导卫
	17	圆	滚动导卫	滑动导卫
	18	椭 圆	滑动导卫	滑动导卫
	19	圆	滚动导卫	滑动导卫
	20	椭 圆	滑动导卫	滑动导卫
	21	圆	滚动导卫	滑动导卫
	22	椭 圆	滑动导卫	滑动导卫
	23	圆	滚动导卫	滑动导卫
	24	椭 圆	滑动导卫	滑动导卫
	25	圆	滚动导卫	滑动导卫

2.2.1 导卫梁

装在粗、中轧机机架上的导卫梁，装在预精轧机上的导卫支架、装在精轧机上的导卫托座都是经过精心设计的，且制造难度很高。在导卫装机前应精调导卫梁、支架、托座，使导卫梁的导向键和轧槽对中。导卫在导卫间精确组装后，上机时只需放在导卫梁、支架、托座上，用夹具锁紧即可。这样极易装卸且可准确对中，为导卫更换节省了时间，有利于提高产品质量和产量。

一些粗、中轧机组，由于工艺的特点，在一些部位将导卫梁与入、出口导板箱组合在一起，设计制造成一个组合式整体导卫梁，甚至与水冷管组合在一起，如图 2-3 所示。换孔时移动导板，轧辊冷却水管一齐移动，水冷方便可靠。

由于高速线材轧机轧辊车削后，其轧制线标高基本保持不变，因此，导卫梁上表面标高也可不变。为适应多线轧制换槽的需要，导卫梁需能横向移动。一般是在牌坊立柱外侧的梯形槽内用 1~2 个螺栓将导卫梁安装固定在立柱外侧。导卫梁的耳子下部用调整螺丝或垫块支撑，保持梁面的水平标高。

导卫梁的安装应保证其上工作平面清洁，前后、左右水平，要使入出口导板孔型的垂直中心线对正轧槽，其标高应使导板的水平中心线与轧制线标高相吻合，安装时需用仪器检测。导卫梁与牌坊的固定要稳定牢靠。以上这些对于多线共用的组合梁尤为重要。否则，安装不当或导卫梁松动而又未被发现，将会在生产中造成一系列的故障，其后果是严重的。导卫梁的下面常设有冷却水箱或水管，固定喷嘴冷却下轧槽。

2.2.2 导槽及喇叭口

粗轧、中轧连轧机组的前面机座之间设导槽或在入口导板前设喇叭口以利于轧件顺利导入。导槽与喇叭口形式不同但作用相同。导槽安装位置如图 2-4 所示，喇叭口安装如图 2-5 所示。

导槽安装在机座间的平台上，导槽走钢中心线与轧制线标高相同。为了能更好地对正孔形和方便检修，导槽可以横向移动，必要时推出轧线区，其结构见图 2-5。安装导槽妨

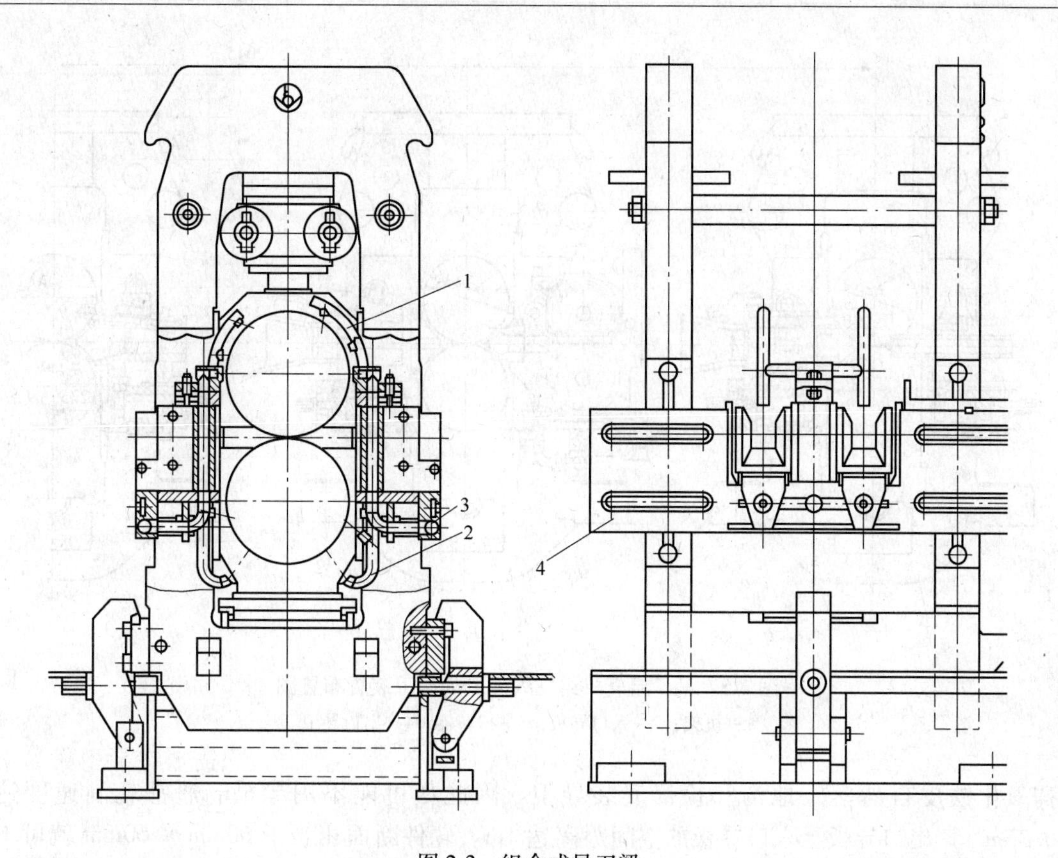

图2-3 组合式导卫梁

1—上辊轧槽冷却水管；2—下辊轧槽冷却水管；3—固定在导卫梁上的冷却水管；4—导卫梁

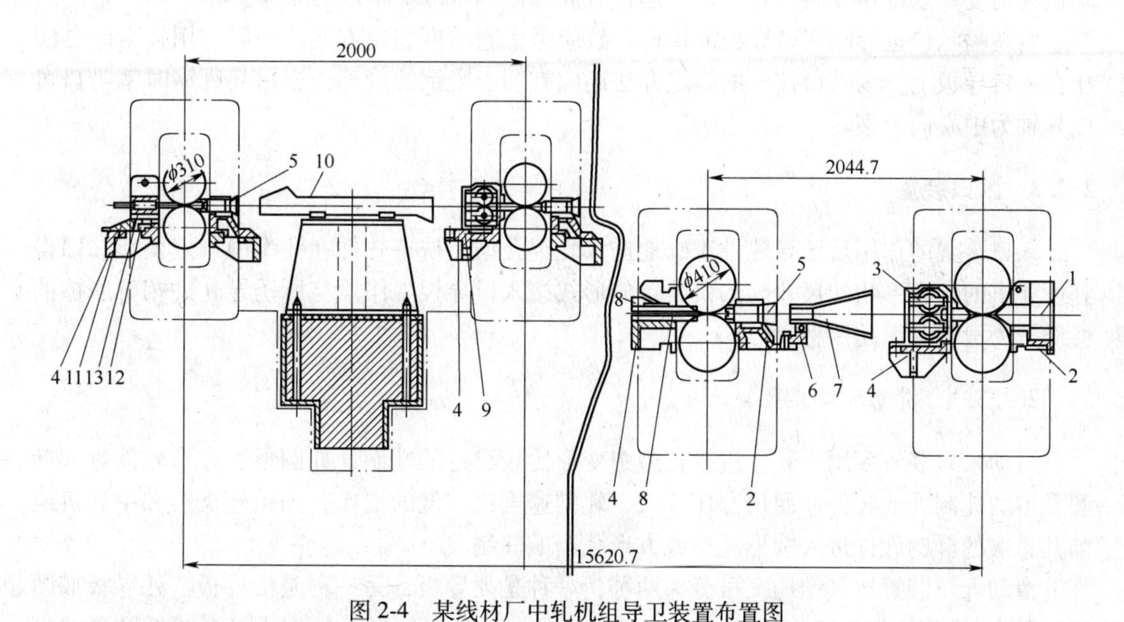

图2-4 某线材厂中轧机组导卫装置布置图

1—入口滑动导板；2—入口导卫梁；3—出口滚动扭转器；4—出口导卫梁；5—入口滚动导板；6—喇叭嘴固定座；7—入口喇叭嘴；8—出口卫板；9—扭转器；10—导槽；11—二底座；12—出口导管；13—垫

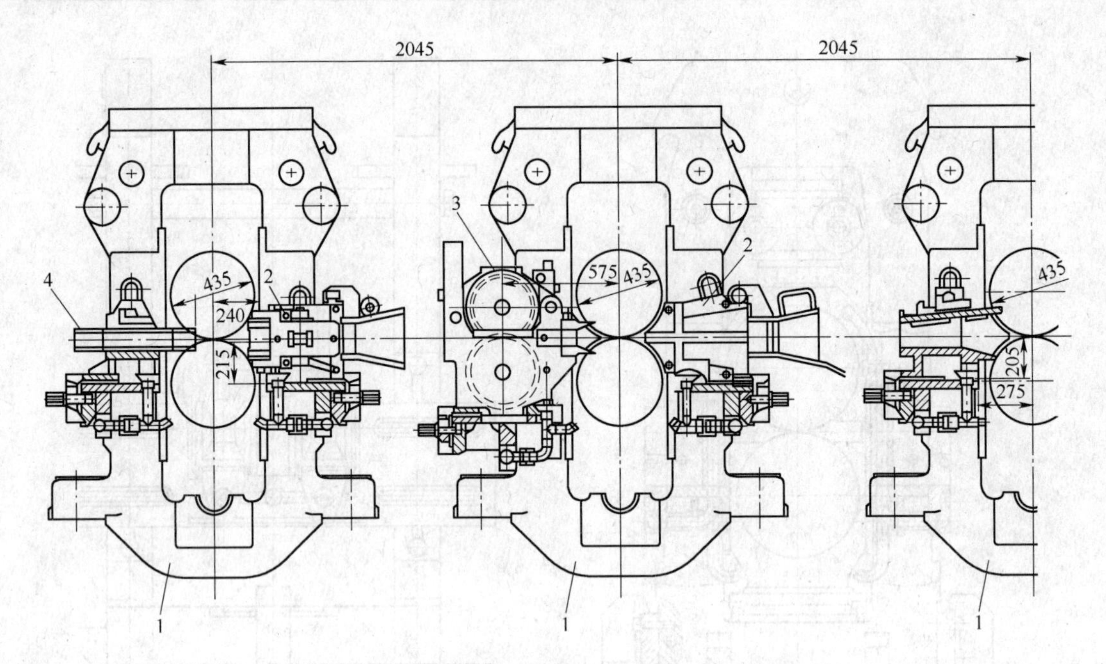

图 2-5 某厂粗轧机组三线轧制的导卫装置布置图

1—机架；2—入口导板；3—扭转器；4—出口导卫

碍氧化铁皮自然落入地沟和检修安装导卫，因此尽可能不用导槽。通常轧制速度达 0.35m/s，出口导板至入口导板的空间距离达 1m。轧件断面相当于 60mm × 60mm 就可不用导槽，而直接用喇叭口。使用喇叭口时，要求轧件直接进入喇叭口，所以对出口导卫和轧机的精度要求都比较高，要求轧件运行有规律性，以减少不进的故障。

安装喇叭口也影响入口导板的检修，故应考虑它的拆装要方便，一般常用挂卡的办法挂在入口导板上。喇叭口挂卡的固定办法还应有利于废钢的清理，当吊起废钢时喇叭口可以耳轴为中心向上翻转。

2.2.3 入口装置

入口装置的作用是诱导轧件正确地进入轧辊孔型，扶持轧件在孔型中稳定变形，以得到所要求的集合形状和尺寸。入口装置的形式按入口导板工作段与所诱导轧件相对摩擦的性质分为滑动和滚动两种。

2.2.3.1 滑动入口装置

滑动入口装置多用于轧件进入孔型中变形比较稳定的轧制，如圆形、方形轧件进入椭圆孔型的轧制；或轧件断面尺寸比较大、轧制速度比较低的道次，如粗轧机组和中轧机组前几道次的椭圆轧件进入圆形孔型或方形孔型的轧制。

滑动入口装置按其结构又可分为两种，一种是死导板，另一种是活导板。死导板如图 2-6 所示，多用于粗轧机组前几道次，用来诱导方坯或扁箱形轧件进入箱形或椭圆形孔型中轧制，轧件断面比较大，在孔型中变形比较稳定。死导板有单槽和多槽之分，槽底的形状与所诱导的轧件形状相吻合，槽的两侧顺轧制方向一段呈喇叭状，一段为平直的工作段，这样可诱导扶正轧件进入孔型。

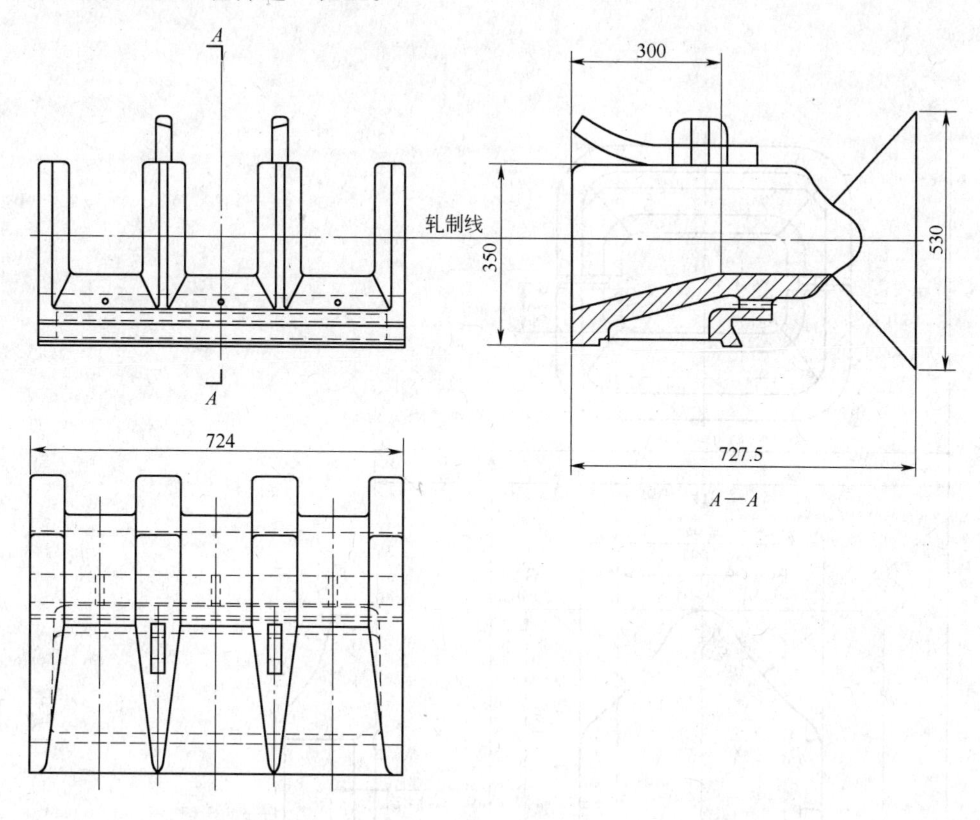

图 2-6 死导板

活导板由导板箱和夹板组成。夹板的形状如图 2-7 所示。夹板的技术要求是：凡未注明的圆角，R 均为 4~6mm；毛边必须平整光滑；备件不允许有影响强度的缺陷存在；导板内孔必须磨平打光，不允许有局部凸起或凹下。

夹板内侧形状与所诱导的轧件形状和尺寸相吻合。夹板用楔铁固定在导板箱或组合梁的夹板箱内。夹板的安装必须使夹板孔型中心线对正轧辊孔型中心线。夹板工作面直线段的孔槽宽度应较所诱导的轧件宽度稍大，间隙的大小取决于轧件的断面尺寸和轧件在轧辊孔型中变形的稳定性，一般粗轧机组为 4~12mm，中轧机组为 2~6mm，精轧机组为 1~3mm。夹板尖端应尽量向前深入而又不和轧辊辊环接触，两者之间留有 5~20mm 间隙。

A 精轧机滑动导卫的特点

精轧机滑动导卫的特点是：

(1) 镜面对称，易于排除废钢。

(2) 水冷导卫，对于不同钢种，水量大小受冷却程序所控制。

(3) 改善轧辊工作条件，提高使用寿命。

B 滑动导卫组装

高速线材轧机精轧机上常见的几种滑动导卫如图 2-8 所示。滑动导卫组装的操作步骤为：

(1) 根据轧制系列、轧制规格、机架号从货架上提取相应的零件。

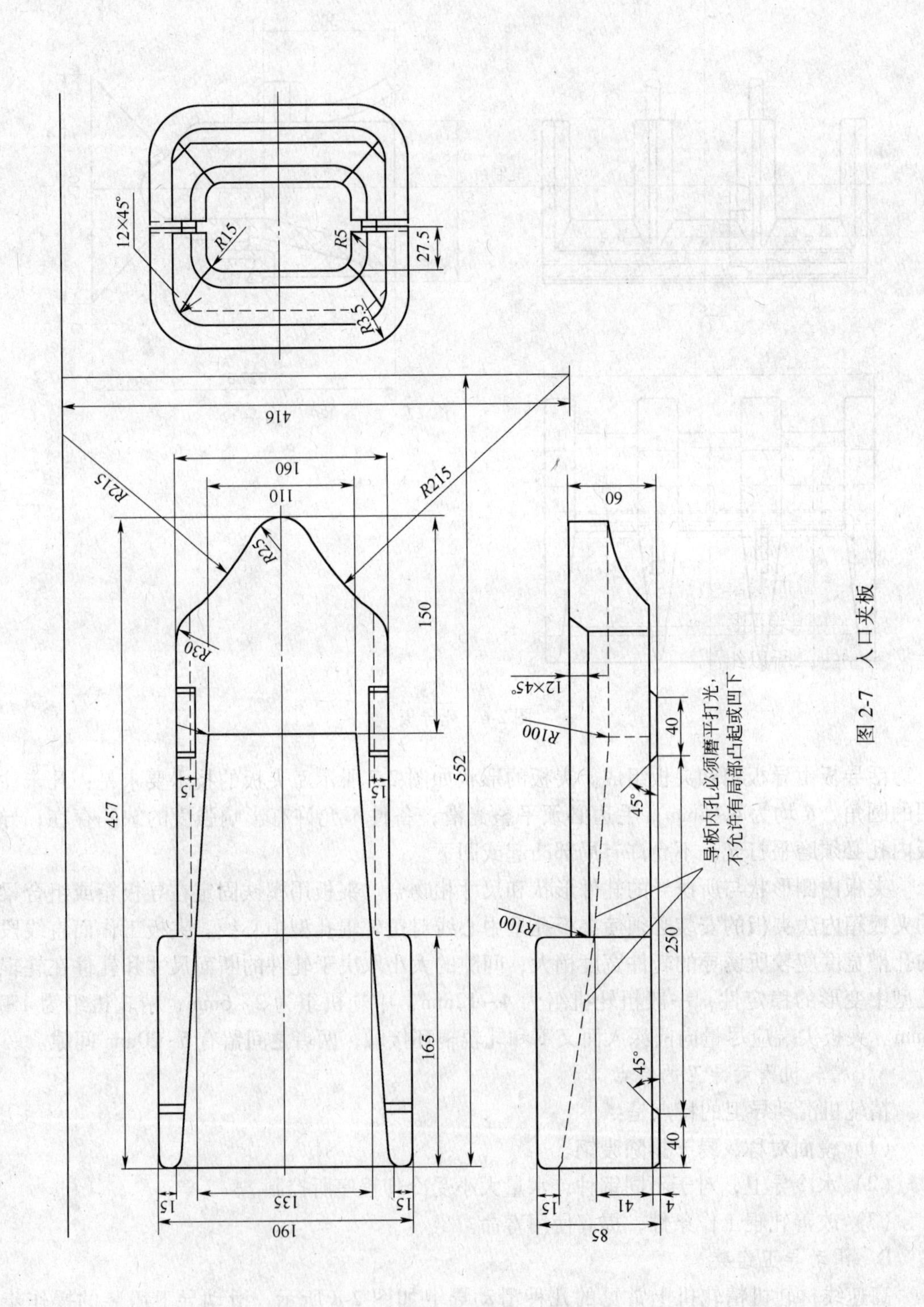
12×45°
R15
R5
27.5
R3.5
416
R215
160
110
R215
R25
150
R30
457
552
15
15
165
15
135
15
190
60
12×45°
R100
40
45°
导板内孔必须磨平打光，
不允许有局部凸起或凹下
R100
250
45°
40
15
41
4
85

图 2-7　入口夹板

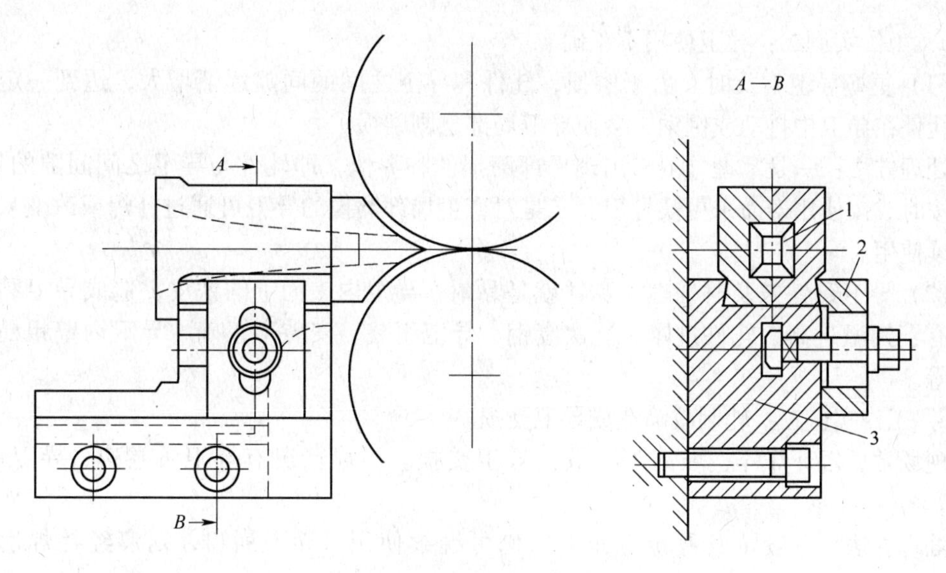

图 2-8 精轧机进口滑动导卫示意图

1—导卫；2—夹具；3—托座

（2）将导卫部件逐个清理干净，尤其是导卫与轧件的接触面不得有毛刺、麻点、凹坑和棱角，接触面要求光洁干净、平滑。

（3）按照装配图组装导卫。滑动导卫相对于轧制线的位置是由各部件的结构、尺寸精度来保证的，所以组装好的导卫一般不需要再做调整。

C 滑动导卫的使用及维护

精轧机组的滑动导卫是由夹具紧固在固定托架上。精轧机的滑动导卫是不可调的，因而制造精度和装配精度要求较高。

滑动导卫常见故障及处理方法结合以下三个实例说明。

a 工作实例一（如图 2-9 所示）：由于制造精度不高而造成一对导卫副组装时的错位。

处理方法：（1）导卫副入库时，尽可能将相吻合的导卫副配对，标记清楚以备使用。（2）将错位处夹角用锉刀倒圆，保证与轧件接触面光洁平滑，不刮伤轧件，不影响轧件通过。

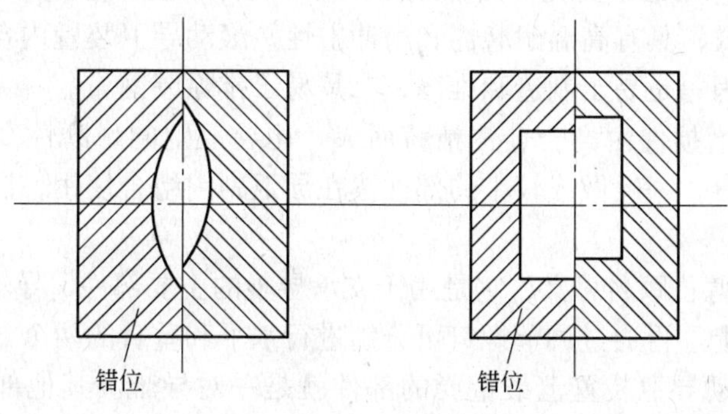

图 2-9 导卫副错位

b　工作实例二：导卫使用不正确。

（1）更换导卫不及时。由于磨损，轧件和导卫之间的间隙逐渐增大，达到一定程度后，轧件在导卫中抖动或倒钢，会使导卫局部急剧磨损。

处理方法：一是掌握导卫将出现局部磨损的临界值，即轧件与导卫之间间隙的规律，然后按时或按使用寿命来更换导卫。二是对产生局部磨损的导卫可通过补焊或改变尺寸后再继续使用。

（2）导卫黏铁未及时处理。黏铁就是黏附在导卫内表面上的铁皮，造成导卫黏铁的原因有：钢温过高、轧件过厚、轧次废钢、导卫组装、安装不正确、导卫内壁粗糙、有毛刺等。

c　工作实例三：轧制故障造成导卫受损。

现场常见辊环炸碎、堆钢等事故使导卫受损。损坏情况有导卫舌卷边、导卫崩口、划痕。

处理方法：一般导卫舌卷边锉平后仍可继续使用。导卫崩口，划痕经补焊后仍可使用。

2.2.3.2　滚动入口装置

滚动入口装置多用于诱导椭圆轧件进入圆或方孔型变形不稳定的、轧制速度较高的中轧、预精轧、精轧机组，可保证得到几何形状良好、尺寸精度高和表面无刮伤的轧件。滚动导板使用寿命长，可减少导板调整和更换时间，提高轧机的作业率，减少导板消耗，能满足现代高速线材轧机对导卫装置的使用要求。

某高线厂滚动导卫图片如图 2-10 所示。

图 2-10　滚动导卫

滚动导卫主要部件如图 2-11 所示。

A　滚动导卫的结构

（1）导卫盒：用于组装导卫零部件。

（2）导卫副：作用是承受轧件头部撞击，保证轧件平缓地过渡到导辊弧形槽内。导卫副是由耐磨铸钢制成，具有高温耐磨性和耐冲击性。滚动导卫装置内含有一对导卫副。采用两片导卫副的原因一是易于制造和维修，二是易于排除废钢。

（3）磨损件：磨损件由高合金钢精铸而成。比导卫副的耐磨性高，但耐冲击性较差些。由于其价格昂贵，一般做成较小的部件镶在导卫副内组合使用，以提高导卫装置的使用寿命和经济效益。

（4）导辊支撑臂：顾名思义，它是用于支承导辊的主要部件。导辊由辊轴支撑，然后紧固在导辊支撑臂上。再通过调节螺钉可分别进行水平和垂直的两个方向的调整。

（5）导辊：滚动导卫装置上最重要的部件就是一对导辊。其他部件都是为导辊服务的。导辊由高合金钢精铸而成。磨损后可多次再加工。导辊上加工有与所扶持轧件相关的导槽。常见的导辊有两种形式，如图 2-12 所示。

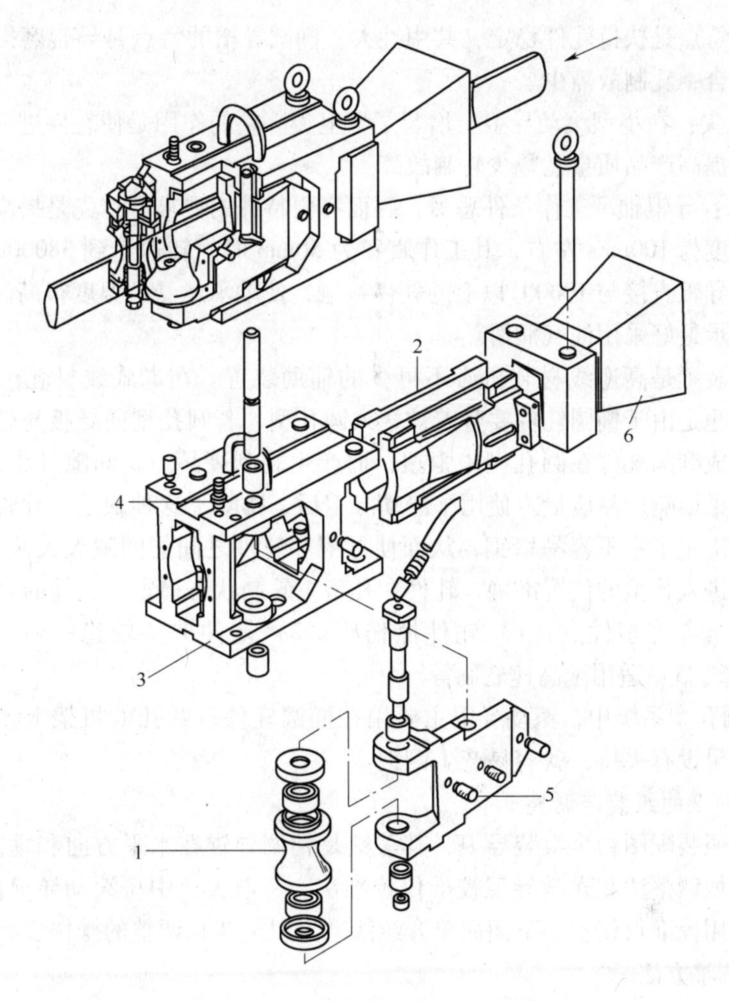

图 2-11 滚动入口导板的基本结构

1—导辊；2—导辊支架；3—导板盒；4—入水口；5—润滑口；6—喇叭口

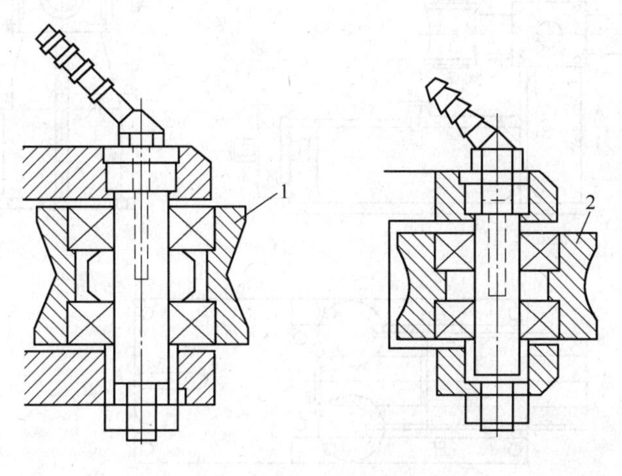

图 2-12 导辊弧槽

1—菱形槽导辊；2—椭圆槽导辊

菱形导槽特点是扶持轧件稳定，共用性大。椭圆导槽的特点是导辊磨损均匀，轧件与导槽完全相吻合，轧制故障少。

（6）导卫尖：在小型滚动导卫上增装了导卫尖。它的作用是使轧件进一步准确、稳定地送入轧槽，提高产品质量，减少轧制故障。

（7）轴承：导辊轴承工作条件恶劣，因而有更特殊的要求。首先是提高转速，导辊在精轧机上线速度为100m/s左右，其工作直径为50mm时，转速达到38000r/min左右。其次是耐高温。导辊直接与1000℃以上的轧件接触，使轴承承受的温度很高。因此，导辊必须水冷，而轴承最好采用油气润滑。

滚动导卫装置是高速线材轧机必不可少的辅助装置。在老式线材轧机上采用滑动导卫，产生的问题是由于椭圆轧件要竖着被送入圆孔型。若圆孔型前导板与轧件之间的间隙过大，则易造成椭圆轧件在圆孔型中歪扭，而产生轧制废品。若间隙过小，常常会卡钢。导板磨损也严重影响产品质量。使用了滚动导卫后，排除了这种缺陷。导辊与轧件之间滚动摩擦的性质决定了它不容易堵钢，从而使导卫和轧件之间的间隙大大减少，甚至为零。这样就使轧件进入孔型的位置准确、轧件在孔型中轧制状态稳定、轧件的表面质量改善。

滚动导卫具有许多优点：1）轧件擦伤小；2）轧件夹持较稳；3）不易“黏铁”；4）使用寿命长；5）适用于高速轧制等。

在椭圆-圆孔型系统中，滚动导卫主要用在椭圆轧件进圆孔的机架上。椭圆轧件在圆孔中轧制，如果没有夹持，就容易产生倒钢。

B　滚动导卫的组装与调整

首先是按照装配图初步组装导卫，其关键是精调导辊在水平方向和垂直方向的位置。调整方法有机械调整法和光学导卫校准仪校准法。一般大、中型滚动导卫使用机械调整；小型滚动导卫用校准仪调整。下面简单介绍滚动导卫组装和调整的操作步骤。

a　机械调整方法一

如图2-13所示，第一种机械调整方法的步骤为：

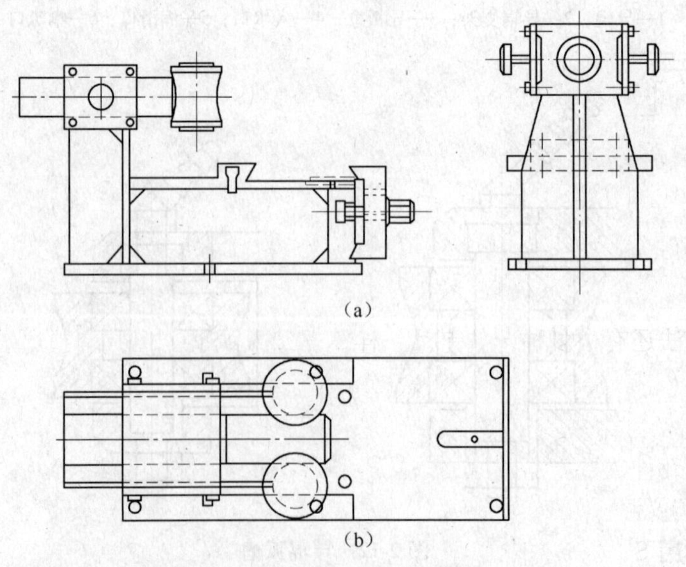

图2-13　滚动导卫调整方法

（a）导辊垂直方向的调整；（b）导辊水平方向的调整

（1）检查导卫部件的外观质量、尺寸和标记是否符合图纸、机架号、孔型代号和轧制规格。

（2）将待装的导卫由吊送到机械调整装置上并用夹具紧固。

（3）松开锁紧和调节螺丝以便调整导辊支撑臂。

（4）导辊垂直方向的调整：将卡尺先靠上导辊的弧槽，若卡尺只有一个接触点，就要用手动工具调节螺栓，直到卡尺的两个角点同时触上导辊弧槽。这时导辊在垂直方向上已精确到位（轧制线处于卡尺两个角点的垂直平分面内）。

（5）按同样的方法调节另一导辊。

（6）垂直方向调整完毕，用内六角扳手调节内六角螺丝，以调整导辊支撑臂，使两个导辊靠上测试棒（注：测试棒外圆直径与椭圆孔型高度要相对应，因而测试棒要经常检查，以适应孔型的修正）。

（7）最后取出试棒和卡尺，松开夹具，导卫装置调整完毕。

b 机械调整方法二

如图 2-14 和图 2-15 所示，第二种机械调整方法的步骤为：

（1）将调整导卫规尺放入导卫盒上部的凹槽内并用螺钉固定。

（2）通过调整导辊支撑臂使导辊靠到调整规尺的垂直方向定位面和水平方向定位面上。

（3）使导辊定位锁紧，取下调整规尺，调整完毕。

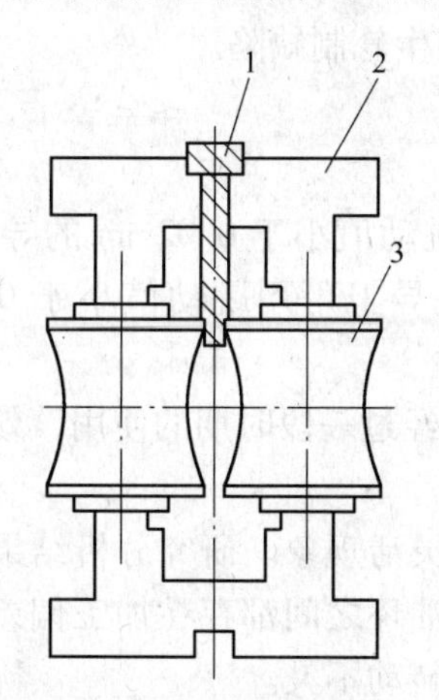

图 2-14 滚动导卫调整示意图

1—调整规尺；2—导卫盒；3—导辊

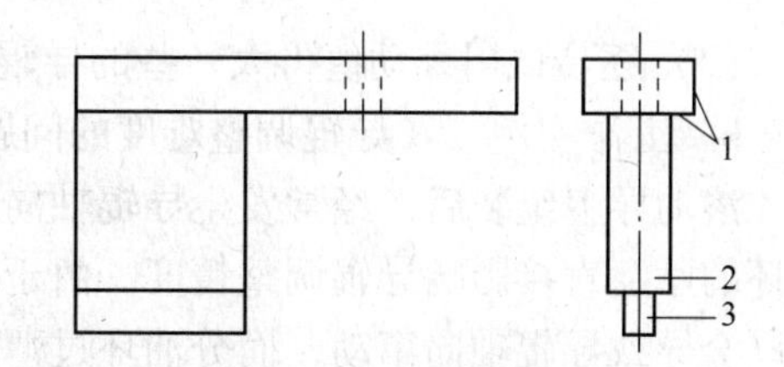

图 2-15 导辊调整尺

1—规尺与导卫盒定位面；2—导辊垂直方向定位面；3—导辊水平方向定位面

机械调整方法还有很多种，如卡尺、样棒等工具调整。但其调整原理是基本相同的。也就是通过调整导辊支撑臂在垂直方向上的位置，保证导辊在轧制线的位置。通过调整导辊支撑臂在水平方向上的位置，保证导辊在孔型中心线的位置，并保证两个导辊的开口度与所过渡的椭圆轧件的高度相适应。

c 光学校准仪调整法

在导卫间应用 Si130-5 型光学校准仪，专门用来调整精轧机、预精轧机的滚动进口导卫。

光学校准仪的工作原理：光源经聚光透镜投射型导辊弧形区，再经过放大透镜将放大五倍导辊的弧形区投射到屏幕上。屏幕上装有透明胶板，上面刻有按轧制规格、机架号分类的放大五倍的孔型样板图。当调整导辊弧形区与相应样板轮廓完全吻合时，旋紧调节螺栓，导卫就调整完毕。在轧线上采用便携式 Si85-2.5 型光学校准仪，精调滚动导卫支架与辊环轧槽的中心线，使其完全对中。便携式 Si60-3 型光学校准仪是用于精调滚动导卫托座与辊环轧槽的中心线，使其完全对中，从而能够使滚动导卫辅助轧件稳定、准确地进入辊环轧槽中轧制，以减少换导卫时间、降低轧制缺陷、减少堆钢事故。

C　滚动导卫的使用与维护

在各类导卫中，滚动导卫所承担的功能最艰巨。它们的使用寿命比较短，拆卸与组装也频繁。在轧制过程中滚动导卫产生的事故也最多。主要原因：一是滚动导卫与轧件直接接触的部件较多，如导辊、导卫尖、磨损件等部件。这些部件与轧制系列、轧制架次、轧制规格之间都有相应关系，其影响因素也较为复杂，刮钢、黏钢就会造成轧制事故；二是导卫部件与轧件之间的间隙很小，甚至为零；三是轴承质量与润滑问题。下面简单介绍滚动导卫常见故障和处理方法。

a　工作实例一（导辊形位公差）

精轧机组滚动导卫导辊的开口度与所通过的椭圆轧件的天地尺寸相同，即导辊与轧件之间的间隙为零。这就对导辊的质量和精度提出了极高的要求，如导辊的径向跳动小于 0.02mm，端面跳动小于 0.02mm。但由于德国引进的导辊很多不符合要求，个别导辊径向跳动达 0.12~0.15mm，使用这些导辊可能造成堵钢或产生轧制缺陷。

处理方法：

（1）对所有导辊的形位公差进行测定并作标记。

（2）按测定结果将导辊分类。25 号轧机导卫可用跳动值小于 0.02mm 的导辊。23 号轧机导卫可用跳动值小于 0.05mm 的导辊。21 号轧机导卫可用跳动值小于 0.08mm 的导辊。

（3）逐步试用跳动值再大一些的导辊测取经验值。经过一段时期的使用，效果良好。

b　工作实例二（导辊调整难度的问题）

滚动导卫组装后，经常发生导辊轴向窜动或转动不灵活现象。研究分析结果表明是分油环的厚度直接影响导辊调整精度。由于导辊、轴承和油环之间都存在加工偏差，分油环过厚会导致导辊轴向窜动，而分油环过薄会使导卫导辊转动不灵。

处理方法：

（1）多加工几种规格的分油环，各规格之间的差值为 0.05±0.011mm。

（2）根据导辊轴向窜动的程度选择较薄的分油环装配，直到导辊无轴向窜动为止。

（3）导辊转动标准。用手指拨动导辊，转动自如，用与轧件尺寸相同的试棒插入两个导辊弧形区内进行往复抽动，使两导辊也转动自如，再用手卡住两个导辊，使之停止转动时，试棒能从弧形区之间自然抽出。这时两个导辊转动效果为最佳。

c　工作实例三

1987 年在马钢高速线材厂，当 10 根钢试轧完后，发现 B 线三卷线材有折叠和划痕，经检查证实 B 线 21 号滚动导卫的导卫副内黏钢，导卫尖刮伤报废，左边导辊径向有九处裂纹，整个弧槽严重黏钢，轴承断裂，导辊的实际使用寿命为 94.5t（正常使用寿命应在

500t 以上）。经分析鉴定导辊报废，导致轧制废品的原因是油气润滑系统故障造成导辊内轴承烧坏使导辊停止转动。生产实践表明，精轧机的滚动导卫最容易发生故障、最易报废的是导辊。

d 工作实例四（滚动导卫主要部件的报废标准）

导辊只有在断裂情况下方可报废。弧槽面黏钢和局部磨损过度，经表面处理以及送磨床修磨后，可再次使用。轴承只有在烧坏、锈死和滚珠磨损过度的情况下方能报废。一般情况下，25 号轧机导卫用新轴承，拆卸后，可以在 21 号、23 号轧机导卫上继续使用。导卫副和导卫尖拆卸后，表面磨损轻微（小于 1mm），创面经清理后可继续使用。磨损量中等（1~3mm）工作面可经过补焊后用于原轧机或经修磨后用于前面的轧机。工作面磨损严重者作报废处理。

2.2.4 出口装置

2.2.4.1 滑动出口装置

结构简单，体积小，制造方便，在型钢生产中应用最广泛。现代高速线材轧机上应用的滑动导卫在设计上及在其综合作用方面是老式轧机上常用的导板、卫板、导板盒、导管等导卫装置无法比拟的。高速线材轧机精轧机上常见的几种滑动导卫如图 2-16 所示。

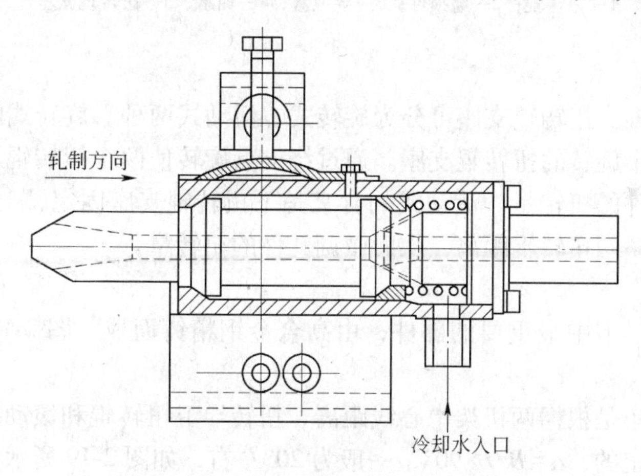

图 2-16 过渡圆轧件的滑动出口导卫

2.2.4.2 扭转导卫装置

高速线材轧机的扭转导卫装置一般由 30~40 种部件组成。水平布置的粗、中轧机组轧辊椭圆孔型的出口处采用扭转导卫。作用是将呈水平的轧件在临近下一架机架时翻转 90°角，以立式的状态进入圆孔型进行轧制。扭转导卫应该与滚动导卫配合使用，才能保证轧件的稳定轧制状态。是否要采用扭转导卫取决于轧机的布置形式。如平-立交替布置的预精轧机组，45°交替布置的精轧机组不必用扭转导卫。而采用交替布置的原因就是为了在轧制过程中避免轧件扭转，以保证产品的质量。也有些高速线材轧机的粗、中轧机组采用平-立交替布置形式，不用扭转导卫。

A 扭转导卫的主要部件

扭转导卫的主要部件如图 2-17 所示。

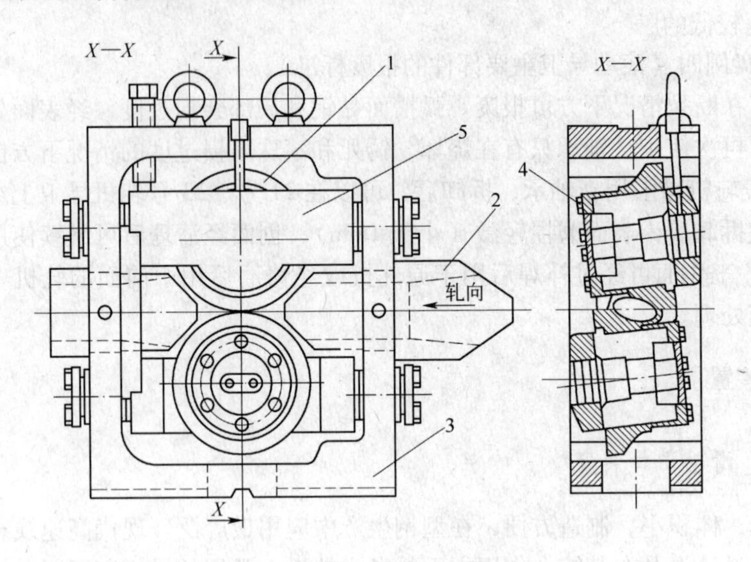

图 2-17 扭转导卫的主要部件

1—扭转辊；2—磨损件；3—导卫盒；4—轴承；5—扭转辊支座

a 扭转辊支座

用于支承扭转辊。扭转辊支座可分为旋转式、活动式两种。旋转式的含义是在一个封闭的框架内装入两个旋转的扭转辊支座。通过绕支点旋转使两个扭转辊靠近或分离，从而可以加大或减少轧件的扭转量。活动式的含义是下扭转辊支座固定，上扭转辊支座可上、下活动，以此来调整两扭转辊距离，从而微调轧件的扭转量。

b 扭转辊

扭转辊是扭转导卫中最重要的部件，由高合金钢精铸而成。图 2-18 为扭转导卫的扭转辊。

扭转辊的扭转角是根据两机架中心线距离、扭转导卫扭转辊和滚动导卫辊的位置，以及轧件断面尺寸设定的，$\alpha=B/L\times90°$，一般为 20°左右，如图 2-19 所示。

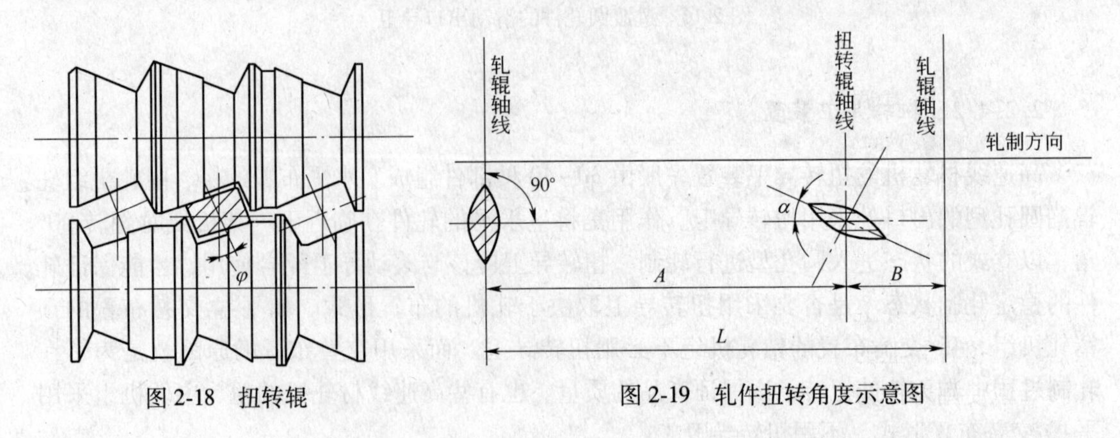

图 2-18 扭转辊　　图 2-19 轧件扭转角度示意图

c 轴承

根据扭转导卫的工作条件，通常选用可同时承受径向力和轴向力、承载能力较大、允许的极限转速较低的圆锥滚子轴承。

d 磨损件

使轧件准确、稳定地过渡到两个扭转辊之间。

B 扭转导卫的组装与装置

a 扭转导卫的组装与拆卸

扭转导卫的轴上装有扭转辊、两列圆锥滚子轴承、轴套等许多零部件。这些零部件与轴之间过渡配合或过盈配合，在组装和拆卸过程中难度很大，操作不当极易损坏部件。这就要求导卫工应具备修理钳工的基本知识和操作技能。

b 轴上零件组装的几种方法

（1）铜棒敲入法。通过铜棒分别对称地在轴承内圈或轴上零件内环均匀敲入。注意操作时不得碰伤轴，万一碰伤，则要修磨掉刨口的毛刺，并将铁粉清除洗净。

（2）锤子敲入法。通过铜套或钢套，用锤子敲入。

（3）油压机压入法。用油压机压入。

（4）温差法。将轴承放在100℃左右的油中加热，然后趁热与轴颈装配。

c 轴上零件拆卸的几种方法

（1）拆卸法。用螺杆或拆卸工具（三爪或扒钩）拆卸。特点是拉力均匀，受力合理，零件拆卸时不易损坏。

（2）油压机法。拆卸扭转辊及轴套时采用此方法。

（3）温差法。拆卸轴承时，将加热到100℃左右的油浇到轴承上，然后趁热将轴承取下。

C 扭转导卫的调整

（1）测量法。用试棒调节扭转辊的开口度。试棒直径是根据轧件尺寸、扭转尺寸及扭转角换算得出的数据，与扭辊角相关。注意经常检查试棒尺寸。当试棒磨损和变形改变了试棒的尺寸时，要及时换用新试棒，当轧件尺寸改变时，试棒也要调整。

（2）感觉法。采用手感或目测的方法能够获得正确的扭转角。尤其是在扭转辊局部磨损的情况下，用试棒插入两个扭转辊之间，目测接触部位，手感扭转辊的转动情况。然后再观察走钢时轧件的翻转情况，从而取得实际操作经验。

（3）扭转角的控制。随着轧制量上升，扭转辊会不断磨损，轧件扭转角会逐渐改变。要用上述方法经常调整扭转角，当扭转辊磨损严重时，必须取下修磨。

D 扭转导卫的使用与维护

组装和调整好的扭转导卫装置由天车吊运至轧机导卫梁上，然后通过导向键和夹具紧固。导向键不仅使导卫与轧槽对中，而且还能在轧钢时将扭转导卫所受的扭转力传到导卫梁上。

在大型扭转导卫的上部装有拉杆，使其与轧机机架的横梁相连接，以增强扭转导卫的稳定性。扭转导卫的使用寿命较长，大型扭转导卫的使用寿命一般为4~5万吨，中小型扭转导卫使用寿命为1~3万吨。但在轧制过程中，扭转辊会产生少量磨损，因此，要经常检查调整扭转辊的扭转角。调节要求是将调整棒插入两个扭转辊之间，并同时与两个扭转辊接触。调整方法是用扳手转动调节螺栓，使两个悬臂扭转辊靠到校准棒上。扭转导卫与轧制中心线对中的方法是将钢尺放入扭转导卫上凹槽内，再将钢尺靠到轧辊轧槽上。当钢尺的两个角点同时接触槽底部时，这个扭转导卫就与轧制线对中了。若只有一个角点与轧槽接触，那么就要横移导卫梁，直到钢尺的两个角点同时接触到轧槽的底部为止。

另外，还要经常检查扭转导卫的油、气润滑情况和扭转辊的水冷情况，以提高其使用效果。为保证稳定的轧制过程，应配三套扭转导卫。第一套安装在轧机上；第二套在轧机旁待用；第三套在导卫间维修。

2.2.4.3 导卫配套设备

导卫配套设备包括：油、气润滑系统，磨床，光学校准仪，轴承。其中光学校准仪的内容见 2.2.3.2 节滚动入口装置中的滚动导卫组装与调整方法之光学校准仪调整法。

A 油、气润滑系统

高速线材厂通常用的润滑系统有三类，即稀油集中润滑系统、干油集中润滑系统和油、气润滑系统。其中油、气润滑系统专门用于滚动导卫的导辊轴承、扭转导卫的扭转辊轴承及活套导辊轴承的润滑。油气润滑系统主要由油泵站、压缩空气装置和注油器三部分组成。空气压力一般控制在 0.4~0.5MPa，每个油、气润滑系统供油量为 3L/min，循环周期为 30s。采用较高的空气压力，其作用是：

（1）通过油、气分配器使油成雾状，不断地、均匀地送到轴承。

（2）可以防止水、尘物和氧化铁皮渗入轴承，从而改善轴承的工作环境和提高轴承的使用寿命。轴承润滑的优点是使导辊和轧件之间的摩擦减小，提高导卫的使用寿命。

B 磨床

滚动导卫的导辊为高合金钢，硬度高，尺寸精度高。导辊弧面磨损后，必须送磨床间修磨。马钢高速线材厂选用了德国磨床，专门针对碳化钨辊环和滚动导卫导辊的磨削，可进行外圆面、工作面（型面）、内孔的加工。具有先进的缓进给深磨削，精磨削等新技术和新工艺，电气控制水平也很高。配有金刚石磨轮和立方氮化硼磨轮。

C 轴承

马钢高速线材厂的滚动导卫和扭转导卫的辊子内所装轴承都是瑞典的斯温斯卡轴承制造厂生产的 SKF 轴承。1~11 号轧机导卫辊内用的圆锥滚子轴承，其性能特点是承受径向力和轴向力，承载能力较大，允许的极限转速较低。12~13 号轧机导卫导辊内采用滚球轴承，其性能特点是承受径向力和轴向力，承载能力较低，允许的极限速度较高。轴承的质量直接影响到导卫的使用寿命，间接影响轧制质量。轧制速度为 100m/s，轴承转速高达 38000r/min，轧制过程中轴承工作条件是很恶劣的，所以大多数滚动导卫的故障源点是轴承烧坏。也有许多高速线材厂采用德国产的 FAG 轴承，质量也很好。

2.2.4.4 移动式导卫小车

在 1~4 号轧机机架之间布置三台移动式导卫小车。其作用是对轧件承接过渡和导向。采用移动导卫小车，是为了装卸轧机导卫和导卫梁方便、省时。移动式导卫小车底部装有车轮，轮下有轨道，可向传动侧移动。移动式导卫小车是通过调节螺栓固定并与轧槽对中。导卫由铸钢制成，有较好的耐磨性能和再加工性能。

2.2.4.5 空轧过渡管

在精轧机组中从19号轧机起有成品孔型，当19号轧机出成品时，21~25号轧机应拆除辊环，采用空轧过渡管，如图2-20所示。

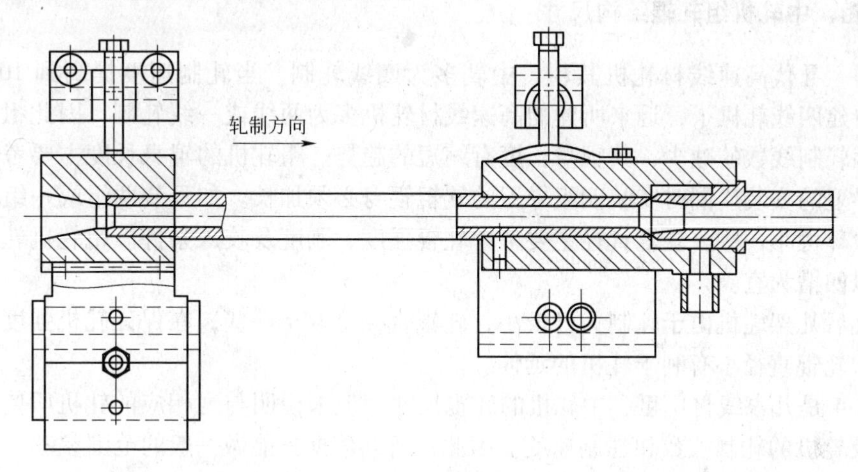

图2-20 空轧过渡管

2.3 轧辊

轧辊是轧钢机的主要部件。轧辊的尺寸结构、材质、使用、维护在相当大的程度上决定了轧机的技术水平。轧辊既是轧机设计的重要内容，也是组织生产中的主要管理对象。

2.3.1 轧辊工作直径的计算

将前滑因素考虑在内的轧辊工作直径的计算公式为：

$$D_k = (D - \psi_k h_k) K_a$$

式中，D_k为轧辊工作直径，mm；h_k为轧槽深度，mm；D为轧辊辊环直径，mm；ψ_k、K_a为系数。

在圆孔型中：$\psi_k = 1.8 \sim 2.2$，$K_a = 1.03 \sim 1.05$；在椭圆孔型中：$\psi_k = 1.31 \sim 1.42$，$K_a = 1.01 \sim 1.02$。上述ψ_k、K_a系数在小孔型中取上限。

2.3.2 拉钢系数的分配

在精轧机组的各机架间必须采用微张力轧制。根据经验各架间的拉钢系数为1.001~1.003。10个机架的机组其总拉钢系数最大不超过1.01。

2.3.3 高速线材轧机的轧辊类型及结构尺寸

高速线材轧机一般由粗轧、中轧、预精轧、精轧机组组成。由于各机组的机座形式不同，所用的轧辊也不同。粗轧、中轧一般选用二辊水平轧机或平-立交替配置的二辊轧机。预精轧机组则多为悬臂式平-立轧机。高速线材轧机的精轧机组除柯克斯三辊Y形轧机比较特殊外，大都为小辊径悬臂式二辊轧机，相邻两架轧机的轧辊轴线呈90°交角，而与地坪成 45°或 15°/75°角。

粗轧、中轧等一般二辊水平或立式轧机的轧辊，其结构形式为常见的普通型轧辊。预精轧和精轧的轧辊为碳化钨类辊片，或称辊环。

2.3.4　粗、中轧机组轧辊结构尺寸

第Ⅰ、Ⅱ代高速线材轧机其粗、中轧多为四线轧制。当轧制速度提高到 100m/s 后，已很少再建四线轧机了，近来所建的高速线材轧机多为两线或一线轧制，因此粗轧、中轧的轧辊因轧制线数的减少，其辊身长度有缩短的趋势。粗轧机的辊身长度主要考虑轧槽的排列及导卫的安装。同时安装四组导卫的轧辊辊身必须加长。如只装两组或一组导卫则孔槽间的滚环可小一些。轧辊直径主要考虑轧辊强度、刚度及咬入条件。粗轧机轧槽的配置前几道以四槽为宜。

粗轧后几架轧机由于轧制力已较小，轧辊直径可取小一些，在保证轧机强度、刚度的前提下，轧辊直径小有利于轧机的延伸。

表 2-4 是几家线材厂粗、中轧机的轧辊尺寸，但未说明与之相应的轧机所使用坯料断面尺寸及轧机的轧制线数和轧制速度。因此，所列数据只能做一般的范围参考。

表 2-4　不同厂家的粗、中轧机的轧辊尺寸（辊径×辊身长度/mm×mm）

架次	德马克公司	住友公司	戴维-劳维公司	施罗曼-西马克公司	神户第八线材厂	科夫公司线材厂
1	φ(560~630)×1000	φ(470~550)×850	φ(525~600)×1000	φ(510~600)×1070	φ550×813	φ(470~540)×1050
2	φ(560~630)×1000	φ(470~550)×850	φ(525~600)×1000	φ(510~600)×1070	φ550×813	φ(455~510)×1050
3	φ(560~630)×1000	φ(470~550)×850	φ(525~600)×1000	φ(510~600)×1070	φ550×813	φ(455~510)×1050
4	φ(560~630)×1000	φ(470~550)×850	φ(525~600)×1000	φ(510~600)×1070	φ550×813	φ(455~480)×1050
5	φ(490~550)×850	φ(470~550)×850	φ(525~600)×1000	φ(510~600)×1070	φ460×813	φ(455~510)×1050
6	φ(490~550)×850	φ(390~450)×850	φ(420~480)×1000	φ(408~480)×1020	φ460×813	φ(345~404)×950
7	φ(490~550)×650	φ(390~450)×850	φ(420~480)×1000	φ(408~480)×1020	φ460×813	φ(370~420)×950
8	φ(490~550)×650	φ(390~450)×850	φ(420~480)×700	φ(408~480)×1020	φ460×813	φ(370~420)×950
9	φ(430~480)×650	φ(390~450)×850	φ(420~480)×700	φ(408~480)×1020	φ460×813	φ(370~420)×950
10	φ(430~480)×650	φ(390~450)×850	φ(420~480)×700	φ(408~480)×1020	φ460×813	φ(315~350)×700
11	φ(430~480)×650	φ(390~450)×850	φ(420~480)×700	φ(408~480)×1020	φ460×813	φ(315~350)×700
12	φ(430~480)×650				φ300×610	φ(315~350)×700
13	φ(430~480)×650				φ300×610	φ(315~350)×700

2.3.5　预精轧机与精轧机的轧辊结构尺寸

线材轧机的组成最初为粗轧、中轧、精轧机组。中轧机组后来分为两组，即一中轧与二中轧机组。预精轧机组实际上就是二中轧机组末尾 4 架轧机演变的。预精轧机组采用平-立交替二辊轧机，进行单线无扭轧制，轧机间一律用上活套实现无张力轧制。使用预精轧机组后，不仅减少了二中轧机组的故障，轧件精度也显著提高，有的精度可达±0.2mm。实践证明，提高进入精轧机组的轧件精度是减少精轧机组故障非常有效的办法。

因为采用预精轧的目的之一是提高轧件精度，所以预精轧机的轧辊也大都采用硬面轧

辊，为了换辊方便也采用了如同精轧机一样的悬臂结构。预精轧的轧件尺寸较精轧的大，轧辊直径也较精轧的大些。其轧辊尺寸见表2-5。

表2-5 预精轧的轧辊尺寸

厂 家	机座号	辊径×辊身长度/mm×mm
德马克公司	No. 14，No. 15	ϕ320×100，ϕ320×100
住友公司	No. 12~15	ϕ330×72
戴维-劳维公司	No. 12~15	ϕ330×95
施罗曼-西马克公司	No. 12~15	ϕ285×95

2.3.6 线材轧辊的主要指标

过去轧辊的制造工艺不完善，轧辊材质比较简单，有铸钢、铸铁、合金铸铁等。随着铸造工艺和热处理工艺的进步，轧辊的性能有了显著提高，出现了许多能满足不同工作条件的轧辊。现今轧辊牌号繁多，除可按化学成分粗略划分为铁、钢、合金铸铁、合金锻钢等几大类外，还可按工艺和轧辊的基体组织细分类别，如铸铁轧辊可分为冷硬铸铁、无限冷硬铸铁、球墨铸铁、高铬铸铁轧辊等，钢轧辊也分为普通铸钢、石墨钢、合金铸钢轧辊等。类别的细化有利于根据使用条件选择更适合的轧辊。

2.3.6.1 轧辊的耐磨性或硬度

粗轧机的轧件较大，轧制变形渗透能力不够，金属表面流动量大，特别是在不均匀变形严重的孔槽内，金属流动量更大些。金属沿轧辊表面的流动是轧辊磨损的重要原因，也是轧辊表面变粗糙的原因之一，要提高轧辊抗磨损能力必须提高轧辊的硬度及韧性。保证线材的表面质量最主要的是槽孔的形状及粗糙度。所以轧辊的耐磨性是线材轧辊的主要指标。

硬度特性随温度而变化，高温状态下硬度通常是要降低的。高温下硬度降低往往是由组织转变和渗碳体的分解造成的。在高温下工作的轧辊一定要考虑热稳定性，以保证轧辊耐磨。高铬铸铁的硬度热稳定性最好，这种铁可以形成高硬度的稳定的Fe-Cr碳化物。

2.3.6.2 抗热裂性

由于粗轧时的坯料断面大，轧制温度高，轧制速度低（最低为0.1m/s），所以粗轧机组的轧辊工作条件十分恶劣。特别是在轧制速度低，压下量大时，轧件通过轧制变形区时，在轧制变形区的轧辊表面将被加热到500~700℃。离开轧制变形区后的轧辊表面又骤冷，轧辊受冷热交变的应力，很快会出现龟裂状的热疲劳裂纹。另外，粗轧前几道轧制力大，轧制力矩大，在压力和力矩的共同作用下也容易出现表层的疲劳裂纹。

人们研究了轧辊的使用条件和轧辊破坏的原因之后，有针对性地采取了有效措施。以提高轧辊的高温强度及韧性来提高轧辊的抗热裂性。为了提高轧辊的高温强度必须提高轧辊的再结晶温度，因为金属在发生再结晶转变时其强度将大幅度降低。金属的再结晶温度与合金成分有关。大体上讲难熔金属的再结晶温度比较高。铁基合金的熔点在1530℃左右，在700℃时铁基合金的强度将大幅度下降，因此铁基合金轧辊使用温度不得超过

700℃。改善金属韧性一般靠调整合金成分，如提高其镍含量。另外，改善金属组织如增加球状石墨体也能改善金属韧性。抗热裂性除与轧辊高温强度及韧性有关外，还与轧辊的导热性能有很大关系。所以热扩散率或导热性好的轧辊，其抗热裂性能也好。

2.3.6.3 辊身径向硬度的均匀性

硬度随深度的变化或称硬度的落差对线材轧机的粗轧轧辊尤为重要，其硬度必须保证开槽后孔槽的耐磨性，并保证辊子在重车范围内辊径最小时孔槽的耐磨性。因此减少硬度落差一直是重要课题。目前减少辊径硬度落差大体有三种有效的办法：

(1) 加入一定量的合金。加入 $w[Cr]=0.5\%\sim1.5\%$ 的铬合金化珠光体球墨铸铁轧辊及针状球墨铸铁轧辊，在辊身表层深度 76.2mm 内几乎无硬度降。但铬的加入对辊颈及辊身的中心强度有副作用，采用先进的瞬时孕育技术可把对辊颈强度的影响限制在 15%～20%。

(2) 特殊的热处理。含有少量一次碳化物的钢轧辊，经正火和软化退火处理可以基本上消除硬度降。

球墨铸铁轧辊只要化学成分、孕育及高温热处理得当也可以基本上消除硬度降。使球墨铸铁中的球状石墨周围形成一层铁素体，即牛眼状铁素体包围层，而基体则为珠光体及贝氏体组织。经过高温热处理之后，渗碳体被部分溶解也可以消除硬度降，经过处理的球墨铸铁轧辊其强度可与铸钢轧辊持平，而其他性能如耐磨、抗热裂、表面粗糙度则优于铸钢轧辊。

(3) 采用离心铸造。离心铸造最显著的优点是可以灵活地选择轧辊工作层材料和心部材料。离心铸造可以抑制柱状晶的生长及快速凝固，可以使离心层无硬度降，但离心层厚度不能超过 75mm。

2.3.7 轧辊的材质

2.3.7.1 粗中轧机材质

分析了线材轧机各机座的工作条件和轧辊特性之后，不难正确地选用合适的轧辊。粗轧机架如热裂性为主要问题，则应选择经专门软化退火的珠光体球墨铸铁轧辊，其硬度值也应低些，一般选取硬度 HS38～42。如果耐磨性是主要问题，则选硬度稍高些（HS45～48）比较适宜。根据美国的实践经验，硬度相同的轧辊，其软化退火的球墨铸铁轧辊较普通铸钢轧辊寿命高两倍。

中轧机组选用的轧辊其硬度应较粗轧机组的高，硬度值可达 HS67，材质以珠光体球墨铸铁或贝氏体球墨铸铁为好。当然在轧件小，离心铸造表层厚度又能满足车削需要的情况下，其材质以离心铸造的针状球墨铸铁轧辊最为理想。进行切分轧制的中轧机组以使用高铬轧辊效果最佳。

从我国实践经验看，粗轧机使用球墨铸铁轧辊的耐磨性与抗热裂性都比较好，前几架以考虑抗热裂性为主，所以应选择基体为珠光体型的，后几架选择贝氏体基体组织更适合。粗轧机的轧辊硬度一般控制在 HS50～55，中轧机的轧辊硬度则控制在 HS60～70。为了控制性能除两种轧辊的热处理有区别外，其化学成分也有所调整，见表 2-6。

表 2-6　粗、中轧机轧辊的化学成分（质量分数）　(%)

机　组	轧辊类型	C	Si	Mn	Ni	Cr	Mo
粗轧机	珠光体型	3.3~3.5	1.5~2.5	0.5~0.7	1.8~2.4	0.1~0.4	0.1~0.3
	贝氏体型	3.3~3.5	1.9~2.5	0.5~0.7	1.8~2.4	≤0.1	0.7~1.0
中轧机	珠光体型	3.0~3.5	1.0~2.0	0.4~0.8	1.5~2.5	0.3~1.0	0.3~0.5
	贝氏体型	3.3~3.5	1.2~2.0	0.4~1.0	2.6~3.6	≤0.3	0.7~1.0

2.3.7.2　预精轧、精轧机轧辊材质的选择

预精轧机其轧制速度在10m/s左右，轧制的轧件为ϕ17~22mm。从轧制特性看与小型轧机的精轧机组十分相似。所以其轧辊材质可参考小型精轧机轧辊选择。预精轧机由于多是悬臂式轧机，所以辊环的材质可比小型轧机的更好些。目前所用辊环材质有高镍铬离心铸造复合辊、工具钢、碳化钨等。以碳化钨最为理想，它寿命长，辊槽粗糙度低。

几种辊环使用情况的比较见表2-7。

表 2-7　预精轧机轧辊辊环使用情况

厂家	机架号	轧辊直径/mm	轧槽数/个	每个轧槽轧制量/t	车削次数	轧制总吨数/t	轧辊材质
施罗曼-西马克公司	12平	285	2	580	13	15000	合金冷硬铸铁 HS70
	13立	285	2	500	15	15000	
	14平	285	2	500	12	12000	
	15立	285	2	400	22	17600	
德马克公司	14平	320	2	4500	17	153000	碳化钨
	15立	320	2	3500	17	119000	
住友公司	12平	330	1	3000	21	63000	特殊工具钢
	13立	330	2	3000	21	126000	
	14平	330	2	3000	21	126000	
	15立	330	2	3000	21	126000	

2.3.7.3　碳化钨硬质合金辊环

精轧机组轧机使用的轧辊材质一般均为以碳化钨为主的硬质合金。碳化钨硬质合金具有良好的热传导性能（其热传导系数为钢的2倍），在高温下硬度下降少，耐热疲劳性能好，耐磨性好，强度高等特点，这些是其他材质的轧辊所难以达到的。因此，从高速线材轧机问世以来，碳化钨硬质合金辊环就应运而生，并不断发展完善。

2.3.7.4　精轧机组轧机对轧辊指标的要求

目前的精轧机组一般由8架至10架轧机组成。前面的机架，因轧件断面尺寸大，轧辊受到的负荷和冲击力较大，因此，精轧机组的前二架轧机的轧辊［一般辊径为8in（203.2mm）］应考虑采用强度指标高、耐热疲劳性能好的材质，耐磨性能指标放在第二位；后面轧机的轧辊［一般辊径为6in（152.4mm）］因轧制负荷较小，冲击力较小，应

优先从轧辊的耐磨性和抗热疲劳性能来考虑。

2.3.7.5 水质对精轧轧辊寿命的影响

一般地说，酸性水质对硬质合金轧辊产生腐蚀作用，它会加剧热裂纹的扩展，大大减少轧辊的寿命。为了提高精轧机轧辊的耐蚀性和抗热疲劳性，近年来，新成分的碳化钨辊不断出现，主要是黏合剂成分的改变，当黏合剂中含有0.5%~1.0%的镍和铬时，会大大提高硬质合金轧辊的热疲劳性和耐蚀性。瑞典桑德维克公司生产的CR60辊其寿命比CT65的高出2倍多，就是很好的证明。

2.3.7.6 精轧辊轧槽的寿命

精轧辊轧槽使用寿命各厂家相差不多，一般第1~2号轧机每槽每次的轧制量为2000~2500t，第3~6号轧机每槽每次轧制量为1800~1400t，第7~8号轧机每槽每次轧制量为1000t，第9~10号轧机每槽每次轧制量为400t。轧辊每个轧槽的轧制定额见表2-8。

表2-8 轧辊每个轧槽的轧制定额

机架号	德马克公司		住友公司		施罗曼-西马克公司	
	新辊直径/mm	每个轧槽的轧制定额/t	新辊直径/mm	每个轧槽的轧制定额/t	新辊直径/mm	每个轧槽的轧制定额/t
1	630	7500	600	8000	600	10000
2	630	7500	600	8000	600	10000
3	630	7500	600	8000	600	7000
4	630	7500	600	6000	600	7000
5	550	4000	480	6000	600	4000
6	550	4000	480	3000	480	3000
7	550	4000	480	3000	480	3000
8	550	4000	480	2000	480	1800
9	480	3500	480	2000	480	1800
10	480	2500	480	1500	480	1800
11	480	2500	480	1500	480	1800
12	480	1800				
13	480	1800				

我国的高速线材轧机轧辊每个轧槽的轧制定额与选用轧辊情况见表2-9。

表2-9 我国的高速线材轧机轧辊每个轧槽的轧制定额

架次	A厂		B厂		C厂		D厂	
	新辊直径/mm	每个轧槽的轧制定额/t	新辊直径/mm	每个轧槽的轧制定额/t	新辊直径/mm	每个轧槽的轧制定额/t	新辊直径/mm	每个轧槽的轧制定额/t
1	600	3000	560	7000	500	10000	555	5500

续表 2-9

架次	A厂		B厂		C厂		D厂	
	新辊直径/mm	每个轧槽的轧制定额/t	新辊直径/mm	每个轧槽的轧制定额/t	新辊直径/mm	每个轧槽的轧制定额/t	新辊直径/mm	每个轧槽的轧制定额/t
2	600	3000	560	7000	500	10000	505	5500
3	600	2500	560	5000	500	7000	521	5000
4	600	2500	560	5000	500	10000	530	5000
5	480	1200	475	4000	500	7000	415	3000
6	480	1200	475	3000	400	5000	415	3000
7	480	1200	475	3000	400	5000	415	2500
8	480	1200	475	3000	400	2500	415	5000
9	480	1200	410	1500	400	2500	415	4000
10	480	800	410	1500	400	2500	310	3000
11	360	800	410	1500	400	2500	310	3000
12	360	500	285	1500	300	1500	310	2400
13	360	500	285	1000	300	1500	310	2400

2.3.8 轧辊冷却

在轧制过程中，必须对轧辊表面进行冷却，否则，会造成轧辊磨损严重和断辊。

轧制过程中，热轧件与轧槽表面接触，使轧辊表面温度升高，这部分金属要产生膨胀，而轧辊深层的金属温度由于温度升高不大，膨胀较小，就会对轧辊表面金属产生压应力；反之，当轧辊表层被冷却水急冷后，表层金属收缩，而深层的金属收缩不如表层金属大，就会对表层的金属产生一个拉应力，这种反复交变的热应力是造成轧辊产生热疲劳裂纹的根本原因。热疲劳处的金属易剥落，除造成轧辊轧槽粗糙外，热疲劳裂纹处又是一个应力集中区，是断辊的一个主要原因。因此，为防止热疲劳裂纹的产生和扩展，除选择抗热疲劳性能好的轧辊材质外，还须要在轧辊的冷却上采取有力措施。

当轧件与轧辊表面接触时，轧辊表层金属可达500~600℃。冷却水喷到炽热的轧辊表面，会形成一层汽膜，覆盖其下面的轧辊表面，严重地影响了冷却效果。研究表明，当冷却水的压力达0.5MPa以上时，蒸汽膜会被冲破，从而使冷却效果明显提高。一般在高线轧机的精轧机组，冷却水的压力宜采用的范围为0.5~1MPa，在低速机座上轧辊冷却水压力不应选择太大（在粗、中轧机组冷却水的压力也不应低于0.3MPa），以防冷却水溅散而起不到冷却作用。

在两辊轧机上冷却时，冷却水嘴的布置与冷却效果有很大的关系。为提高冷却效果，冷却水要按和轧辊旋转方向相反的切线方向喷射，并且冷却水嘴应靠近轧辊出口（轧件离开轧辊的表面处），如图2-21所示。另外冷却水嘴喷出冷却水的覆盖面应相重合。

2.3.9 轧辊轴承

高速线材轧机的精轧机及预精轧机的轧辊轴承，即轧辊轴上的轴承，与更换辊环无关，因此就不在此对轧辊轴上的轴承进行专门讨论。

高速线材轧机粗、中轧的轧辊轴承，在线材轧机发展过程中曾有过一番争论。实践证明，粗、中轧轧辊采用滚动轴承比选用油膜轴承更经济、更合理。四列圆柱滚动轴承不仅可以承受粗轧机较大的轧制负载，而且适应所有的速度范围，并且投资省，维护费用低。油膜轴承有寿命长的特点，但由于粗轧机速度差特别大，在低速运转的前几架轧机必须用高黏度润滑油，只就单配润滑系统这一点看也是十分不经济的。所以近几年新建的高速线材轧机已不再选用油膜轴承了。

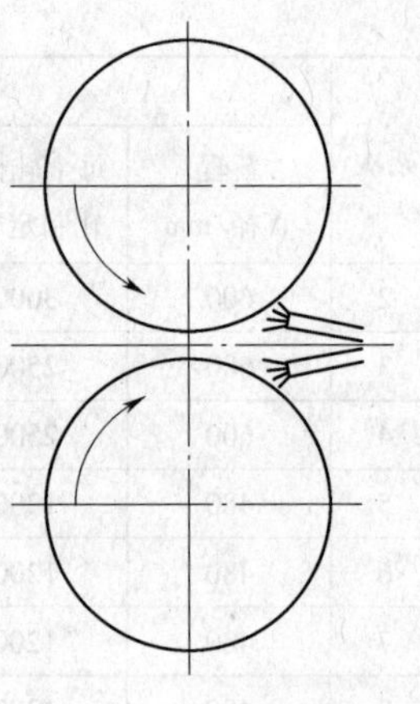

图 2-21 冷却水嘴的位置示意图

粗、中轧机组的二辊轧机其轧辊的轴向固定与轴向调整，往往是老式轧机非常不好解决的问题。轧辊压下、轧辊轴向固定、轧辊平衡三种装置互相影响、互相牵制，使调整困难或造成机构失灵。压下、压上装置与轧辊平衡装置要求能实现轧辊上下移动自如，可是轴向调整机构又往往把轴承座夹持得很紧，限制了轧辊的上下移动。甚至在不松动轴向的情况下轧辊压不下去，抬不起来，造成压下电机过载烧毁。若先松动轴向再调整压下，轧辊轴向位置又很难一次准确复位，也容易造成轧制故障。这是老式轧机多年未解决的问题。由于高速线材轧机对粗、中轧的轧件精度要求越来越高，各轧机制造商都在注意提高其调整性能，在解决轴向调整与压下调整方面做了不少工作。德马克公司设计了一种轴向调整机构很好地解决了这一问题。轴向固定的夹板改成可使轴承座上下滑动的导槽，导槽的开度也可调整，既保证了上下移动自如又可在轴向精确限位。轧辊的轴向微调通过在轴承座内的蜗轮杆进行。蜗轮的旋转使轴承座内的轴承限位套旋转、移动。德马克公司这一机构很好地解决了压下、轴向移动、轧辊平衡三种机构的相互影响和干扰。这种机构轴向调整量不大，它要求轧辊加工应保证使用中只需微调。

复习思考题

2-1 孔型设计有什么要求？
2-2 椭圆-圆孔型系统的优缺点各是什么？
2-3 粗、中轧机组孔型系统怎么选择？
2-4 预精轧和精轧机组孔型系统怎么选择？
2-5 粗、中轧延伸系数怎么分配？
2-6 预精轧和精轧延伸系数怎么分配？
2-7 导卫的作用是什么？
2-8 滚动导卫的主要部件有哪些？
2-9 叙述滚动导卫的调整方法。
2-10 扭转导卫的主要部件有哪些？
2-11 线材轧辊的主要指标是什么？
2-12 轧辊材质怎么选择？
2-13 轧辊为什么需要冷却？

3 高速线材粗、中轧机的调整

3.1 粗中轧工艺和设备

3.1.1 粗中轧的生产工艺

3.1.1.1 粗中轧的主要功能

粗轧是使坯料得到初步压缩和延伸，得到温度合适、断面形状正确、尺寸合格、表面良好、端头规矩、长度适合工艺要求的轧件。通常输送给中轧的轧件断面为ϕ50mm。

中轧的作用是继续缩减粗轧机组轧出的轧件断面。

3.1.1.2 粗、中轧机组的布置方式

A 采用水平二辊串列式轧机布置

这种形式的粗轧机组应用较普遍，尤其适合于以碳素结构钢和低合金钢为主的轧制和多线轧制。其工作机座多采用闭口式轧机，也有采用预应力轧机和短应力线轧机的。为实现水平二辊轧机扭转轧制，在轧件须要扭转的部位设置滚动出口扭转导卫装置。水平二辊串列式粗轧机组一般由纵向轧制线固定，采用工作机座横移的方式更换轧槽。

B 采用平-立交替串列式轧机布置

这种布置形式的轧机其轧件无扭转轧制，特别适合高牌号合金钢线材的生产。因为合金钢的扭转变形抗力大而且塑性差，易于在扭转轧制时出现轧制事故和扭转裂纹而造成轧废，而对于价格较为昂贵、轧制批量又较小的合金钢线材生产，任何轧废将严重影响其经济效益，因此无扭轧制对于合金钢线材的粗、中轧就显得必要了。平-立交替串列式轧机也常被多品种单线高速线材轧机所采用。

C 采用短中心距紧凑式轧机布置

这种形式的粗轧机组是20世纪80年代初期发展起来的，当时连铸坯已被普遍认为是线材生产的合理原料，而且连铸技术日臻成熟，人们认识到(120mm×120mm)~(150mm×150mm)断面的连铸方坯是连铸生产的合理断面，同时增大线材盘重以提高线材轧机的生产效率也是各线材生产厂家所希望的，因此在20世纪70年代建设的线材轧机普遍使用100mm×100mm的轧制坯或连铸坯，现在都力图改用(120mm×120mm)~(150mm×150mm)断面的连铸坯，而且希望这种原料条件的变更不引起轧线设备的大变动，其中最理想的途径是在加热炉不做大改造和中轧机组不变的情况下，用一种新型的大变形量的粗轧机组在原来的位置上替代原粗轧机组，以适应钢坯断面的加大。为满足这种需要，首先由美国摩根公司开始，随后摩哥斯哈玛、伯利恒钢铁等公司相继推出原理相同而结构大同小异的几种短中心距紧凑式轧机。

D　粗轧阶段采用轧件扭转和小张力轧制

因为粗轧阶段一般采用的是二辊水平轧机，所以轧件通过扭转导卫扭转 90°；轧件断面尺寸较大，对张力不敏感，设置活套实现无张力轧制十分困难也极不经济，所以粗轧阶段采用小张力轧制。

E　对粗、中轧轧后的轧件要求

为保证成品尺寸的高精度，并保证生产工艺稳定和避免粗轧后工序的轧制事故，通常要求粗轧轧出的轧件尺寸偏差不大于±1mm；为减少精轧机的事故一般要求中轧轧出的相应轧件断面尺寸偏差不大于±0. 5mm。

F　粗轧后切头、尾

粗轧后的切头切尾工序是必要的。轧件头尾两端的散热条件不同于中间部位，轧件头尾两端温度较低，塑性较差；同时轧件端部在轧制变形时由于温度较低、宽展较大、同时变形不均造成轧件头部形状不规则，这些在继续轧制时都会导致堵塞入口导卫或不能咬入。为此在经过 7 道次粗轧后必须将端部切去。通常切头切尾长度在 70~200mm。

3. 1. 2　粗、中轧区的设备布置与参数

3. 1. 2. 1　出炉拉料辊的作用

出炉拉料辊的作用有三点：一是将由出钢机自加热炉推出或由炉内出炉辊道送出的钢坯，继续从加热炉里拉出，并以大于第一架粗轧机轧入的速度将钢坯推入第一架粗轧机进行轧制；二是一旦钢坯被粗轧轧辊咬入，拉料辊即停止强制送进，仅作为托辊以与轧入相同的速度继续将钢坯送入粗轧机；三是当粗轧机组出现故障时，拉料辊将已切断而尚未轧入的钢坯退回加热炉。

3. 1. 2. 2　出炉分钢器的作用

出炉分钢器的作用是将出炉的钢坯分别依次导入多线轧机的各条轧线，并尽可能提高轧槽利用率。分钢器不仅有对钢坯的分别导向作用，而且要解决一条轧线上正在轧制但尚未全部出炉的钢坯，对准备送往另一条轧线的钢坯出炉的干扰问题。为此，分钢器通常既具有将钢坯前端沿垂直于轧制线方向平面横移的导向功能，又具有在钢坯前端被轧入后能将炉内的钢坯尾部抬起，使下一根钢坯能向出炉位置移动的抬升避让功能。

3. 1. 2. 3　轧机

虽然国内各高速线材厂的粗、中轧机各有特点，但轧机主要结构如牌坊、轧辊及其轴承、上辊平衡机构、压下机构、轧辊轴向压紧及调节机构等在原理上是大同小异的。在这里主要以二辊水平式轧机为例，介绍轧机各主要构成部分。马钢高速线材厂的二辊水平轧机如图 3-1 所示。

A　机架（牌坊）

机架由两个框架状的轧机牌坊连接而成。轧机牌坊的敞开部分称做“窗”，在这个“窗”中，安装轧辊的轴承座。

通常高速线材粗轧机采用闭式机架，这是因为闭式轧机具有刚性大的优点。二辊机架

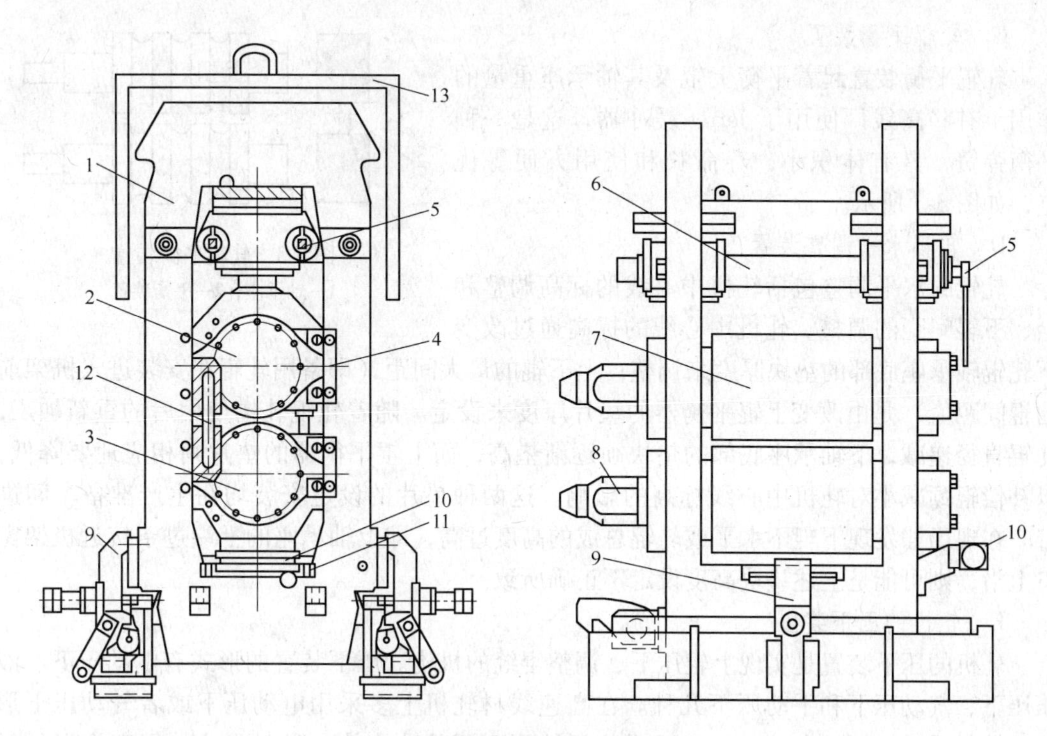

图 3-1 二辊水平轧机

1—机架（牌坊）；2—上轴承座；3—下轴承座；4—侧向压紧夹板；5—压下装置；6—拉杆；7—轧辊；8—轧辊扁头；9—机架夹紧装置；10—轧辊托架；11—托架滑道；12—上辊平衡装置；13—防护罩盖

牌坊通常由铸钢铸造而成，也可用厚钢板焊接而成，后者的强度与刚性较好，并且具有体积小，质量轻的优点。

B 轧辊

轧辊基本结构分为三个部分，即辊身、辊颈、辊头，如图3-2所示。辊身是轧辊与轧件直接接触的工作部分，型钢轧机的轧辊辊身是圆柱体，上面车有孔槽。辊颈是轧辊的支撑部分，轧辊是依靠辊身两侧的辊颈而支撑在轴承上。辊身和辊颈交界处由于断面变化可能成为应力集中的地方，容易断裂。所以，为了提高轧辊强度，交界处应有适当的过渡圆角。轧辊的辊头具有连接传动接轴、传递轧制力矩的作用。

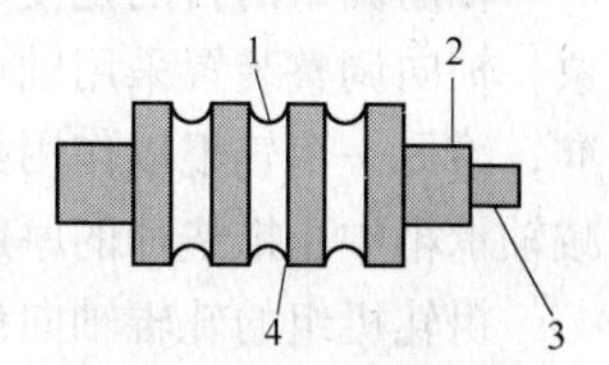

图 3-2 轧辊的结构

1—孔型；2—辊颈；3—辊头；4—辊身

粗轧机组轧辊辊身直径一般为轧件平均高度的4~5倍，这不仅是为了有足够的强度和刚度以及咬入能力，也是为了轧制时的变形渗透，以避免轧件端部出现由表面变形造成的双叉鱼尾状，而在继续轧制时发生顶撞入口导卫的故障。例如，大多以(120mm×120mm)~(160mm×160mm)断面钢坯为原料的线材粗轧机组的前4架轧机轧辊辊身直径为ϕ530~650mm，后3~5架轧机轧辊辊身直径为ϕ450~480mm（均指新辊）。

为保护正常轧制所必需的强度、刚度及咬入能力等条件，高速线材轧机中轧机组轧辊辊身直径为：单线或双线轧机 D=350~380mm；三线或四线轧机 D=420~480mm。轧辊辊身长通常为轧辊直径的1.8~2.0倍，对于悬臂辊轧机辊环宽约为辊环直径的0.45倍。

C 轧辊平衡装置

轧辊平衡装置起着平衡上辊及其轴承座重量的作用。有些高线厂使用了 Jarret 缓冲器，这是一种平衡弹簧，具有体积小，寿命长和使用方便等优点，如图 3-3 所示。

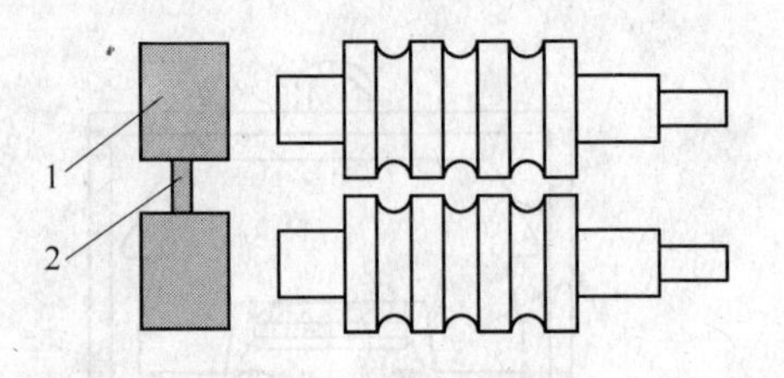

图 3-3 轧辊平衡装置
1—轴承座；2—平衡装置

D 轧辊水平调整装置

轧辊的水平调整包括轧机中心线的标高调整和上、下辊间距的调整。轧机中心线的标高通过改变下轧辊轴承座底部的垫块厚度来调整；上下辊的最大间距（即备用轧辊在安装进入机架前的辊间距值）是由改变上辊平衡器的垫片厚度来设定。随着轧辊轧槽使用后的重新加工，轧辊直径递减，下轴承座底部的垫块须逐渐垫高，而上辊平衡器的垫片则相应地要降低，以补偿辊颈减小对轧机中心线标高的影响。这两种垫片的设定安装均在生产准备车间进行。在现场如发现下辊不水平或轧辊总成的高度过高，即上轴承座的上端过于接近机架窗口上沿，则可能是上述垫块高度设定不正确所致。

E 轧机的压下装置

轧机的压下装置是实现上辊压下、调整辊缝的机构。压下装置的形式有电动压下、液压压下、气动压下和手动压下几种。在高速线材轧机上多采用电动压下或者气动压下形式，辅以手动压下。电动和气动压下装置的压下调整速度快、省时省力，用于辊缝的粗调；而手动压下是用于对辊缝进行微量的精确调整。不论采取何种方式，均要求调整后，轧辊两侧的辊缝相等。

粗轧机轧辊径向调整量较大，一般为轧辊直径的 15%左右。

F 轧辊的轴向调整装置

轴向调整的目的是使轧辊沿轴向移动，实现上下轧辊的孔型对中一致，消除错辊现象。轴向调整装置采用轴承座端头调节螺栓和侧压板两种。调整方法是以某一个轧辊为基准，给另一个轧辊以作用力，使其沿轴向移动达到孔型对中一致。使用滚动轴承时，以增减轴承箱中止推垫片的厚度来调节轧辊的轴向位置。

粗轧机组的轧辊轴向调整量为±(2~3)mm，这样的调整量对于线材粗轧中均匀的轧辊轴向磨损的对称轧制，足以满足装配时的轧辊孔型对中调整。

3.1.2.4 冷却水系统

轧槽和辊式导卫的导辊都长时间与高温轧件直接接触，故需要充足的冷却水带去热量，以保护轧槽表面和保证轧机的正常运行。操作工要定期点检冷却水压和各供水点的畅通情况。

3.1.2.5 导辊润滑系统

粗、中轧机辊式导卫的润滑通常采用油雾或油气润滑。油雾和油气润滑，是使用充分清除了水分、灰尘等异物的压缩空气将油雾化，然后使这种油雾与空气的混合物强制性地通过专门管路输入轴承内部的润滑方式。两者都具有省油、润滑效果好等优点，而后者又具有避免油雾外逸污染的优点。实际生产中，如果润滑油气供给不正常，就会损坏导辊轴承。现场统计数据表明：在导卫、导辊采用超硬合金制造后，导卫的更换常常不是因为导辊本身的寿命已到，而是由轴承寿命来决定的。因此，生产中检查导卫、导辊的润滑情况就尤为重要。

3.1.2.6 换辊装置

粗、中轧机换辊基本上有三种方式：

（1）采用整机架换辊的方式。整机架换辊应用广泛，它的优点是换辊时间短，轧机作业率高，缺点是设备投资大，需要准备一定数量的备用机架，在准备车间事先将轧辊及导卫装置预装好。

（2）采用C形钩换轧辊的方式。C形钩换辊装置结构简单、成本低，以往设计的轧机一般采用此种装置，但不足之处是轧辊与机架的装配和轧辊辊头与传动轴的装配过程中操作较困难和费时。

（3）采用专用换辊小车换轧辊的方式。换辊小车方法是将上、下轧辊及其轴承座当作一个整体来更换，由于小车使用方便，定位准确，操作时不会因吊运轧辊失误造成辊头与机架窗口等撞击而损伤设备，故得到普遍采用。换辊小车由轧辊托架滑道和驱动装置构成，结构如图3-4所示。

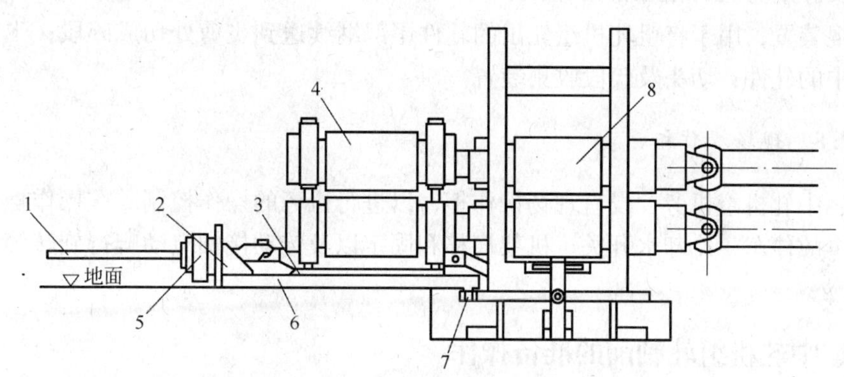

图3-4 粗、中轧机的换辊小车

1—推拉螺杆；2—换辊小车；3—轧辊托架；4—安装前的轧辊；5—驱动机构；6—轧辊托架滑道；7—定位销；8—安装后的轧辊

不同规格的轧机使用不同规格的换辊小车，因此，每一种规格的机架须配置一台换辊小车。

3.1.2.7 剪机

在粗、中轧区，按照其工艺布置特点，一般设有两台剪机：一是加热炉与第一机架间的事故卡断剪；二是粗轧机组后的飞剪。

A 事故卡断剪

事故卡断剪的作用是当轧制过程中出现事故时将已经进入粗轧机组的钢坯切断并阻止钢坯继续进入粗轧机，以防止事故扩大。在试轧时，为节约原料，也使用卡断后的短坯轧制。

粗轧机前事故剪一般为摆动剪，通常依靠电动、气动或液压驱动使上下剪刃摆动闭合，但切入钢坯，完成卡断动作的动力是借助于轧机对钢坯的拖拽力。因此，在钢坯还未咬入第二机架之前，不能启动该事故卡断剪，否则可能因轧件无足够的拖拽力，而造成剪刃卡在钢坯内切不断钢坯。

B　飞剪

飞剪布置在粗轧机组后面，剪切轧件的头部和尾部，切头、尾长度一般为70~200mm，以便轧件顺利轧入中轧机组，避免在粗轧后的轧制过程中出现轧制事故；在粗轧以后出现轧制事故时，用这个剪子将粗轧机组轧出的轧件连续切成小碎段，以防止事故扩大。对于易切削钢等容易劈裂的钢种则进行多次切头。飞剪事故的剪切动作由自动控制或主控台手动控制。飞剪如图3-5所示。

图3-5　飞剪

切头及碎断剪通常由三部分组成：剪前的夹送辊装置，用于将粗轧机组轧出的轧件尾部继续送到飞剪处切成碎段；飞剪，用于切断运行中的轧件；切头及碎段收集装置。

3.1.2.8　现场操作柜

在粗、中轧机组机旁，设有现场操作柜，以进行机旁的操作控制。在操作柜上一般布置有轧机事故停车、冷却水开关、机架横移和固定以及传动接轴点动爬行旋转等各种操作控制开关。

3.2　粗、中轧机组轧制前的准备操作

3.2.1　轧机安装

轧机的正确安装是轧件平稳运转的先决条件，是调整工作的重要基础工作之一。轧机机座是轧辊的依附台座，牌坊不稳轧辊的运转就不可能稳定。轧机安装应注意以下几个问题：

（1）检查轨座（轧机地脚板），要求轨座左右要平，两条轨座左右两端应保持在一个水平位置，并且间距相等，相互平行。轨座地脚螺栓不允许松动，要与基础连接牢固。

（2）牌坊固定在轨座上后，左右牌坊窗口中心线要重合并在人字齿轮座中心线的延长线上。窗口内的轴承座支持台要在一个水平面上。牌坊应与两条轨座组成的平面垂直。

（3）轧机的调整机构要灵活可靠。

3.2.2　轧辊安装

轧辊是轧机的主要工作部件，轧辊的安装要十分仔细。首先要对轧辊的加工质量（直径、孔槽、表面）进行检查验收，然后对轧辊轴承装配状况进行检查，不合格的应禁止安

装。轧辊安装时应注意轧制线的位置，一般粗、中轧的实际位置与要求位置之差不应大于2mm。轧辊应保证一定的水平度，精、中轧的轧辊斜度不应大于0.5mm/m。轴承座与窗口配合应保证轧机设计要求的精度。

粗、中轧机的轧辊由生产准备车间预装，预装好的轧辊（带有轴承座）送至轧钢现场备用。如图3-6所示。

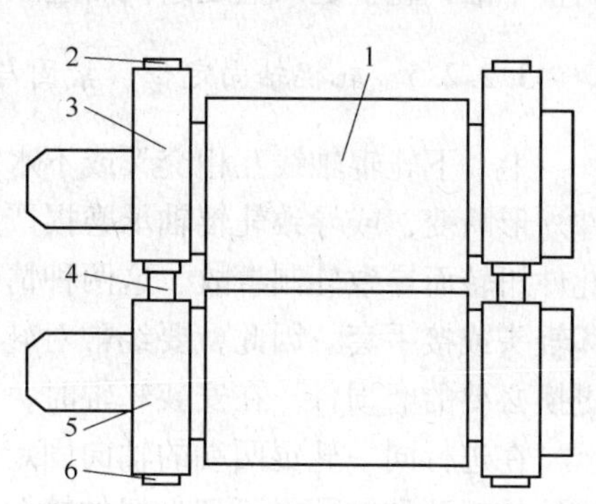

图3-6 组装完毕的轧辊与轴承的整体
1—轧辊；2—上轴承座轴承瓦；3—上轴承座；4—上辊平衡装置；5—下轴承座；6—下轴承座垫块

换辊时，安装轧辊可借助换辊小车，或借助C形钩以实现轧辊送入或拉出机架的操作。下面主要介绍换辊小车的换辊操作。

3.2.2.1 换辊小车的安放

换辊前先将换辊小车吊运到相应的机架旁定位。吊放时应使换辊小车前端的两个定位销插入机架上的定位孔中，以保证小车上的轧辊托架滑道与机架内的滑道处于一条线上。吊放好后的换辊小车必须平稳水平，与地面接触实在，必要时须用水平尺检查水平。

3.2.2.2 轧辊吊运

轧辊对吊运至换辊小车前，应先将下轴承座底部清擦干净，换辊小车的轧辊托架与下轴承座的接触面必须擦净并涂油；然后将轧辊对吊运到换辊小车的轧辊托架上，吊放位置一定要准确到位，否则轧辊难以进入机架窗口。

3.2.2.3 辊头位向调整

轧辊吊上换辊小车后，应先进行轧辊扁头定向，即辊头的位向调整，以使扁头的位向与传动接轴轴套的位向一致，从而保证轧辊的上、下轧辊扁头能顺利地插入相应的轴套内。需指出，辊头的位向往往不能一次就调整正确，这取决于对位向的准确判断和实践的积累。有些高速线材厂家，传动轴轴套设有自动定位功能，即轴套内的扁平面可借助于电气控制自动调到垂直位置，所以每次安装轧辊时只要将辊头调整成对应的垂直位置即可。这就简化了对传动接轴的调整和判断，有利于准确调整。

现场常用的对轧辊辊头垂直位向的简单判别方法是：用眼睛沿上辊辊头的一侧面顺着向下看，如上、下辊扁头的侧平面处于同一个垂直面上，就说明辊头调整成垂直状态了。

3.2.2.4 轧辊对装入机架

辊头调整后，轧辊对即可被装入机架。这时，应注意把辊头、传动接轴轴套、机架的轧辊滑道、机架的两窗口侧壁、轧辊轴承座各侧面都擦净并涂油。涂抹轧辊辊头的润滑油脂一般选用二硫化钼润滑脂（膏）。

轧辊送入机架的速度有快、慢两个档次。必须注意，轴承座的外形尺寸与机架窗口的尺寸相差较小，很可能在轧辊进入机架时，轴承座的某一侧面会撞击到窗口衬板边缘，故须慢速渐进，并用撬棒等工具拨正轴承座的位置，以保证轧辊顺利进入机架。在辊头接近传动轴轴套时必须慢速，须先察看辊头与轴套的位向是否一致。绝对要避免由于辊头位向调整不准，轧辊送入速度过快而造成辊头或轴套的硬性撞伤。

3.2.2.5　轧辊轴向定位、紧固与辊缝初步设定

上、下轧辊轴线互相交叉或不水平，都可能破坏生产工艺要求。轴线交叉可能造成轧件外形畸变，或导致轧辊轴承磨损严重而增大辊跳，乃至损坏轴承。轧辊轴线不平行会使轧件扭转而导致轧制事故。这两种情况也可能使辊头和接手套之间形成偏心载荷，从而损坏辊头或接手套。因此，要经常对轧机牌坊内侧的衬板，以及基准轧辊的垫板进行检查，更换必要的磨损件。在安装轧辊时，要用水平尺对基准辊进行水平度的测量。

在进行同一轧辊两端的轴向固定时，其紧固程度要求左右均匀，不可过紧，以防止人为地使辊颈和轴承得不到良好的接触，致使辊颈磨损和损坏轴承。

轧辊轴向紧固后，启动压下机构，让上、下轧辊相互靠近，检查上、下轧辊的孔型对中情况。然后抬起压下，使辊间距离大致为该机架的辊缝值，并注意上辊是否能随之抬起。如果压下抬起后，上辊不跟着上升，则可能是轴向固定得过紧，或者是上辊平衡装置没有起作用。如是后一种情况，则应及时修理。必须知道，在平衡装置工作不正常的情况下是不允许轧钢的，这是因为此时轧钢，将导致上辊及其轴承座的重量通过轧件作用到下辊辊身上，从而增加下辊的负荷，进而可能产生断辊的危险。

3.2.3　机组的轧制线与工艺平台

为了保证轧件的顺利运行，连轧机组各机座的轧制线应在一个水平高度上，并与轧件在机组中运行的轧制线即内孔槽导卫和导槽组成的线（称为纵向轧制线）组成一个工艺平台，这个假想的工艺平台是轧机安装和调整的具体目标，有了这个假想的具体目标才可能很好地衔接前后轧机以及在线辅助设备。换辊、换孔、调整导卫都应保持其相对位置。纵向轧制线在多线轧制的轧机上会出现左右偏斜，不易保证直线贯通，但应尽可能减少偏斜，特别是在有拉钢的前后两架之间。偏斜尽可能安排在距离长和有活套的地方，以减少轧件划伤。

3.2.4　导卫安装与调整

导卫安装、调整的正确与否，直接影响轧制过程的正常进行及产品质量，所以在轧制操作中，导卫的安装与调整是特别重要的操作之一。

粗、中轧机组的各种导卫均安装在轧机的导卫横梁上。导卫横梁上设有定位槽保证导卫在横梁上定位，定位槽数与轧机的线数相等。

3.2.4.1　导卫梁标高的找正

导卫梁是固定导卫的平台。导卫梁标高的正确与否是关系到轧制能否稳定进行的一个重要因素。入口导卫梁超高会造成轧件在入口处咬入困难引起堆钢，或造成轧件在出口处往下扎，过低又会造成轧件在出口处抬头。因此在装导卫之前必须对导卫梁标高找正。具体做法是：将导板初步固定在机架上，找平、找正，并测量导板梁上表面与轧制线的距离

是否等于导卫中心线到导卫梁上表面的距离，然后根据其位置，调整导卫梁高度及水平度，使导卫的中心线与轧制中心线保持一致。调好后紧固导卫梁螺丝。

3.2.4.2 导卫横梁移动

导卫对准相应孔型通过横移导卫横梁来实现。在导卫安装操作中，应先将横梁移动，使其相应的导卫位置大致对准对应的孔型；然后，再安装导卫，并微量移动横梁，以保证导卫与孔型的准确对中。如果先将导卫安装到横梁上，则可能会使导卫突出的鼻端不能越过轧辊的辊环，而无法移至相应的轧槽上去。横梁只能横移，而不能高向调整。所以导卫的高度位置是固定的，从而保证了导卫与轧制线的相对距离不变。

3.2.4.3 导卫的吊装

粗、中轧机机组的导卫一般比较庞大、笨重，须用吊车吊运。导卫在吊放到横梁上之前，须先清擦横梁上的导卫安装面和定位槽，并涂上润滑脂。导卫的底部在安放前也须擦净。导卫在吊放时，可能会出现吊绳与机架上端接触后，导卫还不能接近轧辊到达横梁上相应位置的情况。此时，可由人推着导卫向前接近轧辊，同时吊钩下行将导卫置于横梁上。一般来说，吊放的导卫往往不能完全到位，因此，需用小撬杆等工具适当移动导卫，使其底部定位键与横梁定位槽完全吻合，并将导卫向轧辊方向移至到位。导卫应安放平稳，此时导卫内孔中心线应和轧辊轴线互相垂直。

3.2.4.4 导卫的固定

导卫梁安装应校准水平。导卫梁与牌坊和导卫的接触面应光洁、平滑，不应有加工时留下的凸起部分。导卫安装前须微调导卫梁的位置，使导卫内孔的中心线与已调整完毕的轧辊孔型中心线相一致。但在实际操作过程中，考虑到随着轧槽轧制吨位的增加，孔型中心线也在不断地改变这一因素，在使用新孔型时，导卫内孔中心线高度应略低一些。

在横梁上将导卫吊送到位，然后再将其紧固。如图 3-7 所示，该轧机采用螺栓和夹板来固定导卫装置。

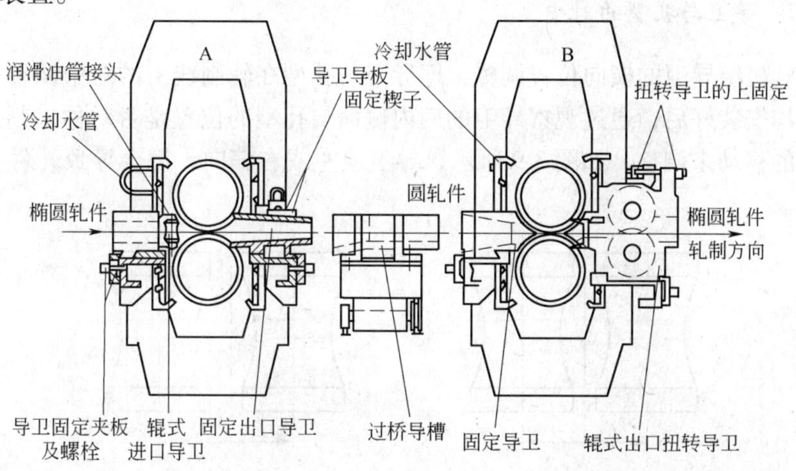

图 3-7 导卫与轧机的布置

对于粗轧前几架的辊式扭转导卫，由于承受较大的轧件作用力，有些还增加了上部固定，以避免扭转导卫倾覆，如图 3-8 所示。滑动导卫由下部导槽主体和导板组成。下部主体通过上述的螺栓和夹板固定方式固定，上导板固定则靠楔子楔紧。上导板与轧辊之间的距离也在楔紧时固定下来。所以这个距离在安装时要注意，上导板前沿不要过于贴近孔型。

图 3-8　轧件扭转

3.2.4.5　过桥导槽与喇叭口

在粗轧前几架间装有过桥导槽，换辊、换导卫等操作时，须横向移动过桥导槽。过桥导槽的定位是通过过桥小车底部的定位销来实现的，在轧钢时，应注意将定位销插到合适的定位孔中。

粗、中轧机组后几架轧机的间距较小，原则上不须设置过桥导槽而是在进口导卫前采用加导向喇叭口来导向的方式。喇叭口直接安放在相应的进口导卫本体上，安装操作较为方便。

3.2.4.6　导卫鼻端与轧槽的间距

在中轧机组，因轧件的断面尺寸较小，出口导卫有的采用了简单的导管形式。这种导卫的安装与前述的固定导卫相似，但须注意的是导管的鼻端与轧槽的距离在安装时是可调的，这个距离一般控制在 0.5~2.0mm。

总之，粗、中轧机组的导卫沿轧制方向上的位置调整，也即导卫鼻端与轧槽的间距，在导卫设计中就已考虑。安装时，只须将导卫推到位紧固，这个间距也就随之确定。只有在安装固定导卫的上导板和导管式导卫时须注意间距的调整。

3.2.4.7　导卫与孔型的对中

粗、中轧机组导卫的横向位置调整，即导卫与孔型在轧制线上的对中调整是在轧辊和进出口导卫均安装好后，通过观察导卫的两内侧面与孔型的位置是否对称来判别，并可通过导卫横梁的移动来调整，如图 3-9 所示。导卫或左或右偏向，都会导致轧件头部弯曲或堆钢等事故。

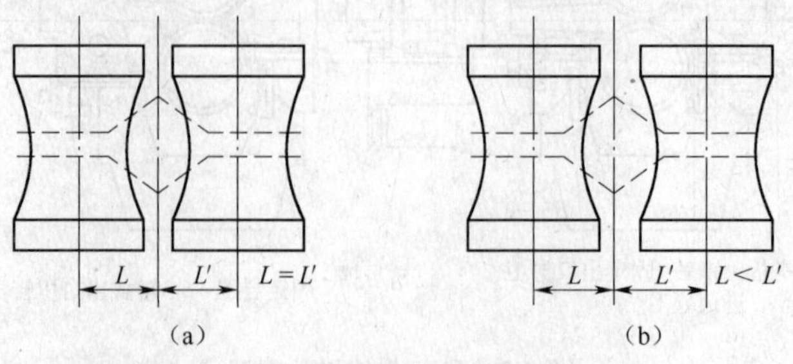

图 3-9　滚动导卫导轮调整位置示意图

（a）正确；（b）不正确

必须注意，对于二线、三线、四线同时生产的线材轧机，有可能某一侧的导卫与孔型的对中正确，而另一侧的导卫却偏离了孔型。这种情况可能是在导卫加工、组装时造成，也可能是由于轧辊孔型加工精度存在误差造成。当这种情况不太严重时，可以适当折中调整，使各导卫最大偏离程度减至最小。

3.2.5 冷却水管、油气润滑管的安装

3.2.5.1 安装冷却水管

轧机的冷却水用于冷却轧辊和辊式导卫的导辊。

轧辊冷却水需对准在轧轧槽。轧槽更换时，导卫要移位，上辊冷却水管的位置也随之要移位，因为冷却水管路和水管通常是连接在导卫横梁上的。这样，冷却水嘴与轧槽对准在导卫横移时就同时完成了。下辊冷却水管是焊接固定体，下辊冷却水管在换辊、换导卫时，往往必须拆下，否则将给换辊、换导卫带来不便。

3.2.5.2 安装润滑油管

轧机上的润滑油管为辊式导卫的导辊轴承提供润滑。更换辊式导卫时，须先拆卸油气管。

3.2.6 轧辊设定

轧辊设定包括轧辊轴向调整和辊缝设定。

3.2.6.1 轴向调整

轧辊的轴向调整主要是解决错辊现象，使上、下轧辊孔型对中。孔型错位（如图 3-10 所示）后轧件必然产生弯曲或者扭转，孔型偏磨损，造成轧制不稳定或出耳子等轧制缺陷。应该指出，在生产准备车间进行轧辊和轴承组装时，首先要保证上、下辊孔型的对中。

孔型配合与错辊检查，通常靠目测来判断。也可采用卡尺测量孔型对角线的方法，如两孔型对角线不等则为错辊。也可用上辊压下方法使上、下两辊紧靠，用眼睛观察判别空载时的错辊现象，如图 3-11 所示。最准确的方法是用样棒测量。

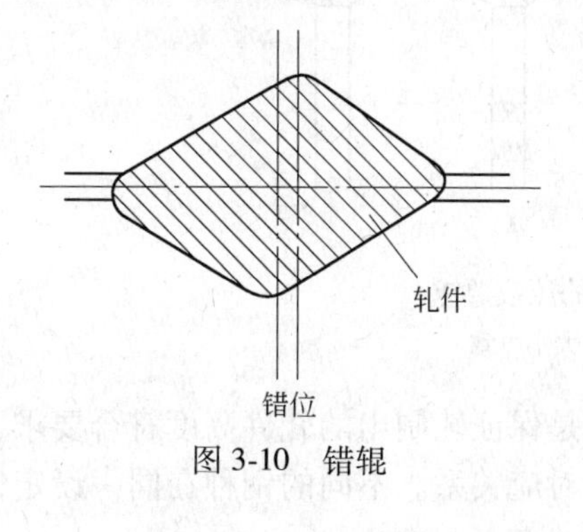

图 3-10 错辊

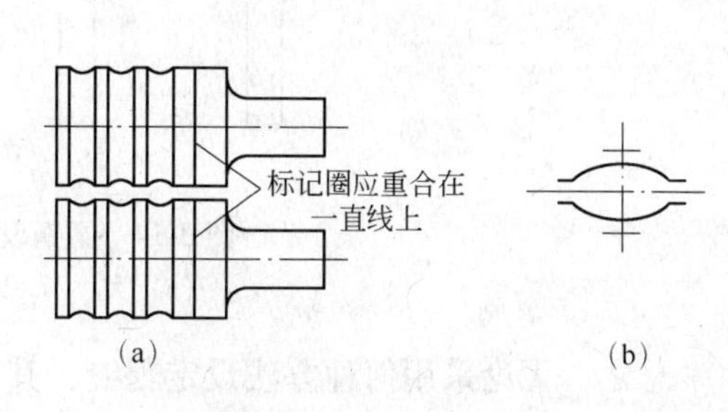

图 3-11 孔型对中与错辊

(a) 正确；(b) 错辊

3.2.6.2　辊缝的调整

辊缝是轧制工艺的重要参数之一。它的设定、调整是轧机操作的主要内容。它的设定通常是在更换新孔后进行。对于已经磨损的旧孔槽，需根据试轧后的轧件实际高度确定辊缝；或者使用停轧之前记录的辊缝值予以修正。

在高速线材轧机上轧制不同规格的线材时，机组的孔型大多数为共用孔型，而且各架新孔的设定辊缝值也是不变的。所以各架可配有固定辊缝塞尺（如图 3-12 所示），作为初步设定辊缝的工具。

用该塞尺初设辊缝时，须分别在操作侧和传动侧各设定一次，以手感塞尺恰好能从两辊之间抽出为准。这不但是辊缝值的初设定，也是轧辊的水平调整，所以务必使两侧辊缝值相等（如图 3-13 所示），这一点非常重要。如果两侧辊缝不等，出口处轧件会弯向大辊缝侧，而可能导致堆钢等轧制事故。

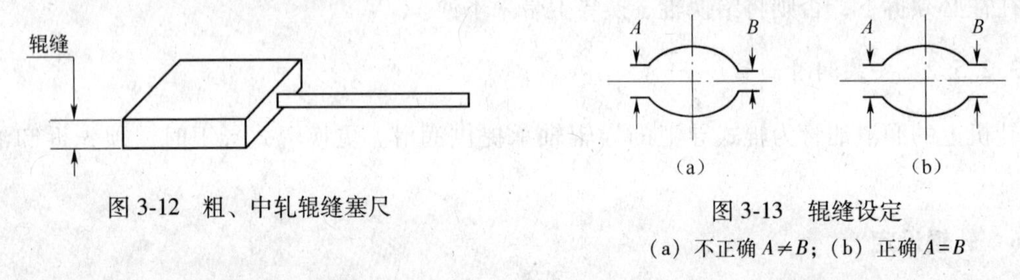

图 3-12　粗、中轧辊缝塞尺

图 3-13　辊缝设定
(a) 不正确 $A \neq B$；(b) 正确 $A = B$

塞尺将各架辊缝值初步设定完成后，即可采用圆钢压痕法来测试辊缝。具体方法是：利用机旁操作柜的点动“爬行”功能，使被测的轧机慢速运转，而后操作工应平持相应尺寸的圆钢条在操作侧和传动侧的轧辊辊环上各轧过一次，测量圆钢的压痕高度，并与辊缝设定值进行比较，反复调整压下，直到所测压痕高度与设定辊缝值相等为止。

操作时要特别注意两点：第一，用圆钢设定辊缝，必须固定各架所用圆钢的规格和材质，对于同一轧机同一辊缝，使用的圆钢规格和材质不同，其测量值也会不一样，从而影响辊缝设定的精度；第二，圆钢在轧辊间轧过的压痕大小也需保持大致相等（如图 3-14 所示），压痕大小的差异也可能导致测量和设定的不精确。

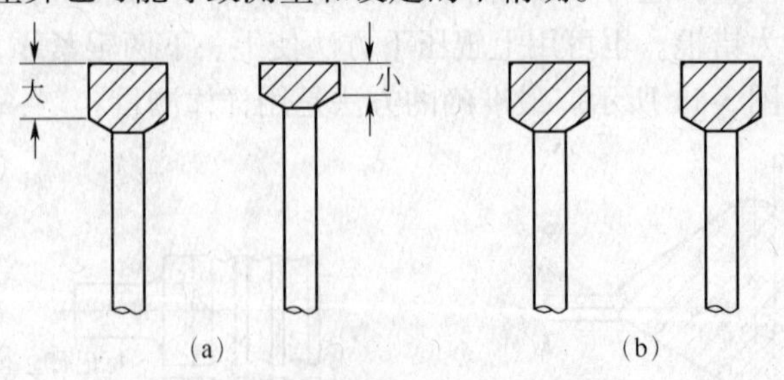

图 3-14　圆钢设定辊缝的压痕要求
(a) 大小不一致；(b) 大小一致

总之，无论采用何种方法设定辊缝，其目的都是保证轧制出的轧件高度符合要求，所以最根本的目的是要找出辊缝设定值与轧件高度的对应关系。不同的钢种在同一设定情况下，会有不同的轧件高度。

辊缝设定完毕后，不要忘记将压下刻度盘的读数指针复零。

3.2.7 轧制线对中

连续轧制要求各机架轧制线处于一条直线上。轧制线对中的含义既包括同一机架的进、出口导卫与在轧孔型的对中，还包括整个机组在轧制线上的一致。关于导卫与孔型的对中方法已在前面介绍过，这里主要介绍机组轧制线的对中方法。

3.2.7.1 利用光源观察对中

如果该机组机架数不多，则机组的对中可以从第一架入口导卫处置一光源（如手电筒），在机组末架出口导卫处观察。对于多线走钢的粗、中轧机组，则必须对每一条轧制线进行检查，整个机组的轧制线对中是通过横移各机架来实现。如果该机组机架数较多，往往不可能一次完成整个机组的对中，即不可能从机组的第一架到最末一架同时直接进行轧制线检查。这时，可以根据轧辊直径将机组分成两段处理。如以 ϕ550mm 辊径的轧机为一段，ϕ480mm 辊径的轧机为另一段，在完成了分段检查和横移对中后，再进行最后整个机组轧制线对中。

3.2.7.2 利用绳线对中

换辊、换槽一般仅在几个机架上进行，故仅有少数几架轧机须横移对中，原则上通过上述方法就可以完成轧制线对中，但对于大修等导致整个机组所有机架几乎都被移动的情况，可选加热炉出钢口处的一点和机组末架后的飞剪导槽的另一点（这两点必须是纵向轧制线上的不动点）为基准，借助钢丝或其他绳线，从机组第一架开始，逐架穿过孔型进行横移调整，以校准轧制线的位置，最后以钢丝在机组前后的两不动点上拉成直线为准。这样就校正了整个机组的轧制线。对于多线同时走钢的轧机，这样的轧制线校正要逐线完成。

3.2.8 换辊操作

随着轧出量的增加，孔型磨损的凹凸不平，轧件的表面粗糙度和孔型尺寸便发生了改变，当通过调整压下量和修磨槽孔仍不能轧出符合工艺要求的轧件时，就应该更换轧槽或换辊。换辊操作包括轧辊拆卸和安装两部分。

3.2.8.1 轧辊拆卸

其操作步骤为：

（1）拆卸掉机架上各种防止冷却水外溅用的挡板。

（2）利用行车吊卸机架的防护罩盖。

（3）拆卸冷却水管、油膜轴承润滑油气管。

（4）拆卸导卫。

（5）抬高压下装置。

（6）松开轧机的轴向压紧装置（如轴向压板）。

（7）利用换辊小车或C形钩将轧辊拉出机架，应注意的是，拆卸下的机架罩盖、水管、导卫等部件应按次序放置，以免以后安装时混乱。

3.2.8.2 轧辊安装

其操作步骤为：

（1）将牌坊窗口底部的两侧用洗油擦净，检查其磨损情况，更换必要的磨损件，然后给牌坊窗口，轧辊扁头及轴承箱两侧均匀地涂抹上甘油。

（2）调整轧辊扁头的方向，使其与接轴套筒内的滑板方向一致，套上C形钩并调整C形钩吊环的位置，使轧辊能被水平地吊起。

（3）搬动接轴托架手动液压缸，把托架升起使接轴保持水平。

（4）用吊车将下轧辊水平吊起放入牌坊窗口内，使轧辊扁头插入接轴套筒里。然后按照装下轧辊的操作把上轧辊装入牌坊内，去掉接轴托架液压缸的压力，使其回至低位。

（5）再按拆卸轧辊的相反步骤完成其他项目操作。

更换轧辊完成之后，要进行轧辊的轴向调整，辊缝设定，导卫安装等工作，具体操作和注意事项已在前面详细说明，这里不再重述。

3.2.8.3 换辊时间的确定

除了出现断辊事故或者其他情况的轧槽意外损坏须及时换辊外，一般换辊是根据轧辊材质及磨损情况所设定的轧槽寿命定期进行的。

粗、中轧轧机换辊换槽必须全线停车，为提高轧机作业率，就须考虑尽量在一次停车时多更换几架轧机的轧槽。现场经常采用将轧槽实轧吨位超过设定吨位的轧槽和已接近设定吨位的轧槽一起更换。如果生产线上出现了事故，造成较长时间的停车时，而粗、中轧机组的某架轧槽寿命又将接近其设定吨位时，可提前换辊。出发点同样是以减少了轧制吨位所造成的损失与增加轧制时间带来的收益相比较。但是，轧槽实际吨位增加的同时，必须考虑到它对轧槽重新加工的影响。对于已经是最小辊径轧辊的轧槽，其吨位的增加只须考虑孔型对轧件尺寸的影响和断辊可能性等。

3.2.9 换槽操作

具体操作方法是：

（1）松开出、入口导板梁螺丝，卸下出口导卫，横移出、入口导板梁到新的同一轧槽，紧固出、入口导板梁，安装出口导卫。

（2）参照原孔型高度设定新孔型的辊缝值。

（3）调整冷却水管的位置，使冷却水能准确地浇在新轧槽上。

（4）横移轧机使新的在用轧槽处在轧制线位置上。

3.3 粗、中轧机组轧制过程中的轧机调整操作

3.3.1 导卫操作

3.3.1.1 辊式入口导卫辊间距调整

辊式入口导卫的辊间距在导卫安装前就已设定，在生产过程中一般不予调整；只有在

发生堆钢事故后，为取出卡在导卫导辊之间的轧件而变动了辊距的情况下，才须要重新设定。辊间距的设定是通过标准试棒进行的，以试捧在两导辊间能推拉带动两辊同时转动为宜。

3.3.1.2 辊式出口扭转导卫辊间距调整

辊式出口扭转导卫的辊间距设定方法与辊式入口导卫操作相同，不同的是扭转导卫的辊间距在生产过程中须要调整。其调整以轧件扭转角度是否正确为依据。判断轧件扭转是否正确，可观察轧件进入下一架轧机轧槽时的竖立状态，或者观察轧件出下一架轧机后轧件是否仍在扭转。如扭角过大（即辊间距过小)，轧件出下一架轧机后仍会继续扭转。

可见，扭转导卫的辊间距是靠经常观察轧件的扭转状况来进行调整的。一般说来，换钢种时应调整扭转导卫的辊间距。钢种不同时，轧件的变形抗力就不同，因而在辊间距相同的情况下，轧件的扭转角度也不会相等。轧硬线时扭转导卫的辊间距要小一些，轧软线时，该辊间距应稍大些，这样才能保证轧件扭转角度的正确。

扭转角度的调整，即辊间距的调整，是通过调节扭转导卫上的调节螺栓来实现的。调整在扭转导卫空载时进行。现场操作一般是手持工具等待轧件走完，立即开始调整，并在下一轧件到来之前完成调整。

安装在轧机上的导卫可能在很长时间后才会更换，导卫在轧制过程中，各固定件很容易松动，造成导卫与孔型不对中，以致堆钢。因此，需要经常检查，及时紧固和处理。

在轧制过程中应经常用铁锤等工具敲击导卫的固紧螺栓和紧固楔铁等紧固件，检查其松动情况。在事故停车或检修后应将整个机组的导卫重新紧固一遍，同时利用停机时间检查导卫内是否有脱落的结疤或氧化铁皮等残留物，以及辊式导卫的导辊是否转动良好等。

3.3.2 轧件尺寸的检查

轧件尺寸的检查通常是对粗、中轧机组末架出口轧件的头部或尾部试样的检查。具体地说，就是轧件尺寸的检查包括试样的选取和测量两个环节。

3.3.2.1 试样选取

取样一般在换钢种、换成品规格以及调整轧机后进行，通常要求在轧制恢复后的第一根轧件上选取试样。如果由粗轧后飞剪取样，则应通知主控台多切几次头，并选取最后切下的一段作为试样，这是因为轧件头尾的温度和所受张力的影响与轧件中部不同，以致轧件的头部和尾部尺寸比轧件中部的略大一些。

3.3.2.2 尺寸测量

测量多采用游标卡尺，测量读数应精确到小数点后一位数，测量时卡尺应与轧件垂直，否则影响测量精度。

最后还需注意两点：(1) 由于热胀冷缩，红热轧件尺寸与冷却后的尺寸是有差异的，在比较测量数据时要做到心中有数；(2) 轧件头、中、尾的尺寸波动，一般是头尾尺寸大，中间尺寸小，故在测量头、尾尺寸时应予考虑。图 3-15 为尺寸测量。

3.3.3　辊缝调整

图 3-15　尺寸测量

辊缝调整的正确与否直接影响轧制过程的稳定，也决定了轧件出口的尺寸。辊缝调整质量的判别依据是：轧制过程平稳，轧件尺寸合格，轧件形状正常和压下量分配均匀。

轧制过程中辊缝调整的具体操作内容有三项：

（1）轧制一定数量后补偿轧槽磨损的辊缝调节（补偿调节）。补偿轧槽磨损的辊缝调节的理由是：轧槽在轧制一定数量的轧件后，就会因磨损而变深变宽，这时轧件的尺寸将变大。如轧制过程不进行辊缝调整，即用压下补偿磨损，轧件尺寸不但会严重偏离标准，而且会造成轧制事故。因此，要在每轧制一定数量产品后，就通过压下调整一次辊缝，以保证轧件尺寸符合要求。

（2）依据轧件尺寸和所轧钢材的钢料变化及工艺参数的变化所采用的辊缝灵活调整。

在实际生产中，根据生产的具体情况，经常要对辊缝进行灵活调节。其方法是：首先，通过对粗轧机组和中轧机组最末一架轧机出口轧件尺寸的检查，视轧件尺寸的变化调整辊缝；其次，在更换钢种时，由轧软线变为轧硬线，辊缝就须调小一些，以抵消硬线的变形抗力大所带来的轧辊弹跳值增大；另外，连轧过程中的张力变化也会造成轧件尺寸变化，在这种情况下应首先调整有关轧机的速度消除张力，然后根据变化以后的轧件尺寸确定辊缝的调整量。切忌调张力与调辊缝同时进行。

孔型磨损规律是个十分复杂的问题，它和轧辊材质、轧制钢种、轧制温度、孔型冷却形式、冷却水质量、压下量、导卫安装、上道次来料尺寸的大小及几何形状等密切相关。例如，孔型磨损为 1mm，则应将辊缝缩小约 1mm。但由于孔型磨损不均匀，其磨损量和辊缝的缩小量应不完全相等。操作人员在操作时，要适当加以考虑。

每次辊缝调整都必须对轧机工作侧和传动侧辊缝进行平衡调整，以保证轧辊水平。须强调的是，辊缝的调整必须保持整个机组各架的调整量分布均匀，不应只调节最后几架轧机的辊缝，否则会影响轧槽的使用寿命，而且轧件尺寸也不会长期稳定。

（3）轴向调整。有时可能出现这种情况，轧辊安装后进行检查，并未发现错辊现象，然而在轧制过程中，通过检查切头切尾取轧件试样，却发现了错辊。造成上述实际错辊的原因是轧辊的轴向调节装置松动或接触不良，这时则应根据轧件反映出的情况进行轴向调整。

3.3.4　新槽的试轧

换槽后新轧槽须去除油污，然后用砂轮（或砂纸）打磨，增加表面的粗糙，并用短料试轧。试轧分两步进行，第一步是短料单机试轧，第二步是整个机组的半长坯试轧。

3.3.4.1　短料试轧

短料单机试轧是用与新轧槽进口轧件尺寸相似的短料，加热后（大于1000℃）喂入该轧槽试轧，其目的主要是“烧孔”以增加轧槽的粗糙程度和检查设定的辊缝值。短料的长度可根据该机架与其前后机架的间距，亦即以喂入和取出试轧短料操作方便为宜。一般粗轧机组的每个新轧槽需要两根短料，才能使整个轧槽面都轧过红钢。对于椭孔轧槽可能不易找到相应形状和尺寸的短料，这时可采用该椭孔前一架方孔或圆孔的试轧短料。试轧时，先从方孔或圆孔走一道次后再进入新槽试轧。

新槽试轧最常见的问题是咬入困难。对此，可采取下述措施：

（1）对新槽进行打磨使其表面粗糙，以增加摩擦。

（2）对短料的头部进行劈尖处理，以减少咬入角。

（3）短料喂入孔型时，可用铁锤打击短料尾部，以外力帮助咬入。

短料试轧后取出的试样轧件，应测量其高度，并据此调整辊缝，以保证试轧料高度尺寸与轧件理论高度一致。

通常，粗轧机组前的一、二、三架轧机更换新槽后不须进行短料单机试轧。这是因为前几道次的轧件尺寸较大，而且轧制速度较慢，很少出现堆钢等事故。

3.3.4.2　半长坯试轧

粗、中轧机组的半长坯试轧，与正常生产轧钢几乎相同，主要是由主控台进行。半长坯试轧时，在轧件被咬入第三孔后用第一机架前的卡断剪将正常的整根钢坯切断。切断后剩下的钢坯应及时送回炉内。此时，主要是观察轧件的运行情况，拾取此时的切头切尾试样进行轧件尺寸检查，以及张力的检查。

最后指出，半长坯试轧主要应注意坯料的咬入与防止打滑的问题，现场还可采取对第一、二、三孔轧槽打磨与在轧件上撒沙子，放大辊缝、关闭冷却水和降低轧制速度等措施。

3.3.5　事故分析与处理

在轧钢厂，难免发生这样或那样的事故。然而，越是现代化程度高的轧钢厂，其事故停车的次数应越少，事故发生率越低；在同一条轧制生产线上，操作人员技能越高、经验越多，则事故停车的次数越少，事故处理需要的时间也越短。可以说，事故停车次数的多少和处理时间的长短反映着轧机操作人员的操作技能水平。如何预防事故，并尽快地处理事故和恢复生产是操作技能的重要内容。

3.3.5.1　事故分类

造成事故的原因有很多种，但大多数情况下是由于下列三方面的原因所致：

（1）设备因素造成。设备造成的事故可分为机械原因造成的事故和电气原因造成的事故。如轧辊材质不好引起的断辊而堆钢；导卫内部的轧件通道因加工或装配不好造成刮钢或挂住轧件头部而使轧件弯头，最后引起轧件阻塞而堆钢等属于机械的原因。而自动控制的监控元件失灵引起设备误动作所造成的堆钢则属电气的原因。

（2）明显的操作失误。明显的操作失误造成事故停车，在现场时有发生。如换辊换槽后或检查轧机后忘记将粗轧机组内某一过桥导槽推回到轧制线上定位，或者扳手、锤子遗忘在导卫的轧件通道内等。这类事故大都能很快明了其原因，并立即纠正。

（3）操作技能不熟练而未能察觉出事故隐患。由于经验不足而未能察觉事故隐患，或者未能找到有效的措施防预那种重复出现但又还没找到确切原因的事故等，则应算操作技能不熟练而未察觉的事故。例如，根据粗轧机组最末一架的切头试样尺寸调整辊缝，操作人员甲就可能只调整最末一架及其前架的辊缝，而不能调整前面几架的辊缝；如果是二线或三线同时轧制的轧机，则有可能一线和二线出来的切头试样尺寸变化不尽相同，操作人员甲则可能没有考虑到上轧辊的水平问题，而在操作侧和传动侧给予不相同的压下调整。同样情况下，操作人员乙则会对整个机架均给予一定的调整，并且对各架操作侧和传动侧进行同步调整，保持上轧辊的水平状态。在其他情况相同时，几乎可以肯定在甲生产操作的时间内出现的事故要比乙多。这种前者比后者多出来的事故就是操作技能不熟练的表现。再如，粗轧机组内某两机架之间一周内出现了四、五次堆钢，而在设备上和操作上的原因不明了，这种情况下也许有些轧钢工会任其发展，而重复发生堆钢事故，直到找到它的原因后再处理。但有些轧钢工可能就会采取与上述不同的态度，如采取一些暂时措施或权宜之计，将这两架轧机的前一架辊缝收小，后一架辊缝放大，或将两架间的张力增大等来尝试一下，或许就能减少或避免该种事故的发生。这种情况也是操作技能不熟练而暗藏事故隐患的一种类型。

预防事故一般从事故原因分析入手，而事故的处理则只能从对多种形式的事故处理中锻炼培养。

3.3.5.2　具体事故分析

A　试小样（短料）时的堆钢原因及处理

在换孔、辊后，首先要试轧小样，短料的边长一般不大于 100mm（或直径不大于 ϕ100mm）。大于此断面轧机不试小样。粗轧机的小样是逐架试轧的，中轧机的小样是首架至末架一次通过。尽管试轧前对孔型表面以进行了一番处理，中轧机试小样过程中，仍可能出现头部和中部打滑的现象。这种现象在椭圆轧件进入方孔（或圆孔）时发生较多，因为圆孔的咬入角较椭孔大。

由于小样较短，堆钢数量不会太多，有经验的调整工往往不是急于停车处理，而是让钢在孔型中继续被啃咬一段时间，借此来打磨孔型。然后立即用割锯将尚未降温的堆起部分在受阻部位割断，让孔型中的小样继续通过。试小样前，椭轧件进方孔（或圆孔）型的机架间的张力设定应大于方（或圆）孔轧件进入椭孔机架间的张力设定。有些调整工会将方（或圆）孔型的辊缝设定稍大于标准辊缝，以此来改善咬入角度。待小样通过后，再将辊缝恢复到标准值。椭孔辊缝一般都按标准设定。

小样通过后，应立即测量小样的高度尺寸，随即进行辊缝调整。小样的宽度暂不考虑。此后，在长料轧制时，可利用轧机调速逐渐消除张力并调整轧件的宽度至期望值。用于轧件的小样，应做头部劈尖处理。

B　生产过程中的堆钢原因及处理

生产过程中经常会遇到一些堆钢事故。调整工应经常不断地、定时地对轧件尺寸、堆拉关系、轧件表面、扭转角度、导卫的使用情况、冷却水等进行检查。堆钢可分为头部堆钢、中部堆钢和尾部堆钢。所有的堆钢从现象上看是一样的，但产生原因却有所不同。

头部堆钢的原因分析：

（1）由于上道次轧件尺寸不符合要求（过高或过宽）引起轧件挤在该道次进口导卫中受阻而堆钢，事故发生后要对轧件头部进行测量，观察轧件头部受阻的痕迹，做出判断。对前一道次乃至前若干道次的辊缝作调整。

另外，由于轧槽磨损而引起轧件的尺寸变化，应相对地缩小各架的辊缝。一般来说，椭孔的磨损较快，方（或圆）孔的磨损较慢。可形象地总结为“两次椭一次方（或圆）”。实践告诉我们，缩小椭孔辊缝见效快，缩小方（或圆）孔辊缝轧机稳定时间长。应根据现场情况而定。

（2）由于钢坯头部在大压下量轧制时的不均匀变形，头部低温或冶废、夹杂等都可能形成“劈头”。或者上一根钢遗留下大片翘皮在进口导卫中而引起堆钢。

（3）由于扭转导卫严重磨损，或者安装不当，致使轧件扭转角度不对，而引起堆钢。只须观察轧件头部正反对角两侧是否有被进口导卫挤压之痕迹就可以判断。处理方法为调整滚动扭转导卫开口度，若是固定式扭转导卫则应更换。

（4）由于上道进口导卫磨损严重（或固紧螺丝松动），上上道次来料过小，致使轧件与导卫间隙过大，造成头部倒钢，使轧件在该道次进口导卫中受阻引起堆钢。处理方法是：检查上上道次轧件尺寸，更换上道次进口导卫。

滚动进口导卫也可能缺油，造成辊环烧坏。夹持辊严重磨损、夹持辊表面黏铁、调节开口度的固定螺丝松动等均会引起头部倒钢。

（5）轧件弯头也可能造成下道不进，引起堆钢。弯头可能是进出口导卫中心线与孔型中心线不直，轧件在行进过程中不断地被强迫改变方向所致。也可能是上、下轧辊磨损不均匀，或者传动部件间隙过大，造成上下不同步而引起弯头。另外，上、下轧辊辊径不同，从而造成线速度不同，也可引起轧件弯头。因此，遇到弯头现象发生时，应当根据情况加以分析，再着手处理。

中部堆钢的原因分析：

在轧制过程中往往出现轧件轧了一半时，发生堆钢事故。这种现象产生的原因除冶炼带来的缺陷外（如分层、严重的气泡等），大约还有如下几种可能：

（1）由于张力不当，该机架转速设定不当，实际上处于堆钢轧制状态。轧件前半部靠前面若干架次的张力加以维持微张力轧制，当轧件尾部离开前面若干架时，该处突然失张，从而引起该机架间堆钢。也可能是本架次与相邻机架间产生微量活套（过堆），随时间延长，套量积蓄，使轧件打结，引起堆钢。处理方法为正确调节各机架间的张力。

（2）由于某架轧机的电机突然瞬间增速（或降速），从而破坏了原有的连轧关系而引起堆钢。这类事故则应在电气方面查找原因。

（3）由于轧辊突然断裂，或前几道次导卫严重损坏，造成轧件断面突然改变而引起堆钢。

3.4　某小型材生产仿真实训系统

3.4.1　用户登录

登录界面包括：用户名、密码两部分。点击“登录”按钮，进入系统，点击“取消”

按钮，退出系统，如图 3-16 所示。

图 3-16　小型材生产仿真实训系统登录界面

3.4.2　轧机主界面操作流程

3.4.2.1　轧机主界面操作

（1）点击“检修”此处轧机将进入检修状态，如图 3-17 所示。

（2）点击“生产”此处轧机进入生产状态，如图 3-17 所示。

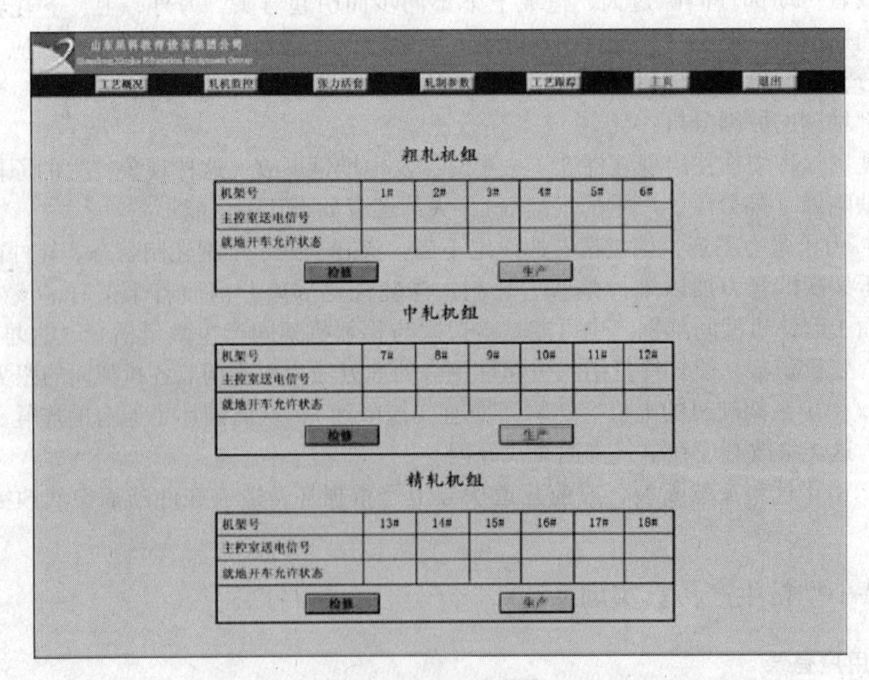

图 3-17　轧机主界面

3.4.2.2　工艺概述界面操作

在系统主界面切换按钮上点击“工艺概况”按钮，如图 3-18 所示。

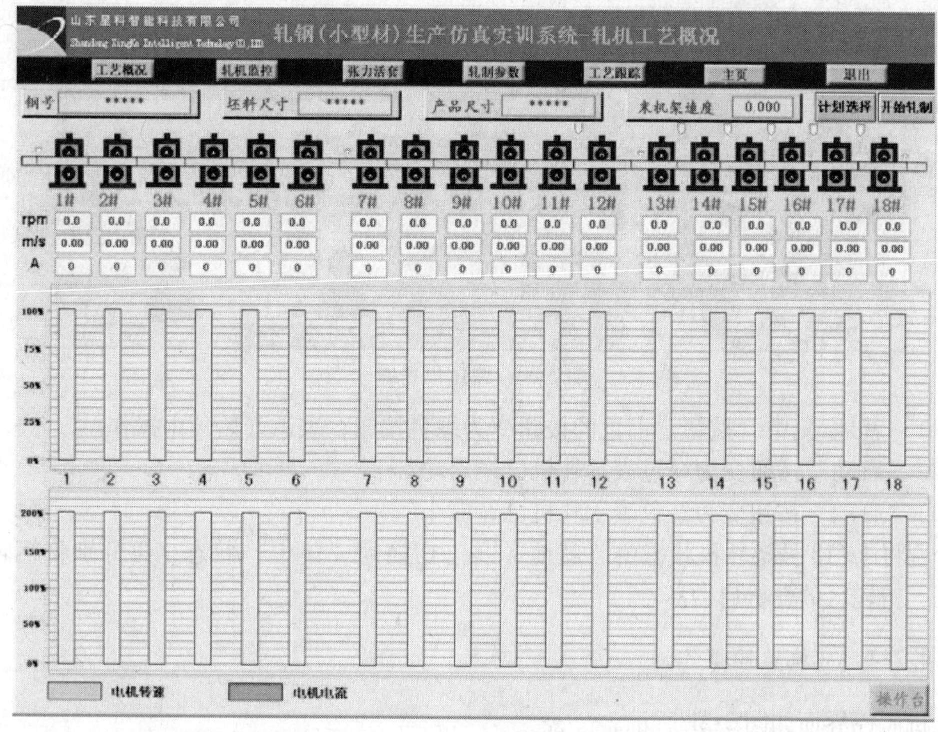

图 3-18　工艺概况界面

点击“计划选择”按钮将弹出计划下达对话框，如图 3-19 所示。选择不同任务号的计划，点击“确定”按钮，确认选择此计划。点击“退出”按钮，退出计划选择对话框。

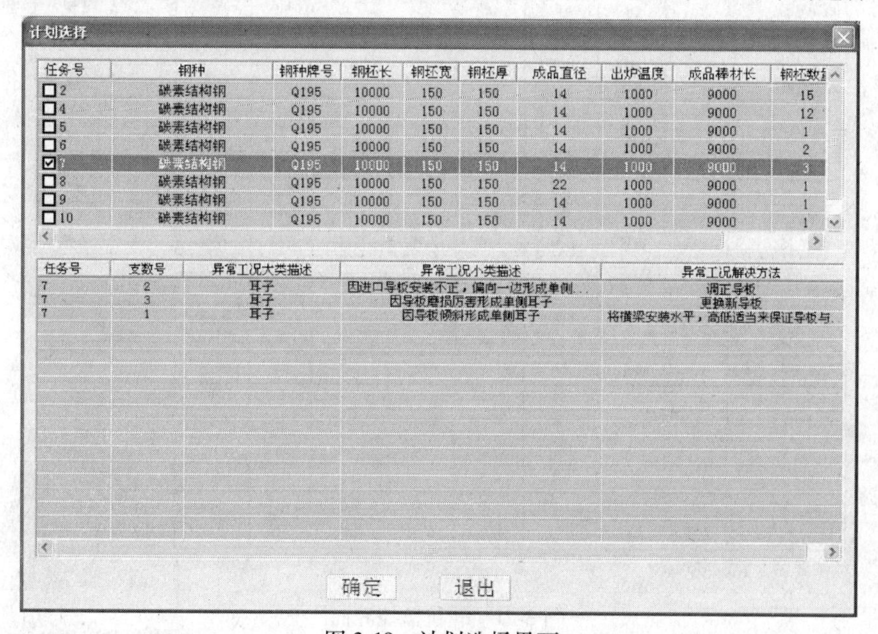

图 3-19　计划选择界面

3.4.2.3　操作台操作

操作台界面如图 3-20 所示。

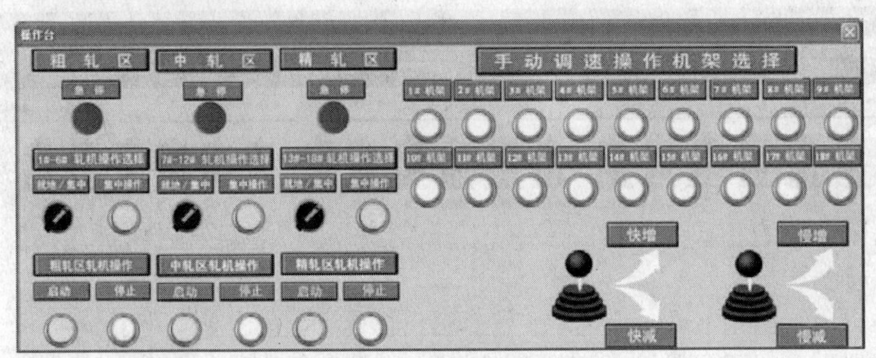

图 3-20　操作台界面

（1）“就地/集中” 按钮，白色的按钮变为绿色按钮，表示开始集中操作。

（2）“启动” 按钮变为绿色表示轧机已经启动。

（3）“启动” 按钮变为红色表示轧机已经停止。

分别将 1~18 号架轧机状态由 “就地” 状态切换到 “集中” 状态，再分别将粗轧区、中轧区、精轧区的轧机启动。

3.4.2.4　轧机监控操作

轧机监控界面如图 3-21 所示。

山东星科智能科技有限公司
Shandong XingKe Intelligent Technology CO.,LTD
轧钢（小型材）生产仿真实训系统-轧机轧机监控

工艺概况　轧机监控　张力活套　轧制参数　工艺跟踪　主页　退出

机架号	1#	2#	3#	4#	5#	6#	7#	8#	9#	10#
延伸率设定值	0.000	0.000	0.000	0.000	0.000	0.000	0.000	0.000	0.000	0.000
延伸率运行值	0.000	1.000	1.000	1.000	1.000	1.000	1.000	1.000	1.000	1.000
动态速降补偿(%)	0.0	0.0	0.0	0.0	0.0	0.0	0.0	0.0	0.0	0.0
自适应延伸率										
速度手动调节量	0.000	0.000	0.000	0.000	0.000	0.000	0.000	0.000	0.000	0.000
出口线速度(m/s)	0.000	0.000	0.000	0.000	0.000	0.000	0.000	0.000	0.000	0.000
电机转速(r/min)	0.0	0.0	0.0	0.0	0.0	0.0	0.0	0.0	0.0	0.0
电机电流(%)	0.0	0.0	0.0	0.0	0.0	0.0	0.0	0.0	0.0	0.0
机架在线/离线	在线	在线	在线	在线	在线	在线	在线	在线	在线	在线

机架号	11#	12#	13#	14#	15#	16#	17#	18#
延伸率设定值	0.000	0.000	0.000	0.000	0.000	0.000	0.000	0.000
延伸率运行值	1.000	1.000	1.000	1.000	1.000	1.000	1.000	1.000
动态速降补偿(%)	0.0	0.0	0.0	0.0	0.0	0.0	0.0	0.0
自适应延伸率			0.000	0.000	0.000	0.000	0.000	0.000
速度手动调节量	0.000	0.000	0.000	0.000	0.000	0.000	0.000	0.000
出口线速度(m/s)	0.000	0.000	0.000	0.000	0.000	0.000	0.000	0.000
电机转速(r/min)	0.0	0.0	0.0	0.0	0.0	0.0	0.0	0.0
电机电流(%)	0.0	0.0	0.0	0.0	0.0	0.0	0.0	0.0
机架在线/离线	在线	在线	在线	在线	在线	在线	在线	在线

粗轧系统检查　中轧精轧系统检查　现场状况　异常工况解决处理　轧机孔型调整系统　监控曲线　操作台

钢号：　坯料尺寸（mm*mm）　产品尺寸（mm*mm）　末机架速度（m/s）

图 3-21　轧机监控界面

点击“轧机孔型调整系统”进入轧机孔型系统，界面如图 3-22 所示。

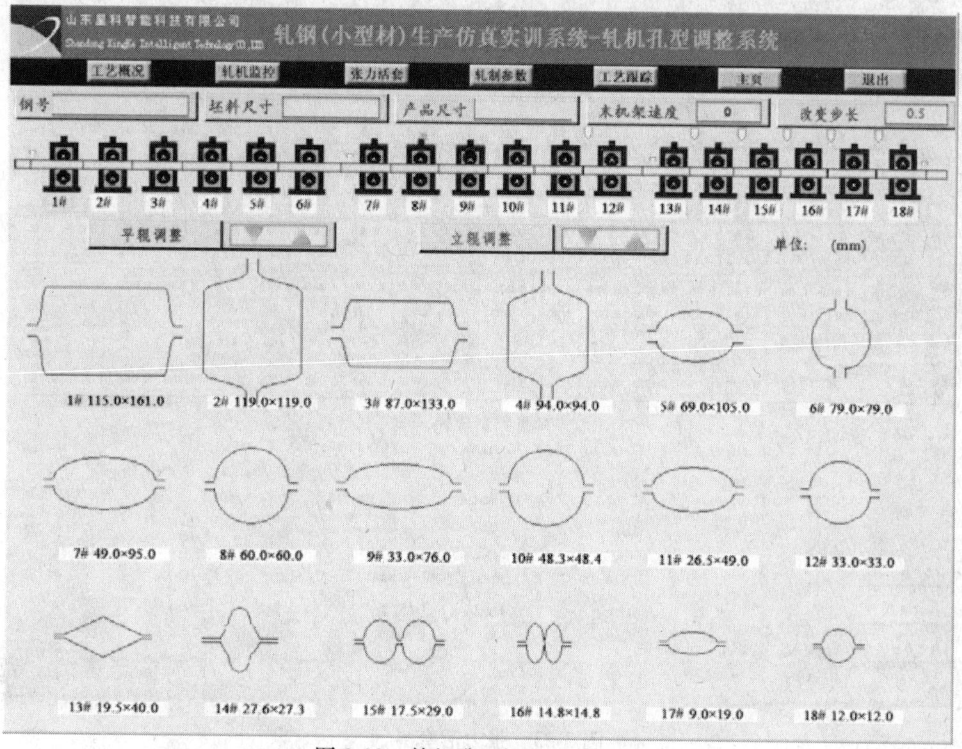

图 3-22　轧机孔型调整系统界面

操作步骤如下：

（1）点击平辊调整中，则被选中的轧机的高度变小；如果点击，则被选中的轧机高度变大。

（2）点击立辊调整中，则被选中的轧机的宽度变小；如果点击，则被选中的轧机宽度变大。

在系统主界面切换按钮上点击“张力活套”按钮。张力活套界面如图 3-23 所示。

在张力活套界面上点击“动态速降补偿”按钮，弹出动态速降界面，在轧机上输入设定值。

在张力活套界面上点击“活套参数”按钮，弹出活套参数设定界面，在活套高度设定上面输入值。

在张力活套界面上点击“微张力控制”按钮，将会弹出微张力控制选择界面。输入数据后点击“确定”按钮。

3.4.2.5　轧制参数操作

在系统主界面切换按钮上点击“轧制参数”按钮，轧制参数界面如图 3-24 所示。

操作步骤如下：

（1）单击“打开”按钮，弹出打开对话框，从轧制规程中选取合适的轧制规程。

（2）选择合适的直径后，单击“打开”按钮，弹出所选数据显示界面。

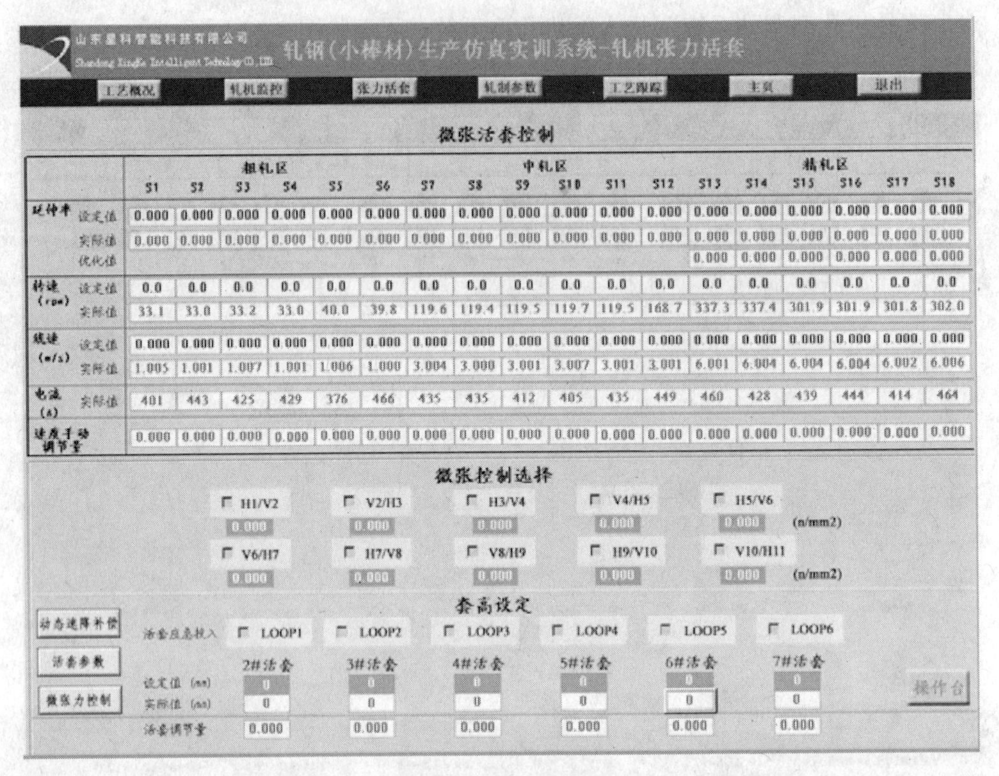

		粗轧区						中轧区						精轧区					
		S1	S2	S3	S4	S5	S6	S7	S8	S9	S10	S11	S12	S13	S14	S15	S16	S17	S18
延伸率	设定值	0.000	0.000	0.000	0.000	0.000	0.000	0.000	0.000	0.000	0.000	0.000	0.000	0.000	0.000	0.000	0.000	0.000	0.000
	实际值	0.000	0.000	0.000	0.000	0.000	0.000	0.000	0.000	0.000	0.000	0.000	0.000	0.000	0.000	0.000	0.000	0.000	0.000
	优化值													0.000	0.000	0.000	0.000	0.000	0.000
转速(rpm)	设定值	0.0	0.0	0.0	0.0	0.0	0.0	0.0	0.0	0.0	0.0	0.0	0.0	0.0	0.0	0.0	0.0	0.0	0.0
	实际值	33.1	33.0	33.2	33.0	40.0	39.8	119.6	119.4	119.5	119.7	119.5	168.7	337.3	337.4	301.9	301.9	301.8	302.0
线速(m/s)	设定值	0.000	0.000	0.000	0.000	0.000	0.000	0.000	0.000	0.000	0.000	0.000	0.000	0.000	0.000	0.000	0.000	0.000	0.000
	实际值	1.005	1.001	1.007	1.001	1.006	1.000	3.004	3.000	3.001	3.007	3.001	3.001	6.001	6.004	6.004	6.004	6.002	6.006
电流(A)	实际值	401	443	425	429	376	466	435	435	412	405	435	449	460	428	439	444	414	464
速度手动调节量		0.000	0.000	0.000	0.000	0.000	0.000	0.000	0.000	0.000	0.000	0.000	0.000	0.000	0.000	0.000	0.000	0.000	0.000

图 3-23　张力活套界面

山东星科智能科技有限公司

Shandong XingKe Intelligent Technology CO.,LTD

轧钢(小棒材)生产仿真实训系统-轧机轧制参数

工艺概况　轧机监控　张力活套　轧制参数　工艺跟踪　主页　退出

轧 制 参 数

钢号 *****　坯料规格 150 * 150　成品规格 18　出口速度 0.000 m/s

机架	轧辊辊径(mm)	辊径修正量(mm)	工作辊径(mm)	延伸率	轧件面积(mm2)	线速度(m/s)	电机转速(rmp)
S1	0.0	0.000	580.00	0.000	0.0	0.000	0.0
S2	0.0	0.000	580.00	0.000	0.0	0.000	0.0
S3	0.0	0.000	580.00	0.000	0.0	0.000	0.0
S4	0.0	0.000	580.00	0.000	0.0	0.000	0.0
S5	0.0	0.000	480.00	0.000	0.0	0.000	0.0
S6	0.0	0.000	480.00	0.000	0.0	0.000	0.0
S7	0.0	0.000	480.00	0.000	0.0	0.000	0.0
S8	0.0	0.000	480.00	0.000	0.0	0.000	0.0
S9	0.0	0.000	480.00	0.000	0.0	0.000	0.0
S10	0.0	0.000	480.00	0.000	0.0	0.000	0.0
S11	0.0	0.000	480.00	0.000	0.0	0.000	0.0
S12	0.0	0.000	340.00	0.000	0.0	0.000	0.0
S13	0.0	0.000	340.00	0.000	0.0	0.000	0.0
S14	0.0	0.000	340.00	0.000	0.0	0.000	0.0
S15	0.0	0.000	380.00	0.000	0.0	0.000	0.0
S16	0.0	0.000	380.00	0.000	0.0	0.000	0.0
S17	0.0	0.000	380.00	0.000	0.0	0.000	0.0
S18	0.0	0.000	380.00	0.000	0.0	0.000	0.0

打开　保存　下载　计算

图 3-24　轧制参数界面

（3）点击轧制参数界面上的“计算”按钮，最后一排的电机转速将会被计算出来。

（4）点击“下载”按钮，点击“确定”，将数据下载到 PLC。

最后在系统主界面切换按钮上点击“工艺概况”按钮。点击工艺概况界面上的“开始轧制”按钮，此时系统将会开始轧制。虚拟界面将会显示小型材的整个轧制过程。

3.4.3 异常工况解决处理操作

异常工况解决处理界面如图 3-25 所示。

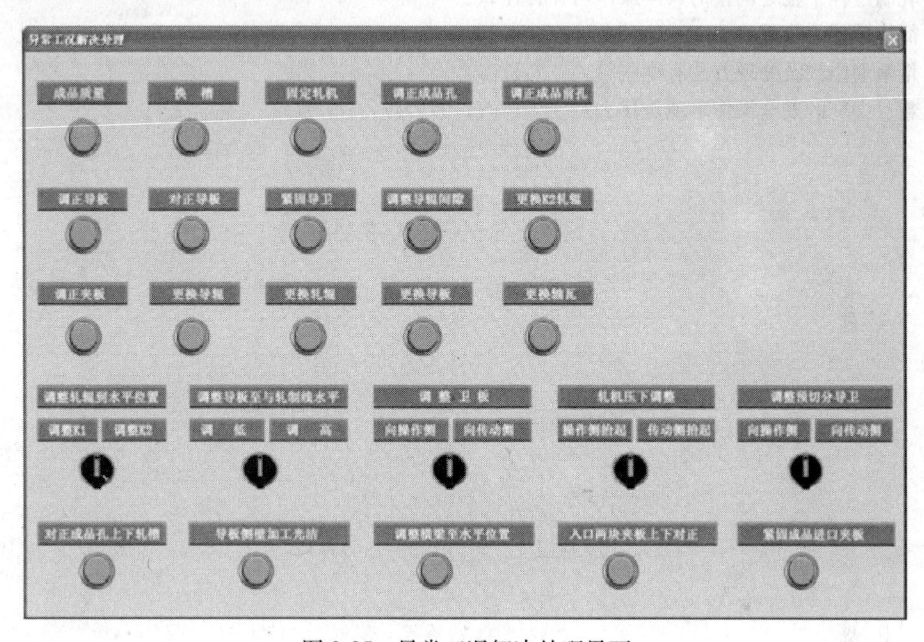

图 3-25　异常工况解决处理界面

该界面主要用于进行异常工况的处理。轧件的高度与宽度之比值太大，修改孔型高度，使其高宽比小于 1∶1.7。该异常工况随机设定在第 2、3 两架轧机上，其他的异常工况都设定在成品孔和成品前孔轧机上。

复习思考题

3-1　粗、中轧的主要功能是什么？

3-2　粗、中轧机组的布置方式是什么？

3-3　粗轧阶段为什么采用轧件扭转和小张力轧制？

3-4　对粗、中轧轧后的轧件要求是什么？

3-5　为什么粗轧后要切头、尾？

3-6　粗、中轧区设备的作用是什么？

3-7　粗、中轧机换辊有几种方式？

3-8　粗、中轧机组轧制前有哪些准备操作？

3-9　轧辊设定的内容有什么？

3-10 轴向调整的目的是什么?
3-11 怎样用塞尺初设辊缝?
3-12 什么是圆钢压痕法?
3-13 简述轧制线对中的方法。
3-14 换辊、换槽主要的操作是什么?
3-15 导卫辊间距怎么调整?
3-16 简述轧件尺寸的检查步骤。
3-17 轧制过程中辊缝调整的具体操作内容有什么?
3-18 简述试轧的步骤。
3-19 堆钢的原因及处理方法有哪些?
3-20 粗、中轧的安全操作事项是什么?

4 预精轧和精轧机组操作技能

4.1 预精轧的工艺和设备形式及参数

4.1.1 预精轧的生产工艺

4.1.1.1 预精轧的作用

预精轧的作用是继续缩减中轧机组轧出的轧件断面，为精轧机组提供轧制成品线材所需要的断面形状正确、尺寸精确并且沿全长断面尺寸均匀、无内在和表面缺陷的中间料。

4.1.1.2 对预精轧轧后轧件尺寸的要求

高速无扭线材精轧机组是固定机架间轧辊转速比，改变来料尺寸和不同的孔型系统，以微张力连续轧制的方法生产诸多规格线材产品的。这种工艺装备和轧制方式决定了精轧的成品的尺寸精度与轧制工艺的稳定性有紧密的依赖关系。实际生产情况表明精轧 6~10 个道次的消差能力为来料尺寸偏差的 50%左右，即要达到成品线材断面尺寸偏差不大于±0.1mm，就必须保证预精轧供料断面尺寸偏差值不大于±0.2mm。如果进入精轧机的轧件沿长度上的断面尺寸波动较大，不但会造成成品线材沿全长的断面尺寸波动，而且会造成精轧的轧制事故。为减少精轧机的事故一般要求预精轧来料的轧件断面尺寸偏差不大于±0.3mm。

4.1.1.3 预精轧机组采用无扭轧制

预精轧的 2~4 个道次，轧件断面较小，对张力已较敏感，轧制速度也较高，张力控制所必需的反应时间要求很短，采用微张力轧制对保证轧件断面尺寸精度和稳定性已难以奏效了。自 20 世纪 70 年代末期高速线材轧机预精轧采用单线无扭无张力轧制，对应每组粗轧机设置一组预精轧机，在预精轧机组前后设置水平侧活套，而预精轧道次间设置垂直上活套。这种工艺方式较好地解决了向精轧供料的问题。

实际生产情况说明，预精轧采用 4 道次单线无扭无张力轧制，轧制断面尺寸偏差能达到不超过±0.2mm，而其他方式仅能达到±（0.3~0.4）mm。

20 世纪 80 年代后期，专营线材轧机的几个大公司把高速无扭精轧机技术移用于预精轧，即用一组集体传动的无扭悬臂辊轧机实现短机架间距无扭微张力轧制，同样为了工艺稳定，辊环采用高耐磨材料制作。这样的工艺和设备条件，改变规格是通过调整中轧来料断面实现的。推出这种预精轧技术的有摩根 V 形预精轧机组和德马克平-立预精轧机组。

4.1.1.4 设置轧件水冷装置

对于高速线材轧机，在预精轧阶段由于轧制速度已较高，轧件的变形热已大于轧件在轧制及运行过程中传导及辐射的散热量，轧件温度在此阶段开始升高，随轧速的增加轧件温度也急剧升高。为避免轧件由于温度过高金属组织与塑性恶化，造成成品缺陷，也为了防止轧件由于温度过高屈服极限急剧降低而过软，软的小断面轧件在穿轧运行中易发生堆钢事故。在精轧轧出速度超过 85m/s 的线材轧机的预精轧阶段，有的就设置轧件水冷装置对运行中的轧件进行冷却降温。

4.1.1.5　切头、尾

为保证轧件在精轧时顺利咬入和穿轧，预精轧后轧件要切去头尾冷硬而较粗大的端部，切头长度一般为 500～700mm。

当预精轧及其后续工序出现事故时，预精轧前的轧件应被阻断，预精轧机后的轧件要碎断，以防止事故扩大。

4.1.1.6　以马钢高速线材厂为例说明预精轧的工艺过程

马钢高速线材厂选用 4 机架组成的预精轧机组，如图 4-1 所示。顺轧制方向机架号依次为 12 号、13 号、14 号、15 号。

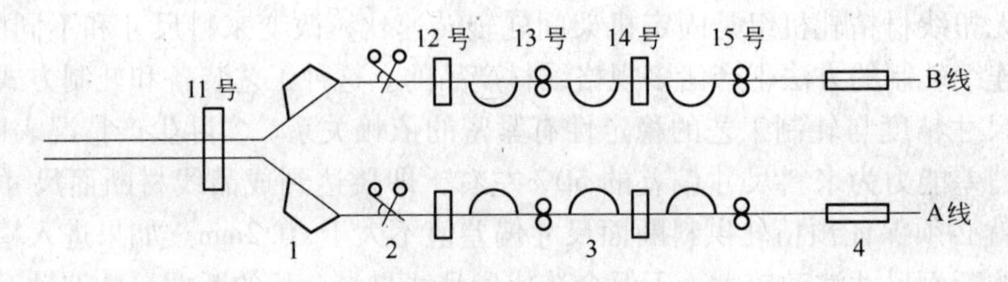

图 4-1　预精轧机组的工艺流程图

1—水平活套器；2—卡断剪；3—立活套器；4—中间水冷箱

轧制工艺过程如下：来自中轧机的圆轧件（双线），通过分线导槽分别导入 A 线和 B 线预精轧机组。当轧件被咬入 12 号机架后，该轧机自动降低速度，轧件在侧活套扫描器中形成活套。当轧件被咬入 13 号机架后，该轧机自动降低速度，在 12 号与 13 号之间，轧件在起套辊的辅助下形成立活套。13 号～14 号、14 号～15 号与此相同。活套量的控制是通过活套扫描器检测信号和活套控制器输出信号来修正各架电机的转速实现的。从 15 号机架出来的轧件，穿过中间水冷箱，进入精轧区。当一根轧件快轧完时，活套收小防止甩尾。这是通过自动控制上一机架降低速度来实现的。

4.1.2　预精轧区设备布置

预精轧布置形式：

12 号 H	13 号 V	14 号 H	15 号 V
水平式	立式	水平式	立式

4.1.2.1　结构特点：

(1) 10″辊环悬臂轧机　辊环直径为 10″（ϕ255～285mm）。前后机架轧辊轴线互成 90°，并且轧辊轴的两个支撑轴承同在辊环的一侧，辊环悬臂安装如图 4-2 所示，机架为铸钢结构。

（2）轴承：辊环端为油膜轴承，稀油循环润滑。另一端为双列锥柱轴承，可承受轴向推力。

轧辊轴
辊环

图 4-2 辊环悬臂示意图

（3）减速箱：有平行轴传动箱和垂直轴传动箱。均由斜齿轮传动。

（4）润滑：采用稀油循环润滑。

（5）传动方式：各机架由直流电机单独传动。

（6）传动形式为：电动机→齿轮联轴节→减速箱（13V、15V 为螺旋伞齿轮传动，12H、14H 为斜齿轮圆柱齿轮传动）→中间联轴节→轧辊轴。

4.1.2.2 辊环

内孔以轧辊轴为支撑，外圆周上刻有孔槽，直接与轧件接触作为变形用工具的环形工件称辊环。上下轧槽构成一个完整的孔型。

辊环上一般刻有 1~2 个轧槽，如图 4-3 和图 4-4 所示。

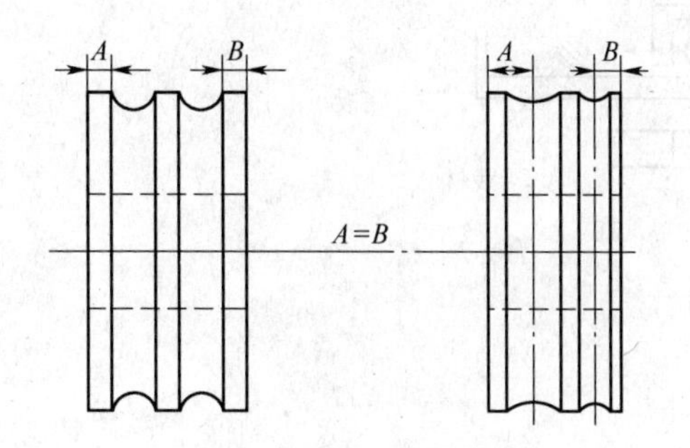

图 4-3 辊环上的轧槽

图 4-4 辊环

两个轧槽之间有一个间隔带，以保证辊环的强度。轧槽数是根据孔型的宽度而定的。在实际生产中，每次只使用一个轧槽。当轧制到一定吨位时，轧槽磨损后就要更换下来重新车削或修磨。有两个轧槽的辊环，两槽可交替使用。

轧辊轴的工作面和锥形衬套的内表面是锥度相同的圆锥面，锥套的外表面是一个圆柱面，与辊环内孔接触，如图 4-5 和图 4-6 所示。

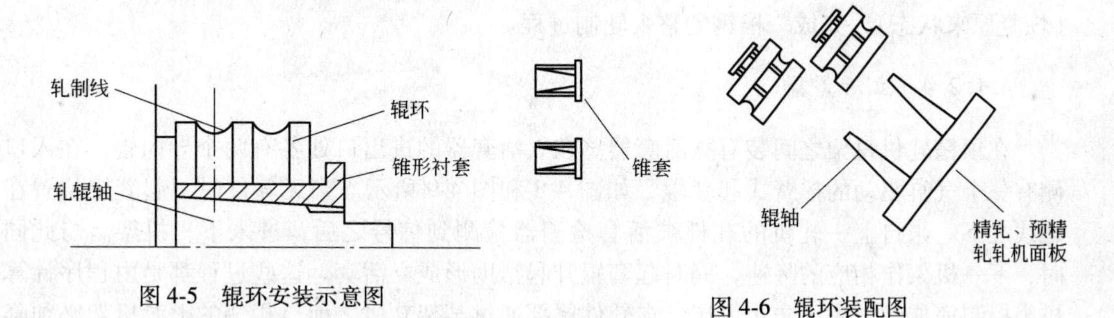

图 4-5 辊环安装示意图

图 4-6 辊环装配图

对锥面的光洁度和形状尺寸，有非常严格的要求，通过“着色”检查，如果接触面积低于75%，此轧辊轴或锥套就需要修复或报废。辊环安装是通过锥形衬套被液压顶紧后产生的径向力把辊环固定在轧辊轴上的，如图4-5所示。

辊环安装时，保证被使用轧槽的中心线应与轧制中心线重合。

4.1.2.3　侧活套器

技术参数：水平活套与轧制线水平夹角为35°；活套量为300mm；气缸气压为0.6MPa；气缸行程为585mm。

在11号与12号之间有一水平活套器。水平活套器为钢焊接结构。它是由底板、横梁、导槽盖、保护罩、侧板、导向辊、活套检测器和气缸组成，如图4-7所示。侧活套的作用是在中轧机末架和预精轧机之间实现无张力轧制。

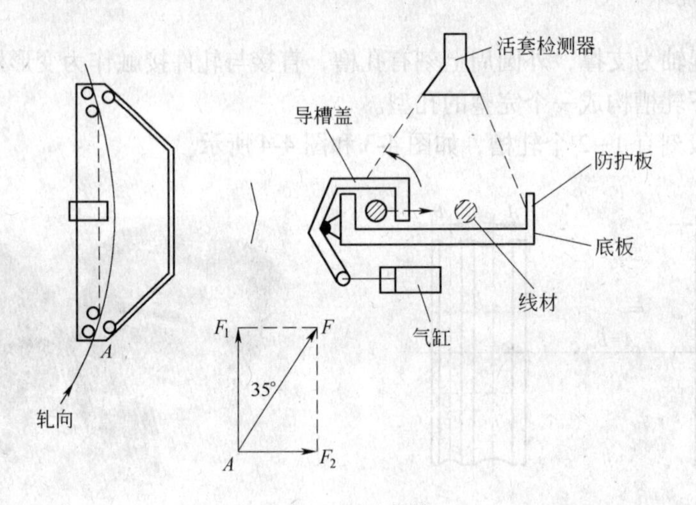

图4-7　侧活套器

在整个轧制过程中，固定11号机架的速度，11号机架称为基准机架。活套控制从11号机架沿下游方向进行调节。轧件到来之前，导槽盖是放下的，它与底板构成一方截面弧形导槽。轧件穿过此槽被咬入12号机架，同时，活套检测器从导槽盖上检测孔一测到红钢，导槽盖立即被气缸抬起，12号机架的轧制速度相应地减低，轧件在侧向分力 F_2 的作用下隆起从而形成活套。活套扫描器连续控制活套量的大小，活套量控制在300mm左右。当轧件的尾部被10号机架后光电管测到时，开始收尾控制，将活套收掉，导槽盖放下(恢复原来状态)，完成一根钢的整个轧制过程。

4.1.2.4　立活套器

在预精轧机每架之间装有立活套器。在立活套器的进出口处各有两个导向辊，在入口侧有一个气缸驱动的摇臂式起套辊，如图4-8和图4-9所示。当无轧件时，起套辊位置在轧线之下。来自上一轧机的轧件被活套检测器检测到信号之后，进入下一机架。与此同时，下一机架作相应的降速，同时起套辊升起帮助形成立活套。这些过程都是由程序计算机来控制完成的。为了防止甩尾，在轧件尾部通过某架轧机之前，相邻的上游机架必须降速，收小活套。当12号机架前的活套检测器检测到轧件尾部时，12号机架的轧制速度降低，使12号与13号机架之间活套逐渐减小，同时起套辊落下复位。在此同时，13号机架速度被“封锁”，以免改变下游机架的速度。当12号与13号机架之间的活套扫描器检测到轧件尾部时，13号机架的轧制速度降低。各架重复上述过程，从而完成整个预精轧区的各个立活套的收套过程。

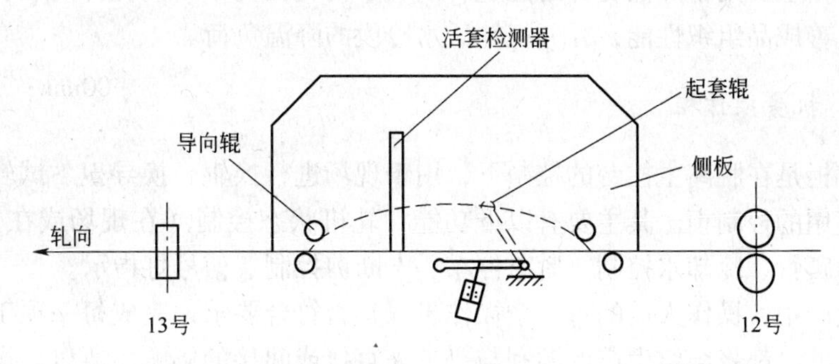

图4-8 立活套器

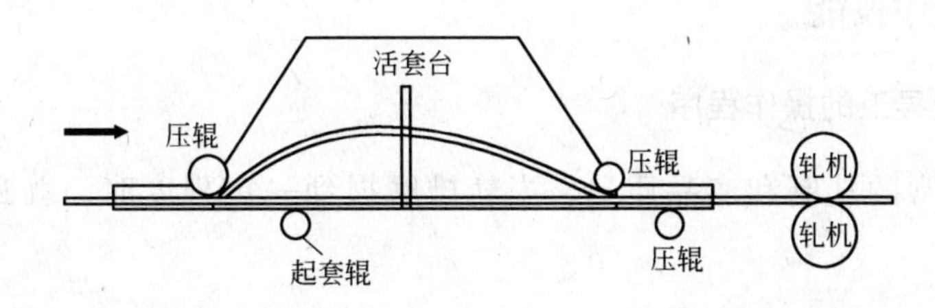

图4-9 立活套

技术参数：活套量为300mm，气缸行程为200mm，气缸气压为0.6MPa。

4.1.2.5 卡断剪

卡断剪是由机座、刀杆、刀片和气缸组成的。

技术参数：刀片材质为X30WCrV53，刀片寿命约为0.5年，最大剪切断面为638mm^2，最低剪切温度为900℃，剪切强度为150Pa，气缸行程为70mm，气缸气压为0.6MPa。

卡断剪位于水平活套器和预精轧机组12号之间。当预精轧机发生轧制故障时，气缸动作，通过连杆机构将刀刃卡在轧件上，靠轧件向前拽的力量，而把刀刃楔入轧件，将轧件卡断（如图4-10所示），阻止后面的轧件继续进入轧机。当预精轧机须要换辊、换导卫或班中检查时，应将卡断剪闭合，防止轧件进入轧机，确保生产安全。

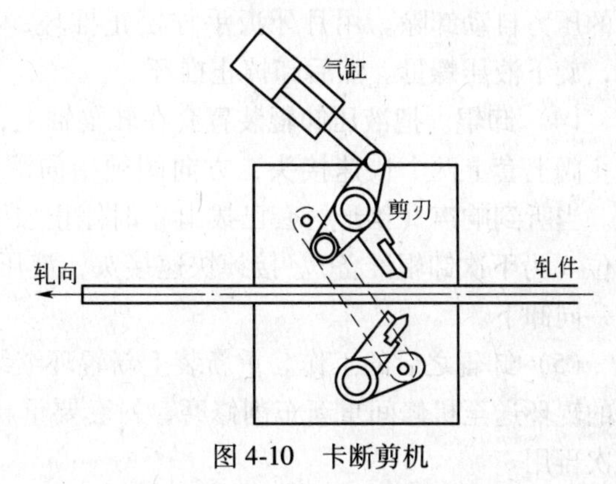

图4-10 卡断剪机

4.1.2.6　中间水冷箱

在预精轧机之后，装有长大约为5m的中间水冷箱。箱内装有4个冷却喷嘴，1个清扫喷嘴。冷却水压力为0.6MPa，清扫水压力为1.2MPa，降温能力约50℃。

这个水冷箱主要用于降低轧件的温度。以利于精轧机内小断面轧件的顺利穿行，降低中轧温度而改善成品组织性能，并分担轧后水冷段的降温负荷。

4.1.2.7　机旁操作柜

机旁操作柜是在脱离主控台的控制下，用于现场进行换辊、换导卫、试轧小样、处理轧制故障时使用的控制柜。其主要有以下功能：轧机状态控制（在现场或在主控台）、机架选择、点动爬行、冷却水控制、紧急停车、卡断剪控制、信号灯指示。

在实际生产中，操作人员的每一个操作步骤是否符合要求，完成每一项工作的质量是否符合作业标准，都将会给生产的顺利与否带来直接或间接的影响。所以，操作工的操作和调整必须符合规范。

4.2　预精轧操作技能

4.2.1　换辊及换导卫的操作程序

为了保证正常的轧制和产品质量，当轧槽磨损到一定程度时，就必须更换轧辊和辊环。

4.2.1.1　卸辊

卸辊的操作步骤为：

（1）卸辊前的准备工作。预先准备好液压卸辊装置、液压泵小车及所需手动工具。通知主控台停车。将机旁操作柜上的轧机控制开关拨到“现场操作”位置，关闭冷却水，闭合卡断剪。

（2）拆卸进、出口导卫。

（3）卸压。卸掉逆止阀的保护帽，连接液压泵快速接头（方向阀旋至加压位置），起动液压泵加压到40MPa，并迅速将方向阀旋转180°至卸压位置后，停止加压，使液压螺母内的压力自动卸除。用月牙扳手拧松止推环，再用月牙扳手松动液压螺母，摘掉快速接头，旋下液压螺母。然后卸掉止推环。

（4）卸辊。把液压卸辊装置套在轧辊轴上，将爪齿旋转45°扣住锥形衬套梅花齿。在逆止阀上套上两个快速接头，方向阀须指向液压缸。启动液压泵，通向大活塞的油嘴加压。当听到响声（锥形衬套已拔出）时停止加压。然后，通小活塞的油嘴加压，使大活塞复位（为下次卸辊准备）。接掉快速接头，液压卸辊装置（抓钩钩住辊环）连同辊环、衬套一同卸下。

（5）卸辊之后的工作。重新装上新辊环继续生产或套上轧辊轴的保护罩进行检修。卸下的辊环送至机修间重新车削修磨；衬套要重新清洗、检查。合格的衬套涂上防锈油以备下次再用。

4.2.1.2 装辊

装辊的操作步骤为：

（1）装辊前的准备工作。根据“辊环更换卡”，逐个核对辊环实物的数量、编号。检查辊环和锥形衬套的表面质量。

要求：辊环编号和所使用轧槽上记号必须与“辊环更换卡”上相符；轧槽上无裂纹“掉肉”和凸块，辊环两个端面平整光滑，无凸块和锈迹；锥形衬套内壁无明显划痕和锈迹，端部无明显凸块和损伤；如遇上述情况，应更换辊环或衬套。对于不很明显的凸块、锈迹和划痕，可用油石或网状砂纸将其修磨光滑。将所有辊环按顺序依次摆放整齐。同时，准备好各种专用工具和清洗材料。

（2）清洗轧辊轴和辊环。首先查看并检查轧辊轴的表面，如有锈迹或不光洁之处，应该用网状砂纸绕轧辊轴圆周方向擦净。然后再用皱纹纸浸上清洗剂擦洗轧辊轴的工作面和辊环中锥形衬套表面及辊环两个端面，擦洗 2~3 遍。

（3）辊环在轧辊轴上定位。

待清洗剂挥发后，依次把辊环连同锥形衬套一起装在轧辊轴上。先将辊环推到基准面，再轻轻推入衬套，然后装上止推环，如图 4-11（a）、（b）、（c）所示。

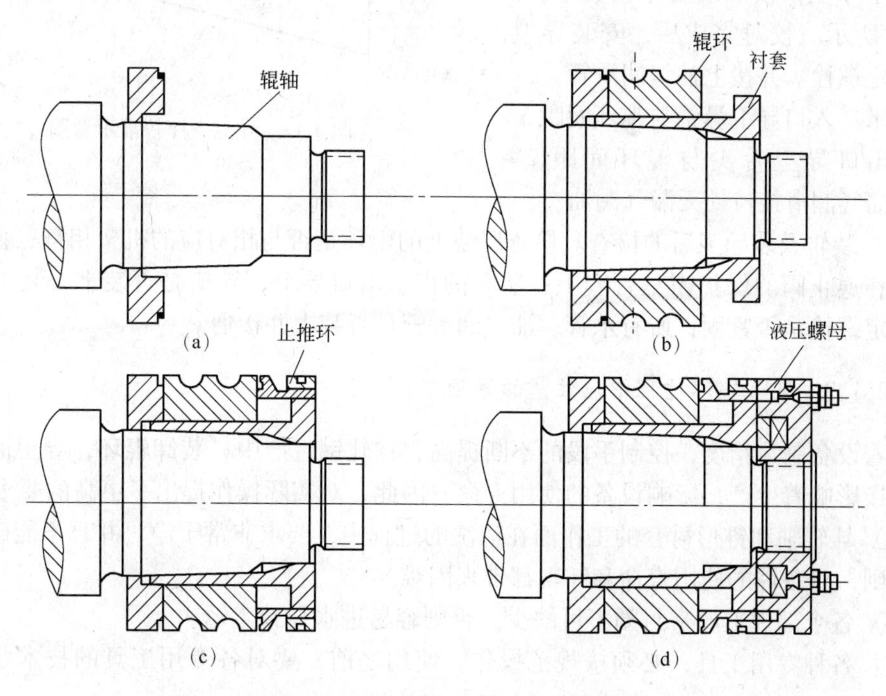

图 4-11　预精轧机装辊过程示意图

（a）辊环推至基准面；（b）推入衬套；（c）装上止推环；（d）装上液压螺母

（4）装上液压螺母。检查液压螺母的密封圈和其他部位是否完好，然后将它旋入轧辊轴端螺栓，把两个带方向阀的快速接头套在逆止阀上，方向阀要拨到卸压位置；用月牙扳手将液压螺母旋紧，挤出液压缸内的油，使活塞复位；再把方向阀拨到加压位置，启动液压泵；先给液压螺母外圈加压 40MPa（通过止推环将辊环压到位），再给内圈加压 40MPa，将辊环涨紧。加压完毕，卸下快速接头，套盖逆止阀的保护帽。再将止推环按逆时针方向旋紧，紧固住液压螺母，如图 4-11（d）所示。

要求：在给液压螺母内外圈加压之后，应检查加压是否成功。检查的方法是：轻轻旋动方向阀，如果只能旋动 90°左右，说明液压螺母内有压力，即加压有效。如果能旋动 180°说明加压无效。则须检查逆止阀有无松动、漏油，方向阀是否损坏，油箱内轴位是否不够及液压小车上的其他问题；加压完毕，应检查上、下轧槽是否对准，是否安装正确。

（5）辊缝设定。先用塞尺按给定的辊缝值粗调辊缝。然后将机旁操作柜的轧机微动开关闭合。这时，轧机按设定的轧制速度的 10%微动。用直径大于辊缝设定值 3~3.5mm 的软钢线材从辊缝中压过，测量出受压面的厚度。调整辊缝直到测得厚度与设定值相等为止。

（6）安装导卫。在安装导卫之前，必须根据轧制的规格，核对所有轧机的进、出口导卫及代号，并检查导辊的转动情况及开口度。滑动导卫、滚动导卫工作面上不得有毛刺和磨损。然后用便携式光学导卫仪校准滚动导卫支座，如图 4-12 所示。校对完成后，安装导卫，拧紧固定螺栓。并接上油气润滑管。

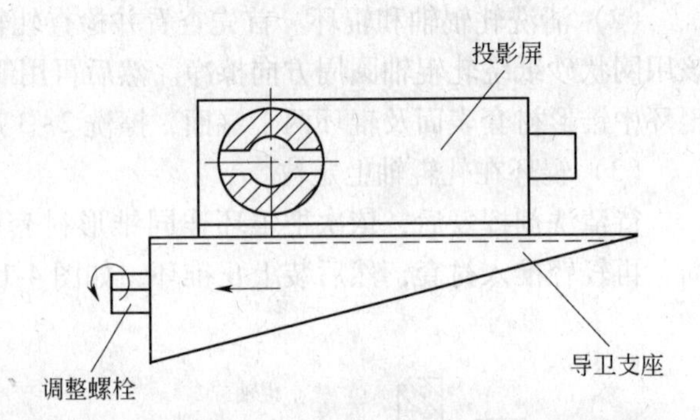

图 4-12 导卫支座校准示意图

要求：入口导卫鼻锥与辊环间距 3~4mm；出口导卫舌尖与辊环间距 2~3mm；油气润滑接口处无漏气漏油。

（7）装辊及装导卫后的检查。检查所装上的辊环是否与相对应的机架相符；止推环是否旋紧；逆止阀的保护帽是否套上；所有的进、出口导卫，导槽是否装上，装得是否正确，固定螺栓是否紧固；所有水管、油气润滑管是否装上并接通。

4.2.1.3 装卸辊环过程中应注意的事项

随着设备制造精度，控制手段的不断提高，在轧钢生产中，装卸辊环，导卫的质量好坏都直接影响着生产，影响设备的使用寿命。因此，对实际操作提出了更高的要求：

（1）轧辊轴和锥形衬套的工作面在清洗的过程中，要求非常干净，并且不能碰伤，划伤。否则，对备件的使用寿命和卸辊都带来困难。

（2）各个部件上的密封圈不可缺少。否则容易进水导致生锈。

（3）各种专用工具，必须按规范操作。使用之前，要对各专用工具的技术状况进行检查。

（4）在加压的过程中，必须按规定步骤操作，设定的压力值不得随意改变。

（5）加压前，机架内的润滑油必须提前送给，预热轧辊轴。

（6）装辊时，辊环必须到位，与机架上的密封盖靠紧。

（7）滚动导卫的油、气润滑管必须连接牢固，接口处无漏气漏油现象，否则，导辊和轴承容易烧损。

4.2.2 试轧

辊环、导卫安装完毕后，各种轧制条件、介质系统、钢温、控制系统等都已具备试轧条件后，可以进行下列工作：

4.2.2.1 试小样

当使用新孔槽时，首先要进行试小样（如图4-13所示）。其目的是：增加摩擦系数便于轧件咬入；测量红坯尺寸，检查设定的辊缝是否正确。

具体要求如下：（1）小样规格：ϕ28×800mm，数量若干；（2）炉温：1100℃，小样提前40~50min放入；（3）轧速：设定轧制速度的10%，机旁点动爬行；（4）方法：人工从12号机架开始逐架喂入，并用游标卡尺测量小样高度（俗称"天地"）。一般来说，小样高度和实际轧钢过程中的轧件高度是不一样的，小样高度大于轧件的实际高度约0.15~0.3mm。

图4-13 试小样

4.2.2.2 试轧短料

一般在换辊检修之后，采用试轧短料来检验机电设备运行是否正常，并进行全线张力调整和检查成品尺寸是否合格。

（1）启动轧机。将防护罩关闭，轧机控制开关拨至主控台，卡断剪拨至"自动"位，轧机水冷系统拨至"自动"位。由主控台启动轧机。

（2）启动后的检查。轧机启动后，主控台对全线控制进行模拟操作。在模拟操作的同时，查看并检查各机械传动部分有无异音、水平活套导槽盖的开启、立活套的起套辊的动作和轧机冷却水的供水量。

（3）过红钢。由主控台通知出钢操作台出钢。红钢通过预精轧时，观察红钢的轧制和活套情况是否正常。并到15号机架后的切头飞剪机下采样。

4.2.3 预精轧轧制过程中的调整

预精轧机组轧制过程中的调整，主要是调整辊缝，以满足对精轧机供料尺寸的要求。调整的依据是"实样"。

预精轧机组出口轧件实样是轧钢工调整轧机的依据。从实样上可以看出辊环的磨损情况，导卫的使用和对中情况，辊缝是否合适和轧件的条形等。

实样可以是精轧机飞剪剪下的切头（800mm 长），也可以是碎断剪碎断的轧件。后一种实样较真实地反映了轧制情况。通过看实样检查，可以判断下列几种基本情况：

(1)“天地”正好，“两旁”（即辊缝对应部位）较小，因椭孔压下量较大或未建立无张力轧制；

(2)“两旁”不相等，因导卫装偏或有一导辊不转；

(3) 折叠，因前一机架过充满；

(4) 实样上有周期性的麻面、凹坑、压痕的原因是辊环轧槽“掉肉”或裂辊；

(5) 上下不对称可能是错辊。

4.2.4 常见事故的判断和处理

预精轧机组发生堆钢事故后，应首先停车打开防护罩，寻找轧件的头部或断裂处。

4.2.4.1 活套打结，轧件拉断

现象：轧件刚被下一架咬入或轧了一段时间后，突然堆钢。轧件头部有被拉断的现象（尖形）。

原因：某架速度突然改变或起套辊未动作。

处理：查看主画面上速度是否有改变，并通告电气人员查找原因。查看起套辊气缸压力值是否达到期望值，并检查起套辊各转动部分是否有被卡住的地方及润滑情况。开轧前再进行一次模拟。

4.2.4.2 开花头在入口导卫处堵钢

现象：轧件头部未咬入某一架而堆钢，头部堵塞在导卫处。

原因：粗中轧飞剪未切头或未切尽，轧件头部开裂。

处理：粗中轧的飞剪多切几刀。

4.2.4.3 轧件打滑

现象：轧件在新孔型处未咬入而堆钢。轧件头部无“开花头”。

原因：新孔摩擦系数小或主控台在试轧时设定的速度不恰当。

处理：用砂纸打磨毛孔槽或重新考虑速度匹配。

4.2.4.4 导卫夹铁

现象：轧件在某一架未被咬入而堆钢。轧件头部卡在导卫中，导卫中黏有铁皮。

原因：导卫本身有毛刺或刮下的铁皮；钢质差而在导卫中残留铁皮，或者是导卫的型号不对。

处理：校对导卫型号是否属该孔型系列；用锉刀锉掉毛刺。

4.2.4.5 起套辊动作过早

现象：轧件飞出（在防护罩内）而堆钢。起套辊处于抬起位置。

原因：控制系统给出误信号。

处理：调节起套辊启动的输出信号延时。

在生产中，会发生各种各样轧制事故。如由于疏忽导卫导槽未装、处理堆钢时把小段轧件留在导卫导槽中、固定螺栓未紧固等都有可能引起堆钢。因此，在操作中要勤检查勤查看，以避免事故的发生。总之，遇到各种事故，要分析产生的原因，找出解决的方法。

4.2.5 设备的日常点检、润滑及维护

4.2.5.1 点检

预精轧区点检的内容有：

(1) 轧机运转有无异音。

(2) 起套辊、卡断剪的动作是否灵活到位。

(3) 各种固定螺栓是否紧固。

(4) 水压、水量、气压是否符合要求。

(5) 电气控制开关是否完好等。

总之，操作工在生产中所发现的异常情况都应及时汇报和记录。

4.2.5.2 维护

设备的维护不仅仅是机电人员的责任，操作工也有义不容辞的责任。这主要体现在设备的正常操作和保护方面。其主要内容有：

(1) 严格按操作规程进行操作，严禁违章操作。

(2) 出现堆钢事故，在使用割刀、手锤时，不要伤着设备本体。

(3) 要保持导卫支座的工作面无积垢，以防锈蚀。

(4) 液压换辊装置要定时清洗、加油。

(5) 在检修期轧辊要装保护帽。

4.3 精轧机组生产作业操作及技能

4.3.1 精轧的工艺和设备形式及参数

以马钢高速线材厂为例说明精轧机组的生产工艺特点

4.3.1.1 工艺设备布置

在预精轧机的中间水冷箱之后，布置的设备有飞剪、转辙器、碎断剪，夹尾器、水平活套台、气动卡断剪、精轧机组。轧后为控冷区的水冷段，如图4-14所示。在这个区段，与预精轧机相同，都是单线轧制。

4.3.1.2 工艺过程

来自预精轧机的轧件在飞剪处切头（切头长度800mm左右）后，轧件被抬高35mm，经转辙器、夹尾器、水平活套器、卡断剪进入精轧机组。当轧件被精轧机组第一机架咬入后，精轧机自动降速，轧件在水平活套台形成活套。套量为自动监视控制。轧件经过无扭微张力轧制成ϕ5.5~16mm的线材。当轧件尾部脱离15号后，夹尾器夹住轧件防止甩尾。

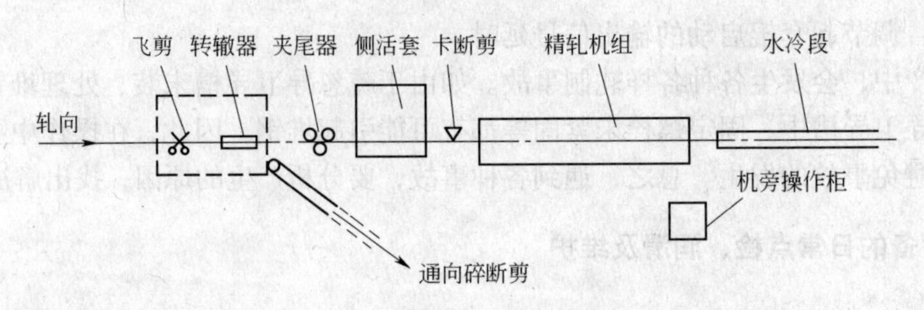

图 4-14　精轧区工艺设备布置

如果精轧机本身或精轧以后的区域出现故障，则飞剪动作。后续的轧件经过转辙器导向碎断剪碎断。

4.3.1.3　轧制事故的自动监测系统和测径仪

A　轧制事故自动监测系统

由于种种原因，在精轧机内会发生堆钢事故。为保护辊环和轧机设备不遭损坏，堆钢之后该系统立即自动启动飞剪和卡断剪，阻止更多的轧件进入轧机。这是通过两种方法实现的：

（1）热金属检测器。在精轧机 16 号前、25 号后及水冷段入口处各有一个热金属检测器，如图 4-15 所示。

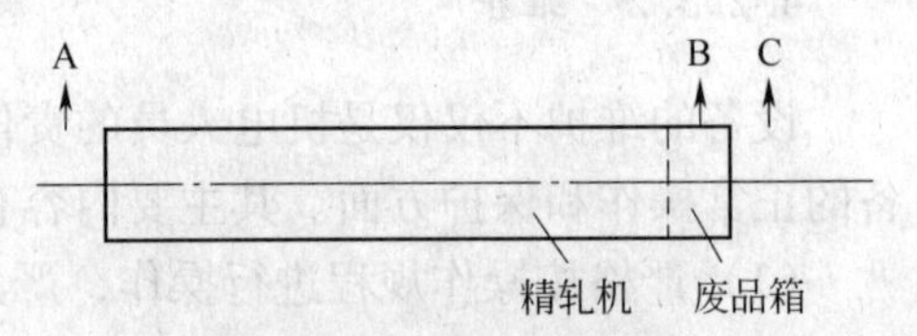

图 4-15　精轧机热金属检测器示意图
A，B，C—热金属检测器

当 A 测到轧件时，计算机存储一个信号，当 C 测到轧件时，再给出一个信号。如果 A、C 信号的时间差与该速度下轧件通过这段距离计算出的所需时间相符，说明轧制正常。否则，表明轧机间已有堆钢，须立即启动剪机，阻止后面的轧件进入轧机。

热金属检测器 B 瞄准点偏离轧线，在轧制正常情况下，是测不到轧件的。一旦在废品箱内堆钢，B 就能测到轧件，立即启动剪机，阻止来料。

上述自动检测和控制，都是通过计算机来实现的。

（2）报警用尼龙线，俗称“钓鱼线”。为保险起见，在精轧机内与轧制线平行拉一根细尼龙线，一头固定，一头拴在重锤上。无论是在轧机间还是在废品箱中堆钢，红钢都会将钓鱼线烧断，重锤落下，发出信号，立即启动剪机碎断来料。

B　测径仪

随着轧制速度的不断提高和盘重的增加，操作工迫切地须要立即知道所轧成品的断面尺寸和形状。因为，一旦出废品（耳子、尺寸超差等），就会造成几吨甚至十几吨的废品。而测径仪则能够为操作工提供成品信息。如图 4-16 所示。

测径仪安装在精轧机的出口处。它有一个数字显示器和图像显示屏，可直接为操作工提供成品尺寸和断面形状信息。

4.3.1.4　特点

（1）该机组实现了无扭轧制。机组中，轧辊轴与水平面交角 45°，相邻轧机辊轴交角

90°，取消了扭转装置，实现了无扭轧制，为高速情况下的稳定轧制提供了条件。

（2）传动比设计与孔型设计的精确配合，是机组内微张力轧制的前提。固定道次间轧辊转速比是在单独调整速度传动动态性能已满足不了高速轧制条件的情况下，保证连续轧制正常的唯一可选择途径。合理的孔型设计和精确的轧件尺寸计算，配合以耐磨损的轧槽，是保证微张力轧制和产品断面尺寸高精度的基础条件。

图4-16　测径仪

（3）在轧机设计中，取消了接轴或联轴器，采用精密螺旋伞齿轮与轧辊齿轮轴直接啮合连接，代替了普通轧机上的万向接轴。设备精度高、刚性好。从而减小了线材尺寸的波动。

（4）精轧机组采用直径为142~210mm的碳化钨辊环。碳化钨材料具有极好的耐磨性能，热冲击性能也相当好。孔槽几乎无磨损，保证了生产过程中轧件红坯尺寸的稳定，简化了轧机调整工作。

（5）采用小辊径碳化钨辊环的另一个特点是变形效率较高。相对于老式线材精轧机所用的较大辊径，其轧制力及力矩较小，变形效率较高（即宽展小而延伸大），常给予较大变形量，一般平均道次延伸系数为1.25左右。

（6）轧件的冷却。高速无扭线材精轧机组为适应微张力轧制，机架中心距都是尽可能小，以减轻微张力对轧件断面尺寸的影响。在短机架中心距的连续快速轧制中，轧件变形热造成的轧件温升远大于轧件对轧辊辊环、导卫和冷却水的热传导以及对周围空间热辐射所造成的轧件温降，其综合效应是在精轧过程中轧件温度随轧制道次的增加和轧速的提高而升高。当精轧速度超过85m/s之后轧件温度将升至1100~1200℃，轧件的σ_s值急剧降低至10~30MPa，轧件刚性很低，在精轧道次间和出精轧后到吐丝机的穿越过程中稍有阻力即发生弯曲堆钢，甚至吐丝时未穿水冷却的头尾段因过于柔软而不规则成圈，无法收集。为适应高速线材精轧机轧件温度变化的特点，避免因轧件温度升高而发生事故，当精轧速度超过80m/s时，在精轧前和精轧道次间专门设置轧件水冷，使精轧轧出的轧件温度不高于950℃。精轧前及精轧道次间进行轧件穿水冷却，还用来实施对轧件变形温度的控制，是进行控轧的重要手段。

由于精轧机具备上述一些优点，给操作和调整带来了许多方便，并提高了产品质量（成品尺寸偏差不大于±0.1mm）。

4.3.2　以马钢高速线材厂为例说明精轧机组的设备型号、参数与布置

4.3.2.1　无扭悬臂精轧机

型号：8″×2/（6″×8），10架45°悬臂无扭重载型摩根轧机。

结构特点：一个整体焊接结构的10机架底座。各机架轧辊轴线分别与水平呈正负45°

布置，相邻机架互成90°。轧件可进行无扭轧制。

每架机架由两个铸钢箱体组成，一个齿轮传动箱体，另一个为带有齿轮的轧辊轴的凸缘箱体。伞齿轮传动一对圆柱齿轮，分别与轧辊轴上的齿轮相啮合以实现两辊轴同步运转。

轧辊轴安装在偏心套内。通过人工调整螺杆、螺母，实现偏心套在箱体支撑孔的偏转，从而调整两辊轴间距，做对称于轧制线的辊缝调整。调整工作是在防护罩外面进行，既安全又简便。辊环径向涨紧，因而在换辊时辊环就高度精确地安装在辊轴上，不需要进行轴向调整。

轧辊轴悬臂端由多层滑动轴支撑。另一端由精密滚珠轴承支撑。传动齿轮轴由精密的减摩轴承做径向和轴向支撑。

上、下伞齿轮长轴通过圆柱齿轮增速，同步运转，分配上、下长轴不同转速。再通过五对不同速比的伞齿轮传动，以10种速比将主电机传动分配在10架轧机上（如图4-17和图4-18所示）。

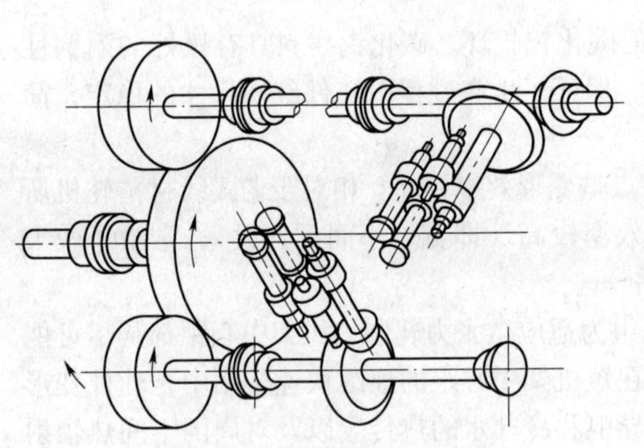

图4-17　精轧机传动示意图

图4-18　精轧机内部结构示意图

主要技术参数见表4-1。

表4-1　无扭悬臂精轧机主要技术参数

参　　数	8″机架	6″机架
机架间距/mm	800	750
辊轴距/mm	189.5~215	143.4~161.4
偏心套偏心距/mm	14.3	9
辊缝调整螺杆每转900转对应的辊缝调整量/mm	0.085	0.068
辊环尺寸/mm	ϕ210.5~189.5/ϕ120.65×72	ϕ158.75~142.88/ϕ87.313×62
卸辊工作压力/MPa	0~70	
装辊工作压力/MPa	40	
主电机容量（DC）/kW	2100×2	
转速/r·min^{-1}	600	1000
润滑方式	稀油循环润滑	
导卫、辊环冷却水压力/MPa	0.6	

4.3.2.2　辊环

精轧机组是由集体传动，所以对配辊的要求较高。因此，辊环重新修磨后，必须严格根据秒流量相等的连轧原理配辊。前后机架间辊径差一般不应大于0.2~0.6mm。

精轧机的辊环固定原理与预精轧机相同。

精轧机组的前两架为8″辊环，后八架为6″辊环。

4.3.2.3　导卫及导卫支座

精轧机组导卫有两种，一种是滚动导卫，一种是滑动导卫。第17号、19号、21号、23号、25号圆孔的入口导卫是滚动导卫，其余的是滑动导卫。

椭圆轧件来料，经A机架辊式入口导卫的导卫副，进入A机架轧制成圆轧件；之后圆轧件通过A机架的滑动出口导卫、过桥导槽及B机架的滑动进口导卫进入B机架轧制，轧成椭圆轧件；椭圆轧件经B机架出口的辊式扭转导卫扭转90°后再进入下面的辊式进口导卫和下架轧机，如图4-19所示。

图4-19　滚动导卫

A　滚动导卫支座

椭圆轧件进圆孔，对轧件的夹持和对中要求较高（同一个光学导卫仪用于6″和8″机架两种场合）。因此，其导卫支座必须可调，如图4-20所示。

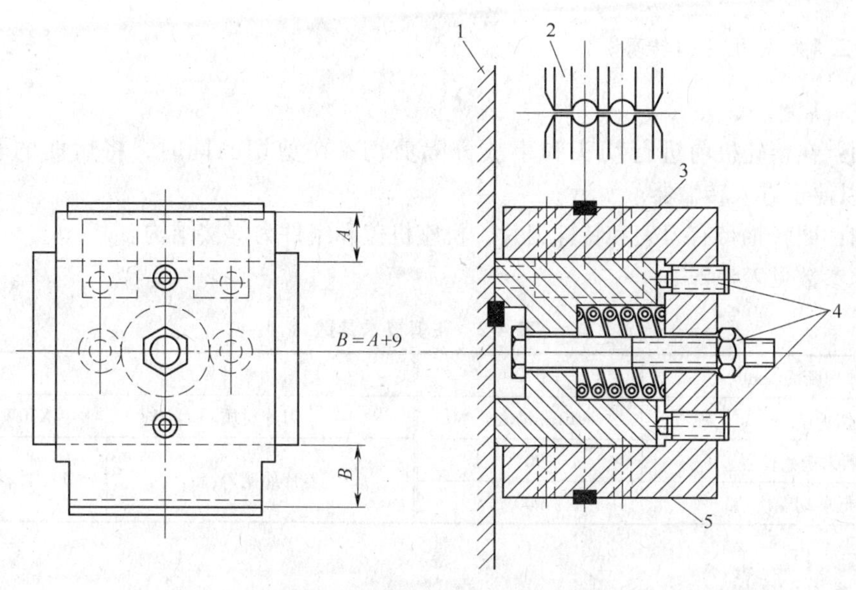

图4-20　滚动导卫支座结构示意图

1—机架；2—辊环；3—此面用于8″机架；4—调整螺栓；5—此面用于6″机架

调整方法是：把光学导卫仪放在支座上（键槽与键相吻合），通过调整螺母和内六角螺栓，可横向调整支座中心线，将导卫支座对中。在校准 8″机架导卫支座时，只须在支座上加块 9mm 厚的固定垫片即可。8″和 6″机架使用同一种导卫支座（这可减少备品数量），只是使用不同的面而已。

B　滑动导卫支座

精轧机组所有的出口导卫都能在发生堆钢时自动脱落，以避免轧件在辊环与导卫之间堆积而造成辊环碎裂。

从图 4-21 中可以看出，当轧件在辊环与导卫接口处堆钢，导卫在前推力的作用下滑至支座凹槽处，卡紧螺栓失去对导卫的夹持作用，使导卫脱落。

C　事故翻转导槽

在精轧机组 25 号出口处有一废品箱，箱内装有事故翻转导槽，如图 4-22 所示。当水冷段、吐丝机出现故障，后续轧件出 25 号导槽后在事故翻转导槽中打结堆钢将盖板顶开，以保护辊环和导卫。

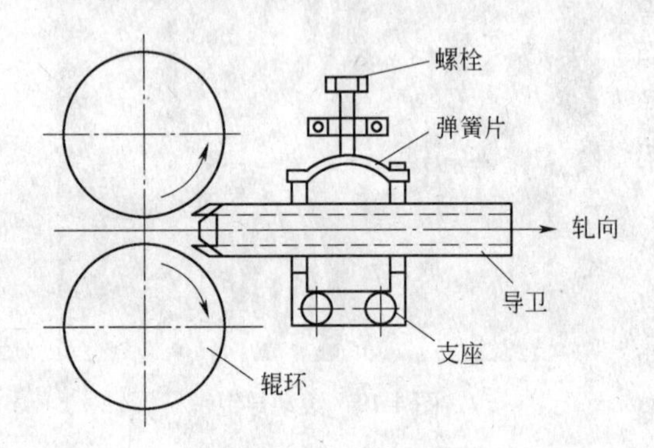

图 4-21　出口导卫支座

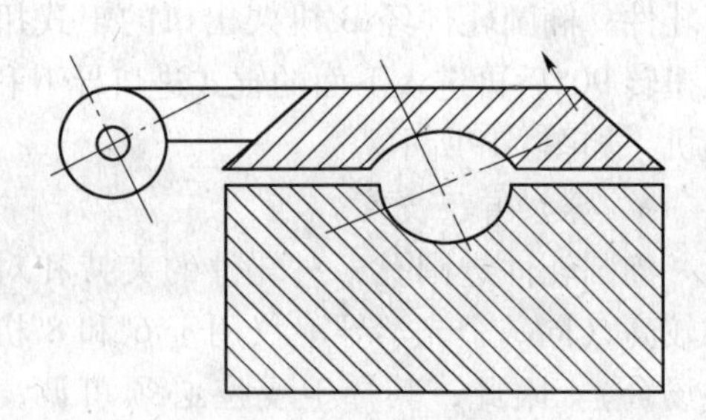

图 4-22　事故翻转槽

4.3.2.4　飞剪（回转剪）

形式：启-停式。

作用：在精轧机前进行切头和事故分隔剪切。在剪切的同时，将后面的轧件抬高 35mm，以便于进入转辙器。

结构：回转轴带有刀架和特殊刀片，机座机盖和组件为焊接结构。

技术参数见表 4-2。

表 4-2　飞剪技术参数

剪切断面/mm^2	470	电机功率/kW	30
剪切速度/$m \cdot s^{-1}$	12（最大）	刀片材质	X30WCrV53
剪刀起始位置	90°	刀片使用寿命	半年
最低剪切温度/℃	900		

4.3.2.5　转辙器

转辙器位于回转剪之后。其作用是将轧件转送给精轧机或拨至碎断剪。

结构：转辙器支架和机座为焊接结构，铰接的转辙器本体为球墨铸铁。转辙器由气缸驱动，如图4-23所示。

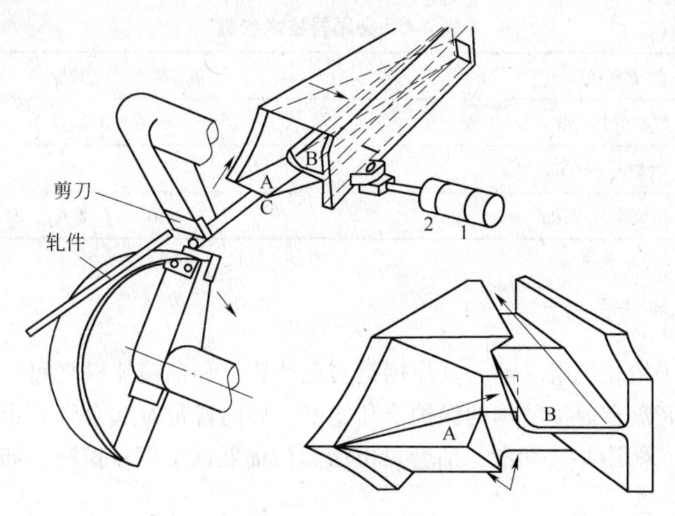

图4-23 转辙器
1—活塞1位；2—活塞2位；
A—通道1；B—通道2

动作过程：当轧件被切头时，转辙器气缸活塞处于1位，通道A对向精轧机，切头落入C，同时把轧件抬高35mm，通过转辙器A位导入精轧机。当轧件被咬入精轧机之后，转辙器气缸活塞运动到2位，通道B对向碎断剪。如果精轧机以后某段出事故，就可以立即启动剪机（转辙器不动），分隔轧件，后续轧件经通道B导向碎断剪碎断。同时，当轧件进入碎断剪后，转辙器活塞又返回1位对向精轧机。如果事故在很短的时间内能处理完，启动剪机分隔轧件后，剩余的轧件可继续经A通道导入精轧机。如图4-24所示。

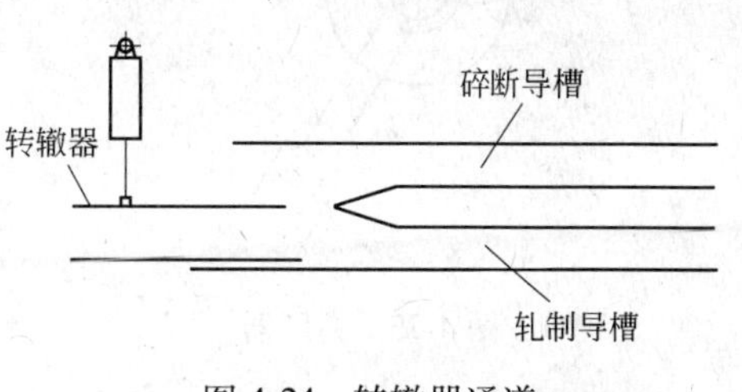

图4-24 转辙器通道

技术参数见表4-3。

表4-3 转辙器技术参数

转辙器摆动角/(°)	10
气缸行程/mm	80
压缩空气/MPa	0.6

4.3.2.6 夹尾器

在转辙器之后、水平活套器之前，装有一个夹尾器。轧件尾部脱离预精轧机时，夹尾器夹住轧件，防止甩尾。

结构：两个上辊为固定辊，一个可气动升降的下辊。这三个辊子都是带有孔槽的自由辊。辊子轴承由油-气润滑，如图 4-25 所示。

技术参数见表 4-4。

表 4-4 夹尾器技术参数

辊子直径/mm	165
气缸气压/MPa	0.2~0.3
气缸行程/mm	155
压缩空气/MPa	0.6

4.3.2.7 水平活套器

水平活套位于精轧机组之前。其作用是实现精轧机和预精轧机之间的无张力轧制。

结构：活套底盘有焊接结构的保护罩和侧壁。导向臂带有起套辊，由气缸驱动。还有 3 个导向辅助辊，采用油-气润滑，活套量由活套扫描器输出信号控制，如图 4-26 所示。

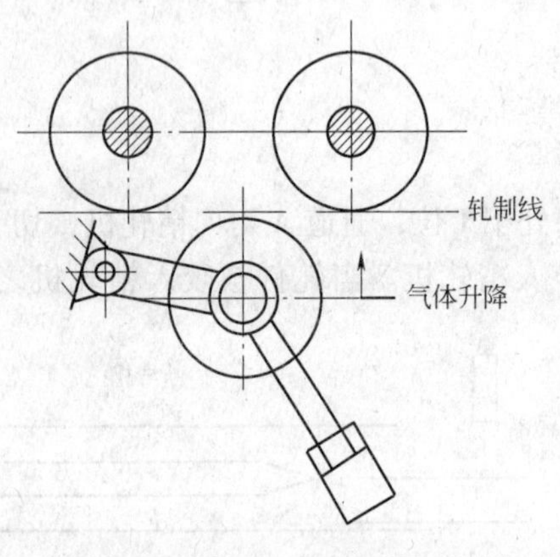

图 4-25 夹尾器

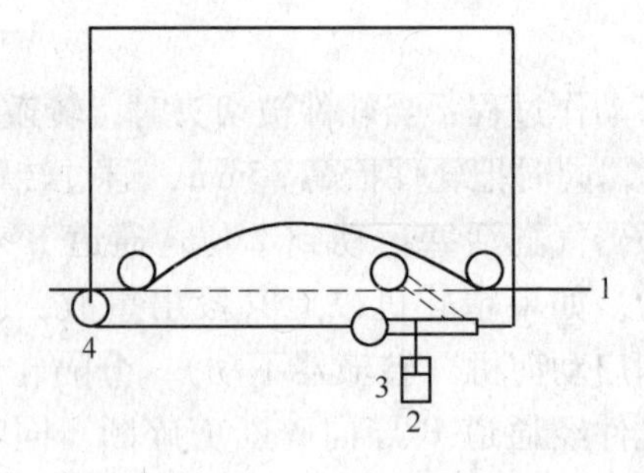

图 4-26 水平活套器

1—轧件；2—气缸；3—起套辊；4—导向辊

动作过程：轧件未被精轧机咬入之前，起套辊在轧制线内侧。当轧件被精轧机咬入后，精轧机瞬时降速，起套辊动作，使轧件形成水平活套。

技术参数见表 4-5。

表 4-5 水平活套器技术参数

活套量/mm	300
气缸气压/MPa	0.6
气缸行程/mm	240

4.3.2.8 卡断剪

卡断剪位于精轧机入口处，作事故剪切并封锁入口通道，它与精轧机箱盖联锁，在其开启时阻止轧件进入精轧机，起了防护挡板的作用，工作原理与预精轧机前卡断剪相同。

结构：卡断剪由机架、刀杆、刀片、气缸和轧件导卫组成。支座为焊接结构。

技术参数见表4-6。

表4-6 卡断剪技术参数

剪切断面/mm^2	380	气 压	6bar（$6×10^5$Pa）
最低剪切温度/℃	900	刀片材质	X30WCrV53
气缸行程/mm	60	刀片寿命	半年至一年

4.3.2.9 碎断剪

碎断剪位于转辙器之后、轧机平台之下。当精轧机以后各段发生故障时，飞剪切断轧件，后续轧件由转辙器导向碎断剪，将轧件切成碎段。

结构：剪机机架和导管为铸钢，装有两个刀架，每个刀架上有三个刀片。剪机可同时剪切两根轧件（A、B线）。

技术参数见表4-7。

表4-7 碎断剪技术参数

剪切断面/mm^2	2×470（ϕ24.5mm）	最低剪切温度/℃	900
剪切速度/$m \cdot s^{-1}$	最大12	剪切长度/mm	400
刀片材质	VACWMDT ATS340	电机功率/kW	40
刀片使用寿命	约半年	齿轮润滑方式	油溅润滑

4.3.2.10 机旁操作柜

精轧机机旁配置有操作柜，其作用与预精轧机的操作柜相同。主要功能为：轧机状态控制开关、点动爬行、卡断剪控制开关、事故紧急停车、防护罩开关、冷却水控制开关等。

高速线材精轧机组的换辊操作及调整，比粗、中轧机组的调整操作严格得多，因为精轧机组调整得好坏直接关系到成品质量的好坏，因此在精轧机组的调整过程中，必须严肃认真地按步骤调整，来不得半点马虎。

4.3.3 换辊操作

卸辊的操作方法是：

（1）通知主控台停机。待停机后，将机旁操作柜上的轧机控制开关拨到现场控制，关闭安全挡板，打开轧机安全罩，铺上橡胶垫。

（2）拆卸出、入口导卫，并摆放整齐。

（3）松开锥型套防松锁紧螺母，旋松锥套提升螺母，松开锥套丝杆，取出压辊环的方键。

（4）旋转锥套提升螺丝将锥套提起，取下辊环，轻放到橡胶垫上。

（5）旋转锥套丝杆将锥套拆卸下来。

装辊的操作方法是：

（1）根据“辊环更换卡片”逐一核对辊环数量，编号与卡片中的内容是否相符。检查辊环和锥套表面质量。准备好工具和清洗材料。

（2）清洗检查轴头。用清洗剂对轧辊轴的轴头、抛油环进行清洗，检查轧辊轴工作面、端盖及端盖固定螺丝。如端盖“掉肉”或固定螺丝已断，须请钳工处理。如有锈迹或不光洁的地方，可用砂纸磨光，再用清洗剂除去磨下来的粉末。然后用甘油均匀地涂抹在轧辊轴头工作面上。

（3）将甘油均匀地涂抹在锥套内外工作表面上，把锥套套在轴头上，用锥套丝杆在轴头端盖上扭 5~10 扣，调整锥套穿键孔与轴头键槽一致，将辊环套在锥套上，用铜锤轻轻敲打辊环，使其紧贴在抛油环上，调整辊环上的键槽与轴头上的键槽一致，穿上辊环压键，紧固锥套固定丝杆将压键固定。旋转锥套升降螺母使锥套向抛油环方向前进，将辊环套上。最后锁紧锥套防松螺母。

（4）用电筒和镜子检查已装好的辊环孔型是否存在错辊，如错辊须将辊环卸下来，更换厚度适当的抛油环，以消除错辊现象。如图 4-27 所示。

图 4-27　精轧机换辊

4.3.4　辊缝的设定

粗调辊缝时，按照设定值用塞尺将辊缝逐架粗调好。

精调辊缝时，通知主控台以爬行速度转动精轧机组，将厚 3mm，宽 25mm，长 250mm 的铝板条从第 16 架喂入，用千分尺测量第 16 架轧出的铝板厚度，根据测量结果调整轧机辊缝值到设定值。以此类推，依次精调各架轧机的辊缝。

4.3.5　导卫的安装及调整

安装前对导卫的检查方法是：

（1）检查滚动导卫的导辊是否左右对称；导辊是否能自由转动，轴向固定是否牢固，夹板内是否黏铁。滑动导卫是否有毛刺或严重磨损。

（2）导卫支座是否平整光滑，调整螺丝是否灵活有效。

（3）各架出、入口导卫是否与其架次对应。

导卫的安装调整方法是：

（1）装入口导卫。将选好的入口导卫放到导板座上，紧固固定螺栓，用电筒和镜子观察装上的导卫是否偏离孔型，如偏离孔型可通过导板座调整螺丝将其调正，然后装入油雾润滑管。

（2）装出口导卫。将出口导卫放入导板座中，对正孔型后用楔铁固定。

4.3.6　试轧

精轧机组不试小样。装好辊环和导卫后，各种轧制条件都已具备，就可直接试轧短料。操作步骤如下：

（1）启动轧机。将轧机内所有的工具、橡胶垫撤去，查看机内有无异物及不符合要求之处。关闭防护罩，轧机转入主控台自动控制状态。

（2）启动后的检查。轧机启动后，主控台对全线控制进行模拟操作。在模拟操作的同时，观察各个辅助设备是否能正常工作。切头飞剪的剪切动作、转辙器的动作、夹尾器下辊的升降，水平活套器起辊的起套动作等是否正常到位，有无异音等。

（3）过红钢。由粗中轧、预精轧过来的试轧短料，经飞剪切头后通过侧活套进入精轧机。在轧钢的同时，应注意各设备的工作是否正常。然后到吐丝机处取样。

4.3.7 试轧过程中的调整和检查

4.3.7.1 调整

在轧制过程中，根据小样的条形和烧木印来调整轧机。一般情况只调整16号和25号，不得随意调整第17号~24号。下面举几个实例说明。

第一种情况："天地"较大，"两旁"稍小，第25号的辊缝收小。

第二种情况："天地"较小，"两旁"正好，第25号的辊缝放大。

第三种情况："天地"正好，"两旁"较大，第16号的辊缝收小。

第四种情况："天地"正好，"两旁"较小，第16号的辊缝放大。

如经过上述调整后仍达不到要求，就通知预精轧收小或放大来料尺寸。16号、25号累计调整量不得超过0.3mm。

第五种情况：由于在高速轧制下的精轧机组无法用肉眼观察到红钢的表面及条形，因此用烧水印来判断轧件的表面形状、辊环及导卫的使用情况更为重要。在每架之间的防护罩上，有一圆窥视孔，木印条可由此孔中伸进去贴在红钢上。一般换辊后要红检一次。正常轧制时，40min一次。木印条规格1000mm×50mm×10mm。

烧木印可手感判断张力情况。当两机架间张力较大时，木印条有往前"拽"或"硬"的感觉。木印条抖动厉害时表明张力较小，收小或放大下一架的辊缝，可调整张力情况。张力检查须从第16号开始逐架往第25号检查。17号~24号机架累计调整量不小于0.1mm。

第六种情况：观察木印条痕迹可判断出轧件充满程度及划伤、凸块等缺陷。由此，须停机检查和试轧铅棒，并重新设定辊缝。

调整中应注意的几个问题：

（1）不得随意调整第17号~24号轧机。其原因有两个：一是动了其中某一架辊缝，会破坏各架间的微张力关系，造成产品尺寸精度波动；二是辊式导卫的导辊开口度是根据"样板"精确调整的。放大某一架辊缝，来料变大，会降低导辊使用寿命甚至会损坏导辊（或黏铁）而出废品；收小某一架辊缝，来料变小，导辊夹持不稳，会出现"倒钢"。

（2）当成品高度尺寸显得过大，但尚未超差，而宽度亦显得过大时，应先调整16号机架，后调整成品机架。

（3）当成品尺寸虽符合要求，但尺寸精度波动较大时，应对各架进行一次铅棒测试，看各架高度尺寸是否符合设定值。如有不符，应调到设定值。

（4）当成品尺寸不稳时，还应检查导辊及入口滑动导卫的磨损情况，如有磨损应及时更换。

（5）遇到钢坯表面质量不好时，每轧制一段时间，应停机检查辊环、导卫中有无异物。

（6）轧制高碳钢时，一般要将椭孔导卫的冷却水关小或关闭，以避免不均匀冷却。

（7）当各种调整和检查都没有解决成品尺寸不稳的情况时，应到前面的工序中去寻找问题，不要仅限于本区域。

在实际操作中，每个操作工都有自己的经验和习惯，但都必须遵守操作规程和操作规范。注意轧机的每次调整量，宜小不宜大。

4.3.7.2　检查

A　取样

根据轧制情况来决定取样的次数和时间。一般在新辊换完之后，要取样数次。轧制稳定后（粗、中轧稳定后），每 20~30min 取样一次。

取样要求：

（1）地点：正常取样在集卷筒前链段上，试轧时在吐丝机出口处。

（2）圈数及根数见表 4-8。

表 4-8　取样圈数及根数

规　格	圈　数	根　数
ϕ5.5~8mm	端部 10 圈左右	每线两根长 800mm 左右
ϕ9~13mm	端部 8 圈左右	
ϕ13.5~16mm	端部 6 圈左右	

B　对来料的要求及产品公差

（1）对预精轧来料的要求：ϕ17.90±0.30mm，ϕ19.75±0.30mm。

（2）对产品的要求：ϕ（6.5~8）±0.15mm，ϕ（9.0~16）±0.20mm；椭圆度为总公差的 80%；允许超出公差范围为头部一圈，尾部两圈。

4.3.8　各种常见事故的判断和处理

产生在精轧机的堆钢事故，一般有以下 5 种情况。

4.3.8.1　在废品箱内堆钢（有两种现象）

第一种现象：未吐丝而堆钢。

原因：水冷段的冷却水未排尽或开启过早；水冷段里有异物；导管水嘴安装错位或松动；夹送辊及导卫安装不正确。

第二种现象：吐丝若干圈后堆钢。

原因：夹送辊吐丝机与精轧机的速度匹配不当或者是夹送辊辊缝和气缸压力不合适。

处理：检查水阀的开启灵敏度和开启的信号，检查夹送辊与精轧机的速度匹配情况和夹送辊的压力、辊缝。检查导管水嘴、夹送辊以及导卫安装是否正确，并检查其中有无异物。

4.3.8.2　在精轧机组机架间堆钢

现象：在入口导卫或出口导卫处堆钢。

原因：导卫“黏钢”；导辊不转或轴承被烧；轧件“开花头”或“分层”；导卫或辊环装错；辊缝设定不当或红坯尺寸不符合要求；导卫未紧固；压辊键断使辊片松动；轧辊轴轴瓦磨损或破裂。

处理：首先要找到轧件的头部，测量轧件尺寸，并试轧一根铅棒检查各架设定值。询问粗、中轧的张力情况和预精轧的来料尺寸，检查导卫、辊环。根据具体情况作相应的调整和处理。

4.3.8.3　在切头飞剪处堆钢

现象：轧件直接导入废钢槽，轧件卡在转辙器处或剪机处。

原因：剪机未切头或轧件头部未切断；转辙器未动作或未到位；转辙器中留有异物（上一根切头带入转辙器）；剪切时间或剪切超前系数有误。

处理：检查剪机动作信号，剪刃的磨损程度和重合度，转辙器的动作是否正常、到位，以及热金属检测器的检测信号和控制系统。

4.3.8.4　在水平活套台上堆钢

现象：轧件未被咬入或轧件被咬入精轧机后，在活套台上堆钢。

原因：起套辊起套过早或延迟。

处理：检查起套辊动作信号或起套辊机械动作部位是否被卡、气缸压力是否不足。

4.3.8.5　辊环断裂（碎裂）

现象：轧件咬入轧机后，突然在机架间堆钢或发出响声。

原因：冷却水管被“堵死”，造成缺水，在导卫中卡钢，而出口导卫未脱落，红钢在导卫与辊环间堆钢，将辊环“烧”裂；辊环本身的加工质量问题。辊环、辊轴、锥套三者的配合不好，接触面积太少，使辊环受力不均，辊环未被加压，使辊环、衬套、辊轴之间有相对运动；加压时，轧辊轴尚未达到一定温度；其他部件脱落（或损坏）后飞出，击中辊环；钢温偏低，红坯尺寸不当；不正确的安装等都有可能引起辊环断裂和碎裂。

处理：充分利用停机时间，停机检查辊环的表面温度和孔槽有无裂纹。如果感到辊环发烫，应该检查冷却水管是否被堵塞。换辊、换导卫、红坯尺寸、钢温控制等各种操作，要严格按操作规程和标准化作业进行操作。

4.3.9　设备的日常点检及维护

由于精轧机的制造精度比较高，又是直接出成品的机组，所以在操作和维护中，要特别注意它的运行状况。

4.3.9.1　设备的日常点检

操作工点检的内容有：

（1）设备启动后有无异常的声音和气味。

（2）切头飞剪和转辙器的动作是否正常。

（3）转辙器有无磨损。

（4）夹尾器、起套辊的动作是否正常，油、气润滑是否正常，有无破损。

（5）卡断剪的刀刃是否完好，开、闭是否灵活。

（6）在换辊时，轧辊轴表面有无明显的划伤、锈迹、凸台，抛油环端面有无碰伤、不平整等不正常情况。

（7）轧辊轴中心定位螺栓有无弯曲变形、镦粗等现象。

（8）防护罩能否正常开启。

（9）电控制开关是否完好。

（10）凡是能见到的电源接头，油、水、气接头是否完好畅通等。发现异常情况，及时向有关人员反映并填入信息卡。

4.3.9.2　设备的日常维护

停机检修期间，应做好下列维护工作：

（1）清除转辙器、导管、导槽、夹尾器、水平活套台、卡断剪上的因水、油而“烧结”成的氧化铁皮硬块和油污。

（2）拆下所有导卫支座和螺栓，用柴油进行清洗，并检查它们是否有损坏、磨损变形等。

（3）清洗换辊专用工具。

（4）清洗设备本体的油污。

（5）及时将设备存在的不良状况反映给有关部门。

（6）积极配合机电人员进行检修和维护。

4.4　45°无扭精轧换辊实训

由系统产生液压力，作用在换辊工具（装辊和卸辊）上，使辊环上的锥套压紧或者松开。

4.4.1　操作步骤

首先接上380V电源（注意电机转向），确认线序接入正确（最好打开电控箱用电压表测量漏电开关输入电压是否为220V），再打开面板上主电源开关到“ON”的位置。

4.4.1.1　安装辊环操作

将装辊工具旋在轧辊轴上，使工具的端面尽量紧靠辊环，接上块换接头后进行加压。操作步骤如下：

（1）将按钮盒上的选择开关选到安装位置上。

（2）按下安装按钮。这时卡紧低压柱塞开始加压至50bar（$1\text{bar}=10^5\text{Pa}$）左右（辊环定位）。达到此值后，另一高压柱塞开始加压（锥套压进），直到低压至150bar，高压至550bar左右压力。如图4-28所示。各线可根据工艺要求自行设定压紧锥套所需的压力值。

（3）看压力表上指示的两个压力是否达到规定数值。当高压压力表显示到所设定的压力值时，请继续按住装辊按钮若干秒（由工艺要求决定）。

（4）松开安装按钮。高压柱塞立即卸压，而低压柱塞要达到预定时间后（大约5s）才能卸压。作用使高压柱塞回缩，此时电动泵也一起关闭。换辊工具低压活塞靠弹簧复位。建议装辊操作重复一次。

（5）泵停止工作后，松开油管的快速接头，并将工具头与软管分开。

4.4.1.2　拆卸辊环操作

卸辊工具如图4-29所示。

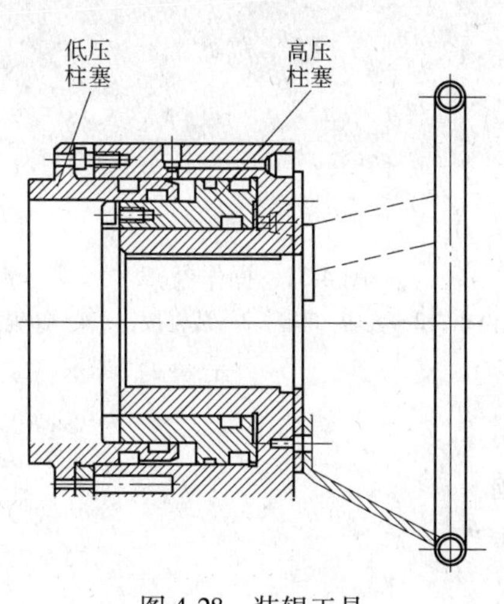

图4-28　装辊工具

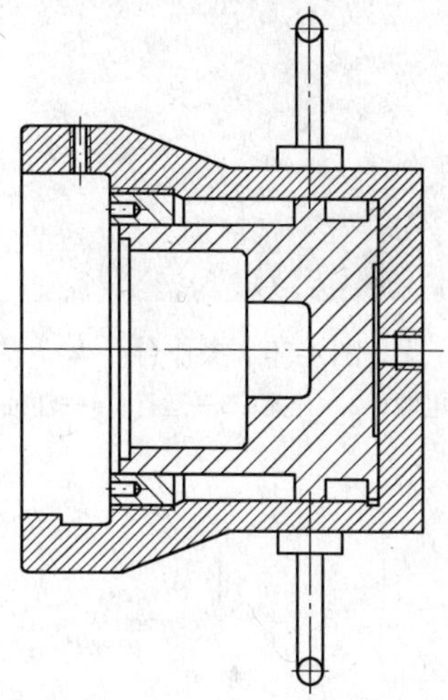

图4-29　卸辊工具

将拆卸辊头与锥套完全扣住（锥套耳与拆辊头的定位螺母相接触）。快换接头的母接头的螺纹套完全旋入，并端面紧靠公接头为快换接头连接完毕。操作步骤如下：

（1）将按钮盒上的选择开关选择到拆卸的位置。

（2）按住拆卸按钮，工作头开始加压。使锥套松开的最大压力约为620bar（$1bar = 10^5Pa$）。

（3）放开拆卸按钮，这样工作头将靠弹簧回缩复位。

（4）拆开油管两端的快速接头，将工具头与软管分开。

4.4.2　操作时注意事项

操作时应注意：

（1）按钮操作前，应注视装拆辊头是否安装到位，到位后才能进行下一步操作。

（2）在操作按钮同时，应注视系统压力的变化，以便决定操作按钮的时间。

（3）当装辊高低压同时达到设定值时，保压若干秒后松开按钮装辊完成（建议重复操作一次）。

（4）偶尔会出现装辊低压高于设定值时，由上升趋势时须松开按钮，再重新进行装辊操作。

（5）拆辊操作时，应注视压力表，当拆辊压力上升到一定数值后，回落的一刹那应松开按钮（小车内部已经设定了停机功能），此时锥套已与辊轴脱离，拆辊完成。操作按钮如图 4-30 和图 4-31 所示。

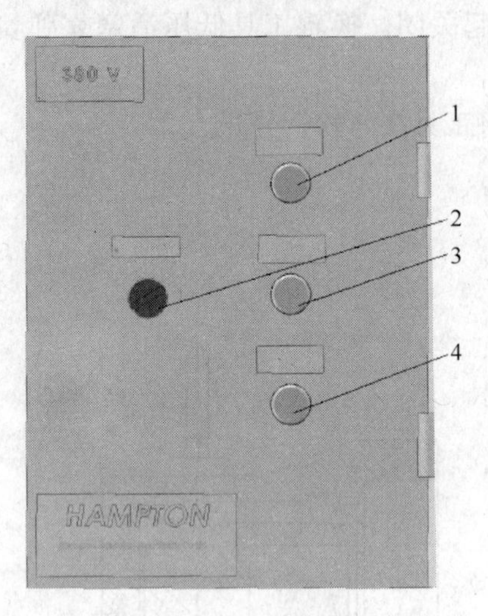

图 4-30 操作台

1—电源；2—开关；3—运行；4—注油

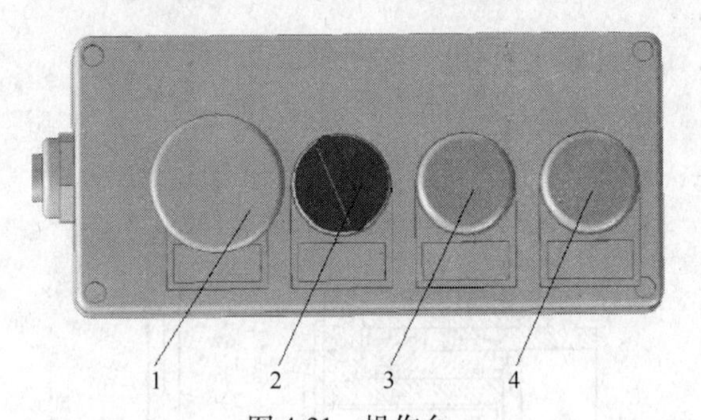

图 4-31 操作台

1—紧急停车；2—装辊/卸辊；3—装辊按钮；4—卸辊按钮

复习思考题

4-1 预精轧的主要作用是什么？

4-2 简述预精轧的工艺过程。

4-3 预精轧轧后对轧件尺寸的要求有哪些？

4-4 为什么预精轧机组要采用无扭轧制？

4-5 为什么预精轧要设置轧件水冷装置？

4-6 为什么预精轧要切头、尾？

4-7 立活套的动作过程是什么？

4-8 简述精轧的工艺过程。

4-9 预精轧、精轧的换辊及换导卫的操作程序有什么？

4-10 预精轧、精轧试轧的步骤有什么？

4-11 简述预精轧、精轧机组堆钢的原因及处理方法。

4-12 预精轧、精轧日常点检、润滑及维护的内容有哪些？

4-13 预精轧、精轧的安全操作注意事项有哪些？

4-14 精轧辊缝的设定方法是什么？

4-15 精轧试轧过程中怎么调整？

5 主 控 台

5.1 主控台概述

主控台是控制全轧线生产的中心操作室，是全厂的中央信息处理站，在高速线材轧机的连轧控制中，主控台对轧制的正常顺利进行起着关键作用。

5.1.1 主控台所管辖的区域设备

主控台所管辖的区域设备包括：

（1）粗轧机组、中轧机组、预精轧机组、精轧机组以及夹送辊、吐丝机。

（2）粗轧机组后的回转飞剪、预精轧机组前的事故卡断剪、精轧机组前的回转飞剪、事故卡断剪及轧制平台下的事故碎断剪。

（3）轧线上所有活套控制器。

（4）轧制平台下载运废料的振动运输机。

5.1.2 主控台的职能与控制对象

主控台的职能与控制对象包括：

（1）设定、调用、修改轧制程序。

（2）控制上述所有轧制区设备的动作及运行。

（3）监控轧制区的轧制过程，实现轧制工艺参数和程序控制最优化。

（4）控制轧机各机组的轧辊冷却水关与闭。

（5）组织、协调轧制生产工艺，保证生产的正常进行。

（6）担负轧制生产线的日常生产信息传递，进行轧制区物料跟踪方面的操作。

（7）有关生产数据报表的记录与汇总。

（8）监视全生产线的机械、电气、能源介质供应系统的设备运行状况与故障显示。

5.1.3 主控台与生产调度室及各操作台的分工和关系

主控台主要负责生产线上轧制生产的组织与协调，即偏重于轧钢生产人员本身的内部指挥；生产调度室主要负责轧制生产的总体指挥与协调，它的任务有：与公司总调系统的对口联系，与水、电、风、气等外部能源介质供应单位的联系，对高速线材厂（车间）3个专业（轧钢、电气、机修）的指挥与协调，即偏重于轧钢外部的联系。

5.1.4 高速线材连轧工艺对电气控制的要求

高速线材轧制工艺的基本特点：

（1）全连续式连轧工艺。

（2）较高的成品轧制速度。

（3）表面质量和内部质量全优的成品。

（4）大卷重、高生产率。

连轧工艺对主传动特性的要求：为动态地满足各机架轧件秒流量相等这一连轧关系的基本原则，在全连轧过程中，要不断调节有关机架主传动转速来微调轧辊转速，来抵消各种外扰因素带来的不利影响。为此高速线材连轧机对主传动的要求有：

（1）调速范围大。高速线材连轧机主传动（驱动轧辊的电机）已普遍采用直流电机，以解决调速问题。

直流电机的优点是可以精确控制轧制速度，速度控制范围大，可以定速运转，可以制造启动转矩非常大的电机。缺点是因结构复杂而难以维护，质量大价格高。

（2）调速精确度高，静态速降小。实际生产中，为调整产品规格和改变轧件堆拉状况，改善产品尺寸精度，要求主传动的调速精确性达到很高的水平才能准确设定各架轧制速度，并在连轧过程中准确纠正已经观察到的过度堆拉钢现象。现场操作表明：高速线材轧机主传动电机的静态速降不大于±0.1%，当给定控制精度在±0.1%左右时，才能较好地满足控制产品尺寸公差的要求。

（3）动态速降小与恢复时间短。轧机主传动直流电机在收到突然加负荷信号时，会产生转速的降低，速度调节系统的作用使电机在转速恢复过程中，转速的变化呈阻尼衰减的波动形状。其中开始转速下降至最大值称为动态速降值，转速恢复到静态速降的时间称为恢复时间。

（4）调速快。在高速线材轧机操作中，更换产品、规格后的重新设定主传动转速的调速操作一般在轧制前进行，因此有足够的时间来改变主传动转速。但随机调速、调整堆拉关系或补偿转速偏差，因在轧制过程中进行，故须要在尽可能短的时间内完成，以减少轧件中间尺寸变化对线材成品的影响。这就要求轧机主传动调速能做到速度快，纠偏能力大。现代高速线材轧机在供电和调速方面广泛采用了可控硅整流器，直流电机传动的开环与闭环控制回路也在不断地改进，并引入了计算机控制，以满足轧制高速度对控制系统的调速性能要求。

5.1.5 高速线材轧机自动检测

自动化控制离不开自动检测。自动检测就是通过电的或机械的（物理或化学的）方法在无人工干预的情况下给出被测目标的信息，在高速线材轧制控制中，主要是给出轧线上轧件的位置信息。自动检测由检测元件完成。用于高速线材轧机的检测元件一般有热金属检测器、活套扫描器、非接触式测温仪、工业电视等几种形式。

5.1.5.1 热金属检测器

热金属检测器（又称光电管），是一种把轧件（红钢）放出的红外线用光学原理采集，并将它变换成电信号的装置，在轧钢生产中用于检测轧件的有无。

用于轧钢生产中的热检测器有两种：一种是固定式；另一种是光电扫描型。固定式是由透射镜、光电元件和电子处理单元组成。工作原理是：具有一定温度的红钢将产生红外辐射，当红钢进入检测器的视场范围时，由硅材料做成的红外光接收器在这种辐射作用下将改变本身的状态，并通过电子处理单元把这种变化信号变成逻辑电信号送往自动控制系统来检测轧件的有无。这种检测器对检测温度有一定要求，高速线材厂所用的该种检测器要求的检测温度一般不低于600℃。

光电扫描型是由透射镜、光电元件和同步电机带动的多面镜鼓以及晶体管放大器等部分构成。工作原理是：利用旋转的多面镜鼓对视场进行扫描，并将轧件的影像经光电元件处理后，以电信号的形式输入自动控制系统。这种检测器灵敏度高、视场广，但结构及保护装置较复杂。

5.1.5.2 活套扫描器

活套扫描器是一种用于检测活套量大小的检测器，它是利用光电扫描脉冲相位比较原理来实现对活套量大小的检测。

5.1.5.3 非接触式辐射测温仪

轧钢厂目前采用非接触式辐射测温仪来检测轧件温度。非接触式辐射测温仪的工作原理是利用红钢产生的红外线辐射量大小与其温度成正比这一热力学原理。在高速线材厂，这种装置常用的测温范围为500~1300℃。

5.1.5.4 工业电视

工业电视属于闭路电视系统，是由摄像机、监视器、连接电缆组成。工业电视安装在生产控制的关键部位，用来显示该部位的生产实况，不构成自动控制系统。

5.1.5.5 高速线材轧机检测元件分布与作用

各种检测元件由于布置的地点不同，对应的工艺设备完成的任务不同，因而各自的作用也不相同。下面介绍某高速线材轧机检测元件的分布情况，说明各检测元件的不同任务和作用。

A 热检测器分布与作用

轧制线上共装有20个热检测器，即每线10个，完成轧制区的轧件检测任务。

(1) 加热炉出口处每线安装一个检测器。它用于监视和检测、鉴别出炉钢坯被推A线或B线，为跟踪系统提供钢坯轧制信息，以防钢坯批号和顺序号在轧制时混号（A/B），同时也可为导卫油气自动润滑系统提供供油信号。

(2) 粗轧机组出口处每线安装一个检测器。它的作用是为飞剪提供轧件位置信号，借助于热金属检测器发出信号，使飞剪完成切头、切尾动作；同时也为跟踪系统提供轧件位置信息。

(3) 中轧机组末架前每线安装一个检测器。它用来给预精轧机组前活套扫描器发出起套信号。轧件初始通过活套起套台区域时是呈直线的，必须通过起套挑推出轧件才能形成活套，所以必须为起套挑提供起套信号。由于起套挑为液压传动，有一定延迟时间，故通过安装在活套扫描器前部一定距离处的热金属检测器来提供起套信号。

(4) 预精轧出口处安装有两个检测器。这两个热金属检测器分别有不同的任务。其一，用于预精轧机机组的废品监测，废品监测就是在正常轧制过程中，轧件在预精轧机组各机架之间轧制的时间是一定的，把这个时间以某种形式贮存在计算机中，这样当轧件到达预精轧机组的第一机架时（该信号由预精轧机组前活套扫描器给出），计算机启动计数模块计时。如果在预定的时间内计算机接收到预精轧出口处检测器送来的轧件信号，则表明轧件已顺利通过预精轧机组；如果在预定时间内计算机未接到信号，则表明轧件在预精轧机组内出现问题（如堆钢）。从而计算机自动发出机组停机指令并自动启动剪机卡断和碎断后续轧件。其二，为精轧机组前的剪切系统（转辙器、切头飞剪、地下事故碎断剪）提供剪切信号。

（5）精轧入口处安装一个热金属检测器，它完成两个任务：与预精轧出口处热金属检测器联合构成机组间废品监测；为计算机提供水冷段的冷却水关闭信号。

（6）精轧机组出口处安装一个热金属检测器。它完成3个任务：与精轧机入口处热金属检测器构成精轧机组废品监测；为计算机提供水冷段冷却水开启信号；为计算机提供夹送辊对轧件尾部降速的控制信号。

（7）精轧机组内安装一个检测器。它用于机组内堆钢监视、监控，同时还使用“钓鱼线”装置。

（8）吐丝机前安装一个检测器。它用于控制夹送辊的开、闭。有些厂家取消了该热金属检测器，而采用了精轧机组前活套扫描器检测轧件位量信号，靠计算机延时来控制夹送辊的开、闭。

（9）集卷筒内安装一个检测器。它跟踪系统服务，提供最终的线材成品位置信号。之后线材被集卷并挂上精整区的C形钩。

B　活套扫描器的位置与作用

活套扫描器布置在机组间与机架间的活套控制处。作用为：

（1）中轧与预精轧机组间的活套扫描器，用于检测、控制中轧-预精轧间活套量的大小。

（2）预精轧机组内各机架间的活套扫描器，用于检测、控制机架间立活套量的大小。同时，预精轧机组末架前活套扫描器与预精轧机组后热金属检测器联合为精轧前飞剪提供轧件切头信号。

（3）预精轧机组与精轧机组间的活套扫描器，用于检测、控制精轧前活套量的大小。同时，该扫描器还为夹送辊提供轧件尾部同步变速信号。

C　非接触式辐射测温仪的位置与作用

如前所述，非接触式辐射测温仪是用于检测在线轧件温度的，其位置应由轧制、控冷的要求而定。

（1）第一架出口处设置一台测温仪。它用于给出每线的钢坯开轧温度。由于A、B线在粗轧部分距离很近，故一台测温仪就可测出相应的开轧温度。开轧温度的概念：开轧温度即第一道次的轧制温度，一般比加热温度低50℃左右，高速线材轧机的开轧温度在950~1250℃之间。

（2）精轧机组前设置一台测温仪。它的作用是检测进入精轧机组的轧件温度。对于预精轧机组后设有水冷箱的厂家，还可以依此温度来调节其冷却水量。控制精轧机组入口轧件温度对改善轧件成品晶粒度有重要的意义。在预精轧后有水冷箱的精轧入口，其温度可以控制在950℃左右。

（3）吐丝机处设置一台测温仪。它的作用是监视吐丝机的线材温度，以确定水冷箱内的水嘴开启个数，达到控制冷却的目的。

（4）斯太尔摩风冷区设置一台测温仪。它的作用是检测风冷区的冷却效果，该测温仪为可移动式，可根据需要选择测温点。非接触式辐射测温仪在线仅用于温度检测，不参与系统控制。

上述测温仪所测温度均可在主控台和控冷操作台显示和打印。

D 工业电视的分布与作用

（1）加热炉区设有两台电视摄像机（探头式）。分别位于加热炉装料端和出炉端，以监视入炉钢坯和出炉钢坯的情况。

（2）轧制区域配备有七台电视摄像机。其中，一台用于监视加热炉推钢机推钢；两台用于监视精轧机组前活套台；两台用于吐丝机；两台用于集卷筒。

5.1.6 高速线材连轧机各机组的主传动特点与参数

由于高速线材轧机各机组的工艺布置形式和电气控制方式不同，因而各机组采用了不同的主传动布置形式与调速特点。

5.1.6.1 粗、中轧机组

粗、中轧机组的主要任务是利用轧件的高温，增加轧件的延伸。轧件断面相对较大，轧制速度较低，机架间间距也较大。在该两机组中，对每个机架都采用了带有整流装置的直流电机单独传动，各架轧机的转速手动可调以维持连轧关系，每个机架的单独传动装置均采用了重型联合传动装置这一先进的设计，它可以只用一个简单的传动箱就实现总的减速比。

5.1.6.2 预精轧机组

预精轧机组由四架或两架轧机组成，采用直流电机单独传动。机组各机架呈水平/垂直交替布置以消除轧件在机架中的扭转。各架间布置有活套扫描器以自动调节轧机转速来保证轧件的无张力轧制。单独传动的单线预精轧机组，再配合活套控制器，是预精轧机传动和调速的特点。其优越性是中间轧件表面质量好，断面公差小而保证了废品减少，可满足精轧机组的来料需求。

5.1.6.3 无扭精轧机组

无扭精轧机组的传动特点是采用集体传动形式。这是因为轧件断面越小，终轧速度越高，要想靠电气控制来保证连轧条件就越困难。而且这种轧机机架间距小，在结构上也难以实现单机传动。成组集体传动，同机组各机架间无法实现速度的互相调节，连轧关系要靠孔型设计，固定比和正确的辊缝设定来保证。只有合理的孔型设计与符合要求的红坯来料才能保证预计的微张力轧制效果，得到满意的成品尺寸精度。

5.2 主设定

主设定功能是轧制过程控制的最重要功能，内容较为广泛。这里仅列出与轧制区有关的控制内容。

（1）轧制区主、辅传动速度基准值的计算和正确性检查。计算机根据操作工输入的各机架轧制线速度、轧辊直径以及选定的轧制程序号计算出主、辅传动的转速。同时，对输入的轧辊直径和各机架轧制速度进行合理性检查。对不合理的辊径和速度，计算机拒绝接受，并在主设定画面上显示诸如“ERROR”字样的红色标记。

（2）轧制区主、辅传动基准值用数字键盘单独设定。操作人员可借助于数字键盘对原传动基准值进行设定和修改。当输入必要的字母或阿拉伯数字后，经计算机响应和处理，即可在主控台主设定画面上显示或打印机上打印出设定或修改的结果。数字键盘的概念：它是计算机的外部输入设备，是操作人员和计算机进行人机对话的工具，数字键盘的形式和打字机键盘或计算器按键相似。

（3）轧制过程中，在0%~100%范围内改变主、辅传动的主引导值。主引导值的物理意义：是使轧制线上与主传动有关的设备以设定的速度基准值的某个百分比运行，即改变所有机架主传动电机及辅传动电机的速度。例：设对应于100%主引导值的轧制速度 $v=110\text{m/s}$，则对应于80%主引导值的轧制速度 $v=110\times80\%=88\text{m/s}$。

（4）轧制程序存贮。高速线材轧制规格有十几种，对应有几十个轧制程序，每个轧制程序都可存贮，以便随时调用。

（5）轧制过程中对某一机架的基准值进行单机校正。单机校正是修改某一具体机架的转速而采用的一种校正方式。在采用这种方式时，只是被选中机架的转速得以增加或减少，而不会影响其他机架的速度。单机校正分手动/自动两种方式。手动校正在主控台上人工干预进行，自动校正由活套调节自动进行。

（6）轧制过程中，轧制速度（转速）的级连校正。级连校正的含义：调速时仅校正相邻两机架的速比，而不影响其余级连方向上的机架速比。这种校正是由于某两机架间的速度配比不理想而采用的校正方式。

1）这种方式是控制调节位于本机架及其上游机架的主传动电机的转速。例如在图5-1中，如果需要调节11号与10号间张力过大的情况，则应提高第10号机架的转速。第10号机架升速仅改变了10号与11号机架之间的速度关系，而10号-9号-8号-…-1号机架速比不变，即10号机架升速的同时，10号-9号-8号-…-1号机架都以与10号机架相同的比例升速，这就是上游级连调节。该种调节方式是逆连轧方向的调速。上游级连调速是粗、中轧区干涉轧制速度（转速），调节机架间张力状况的主要手段。

2）下游级连校正。这种方式是控制调节所选定机架下游的轧机主传动电机的转速。例如，在图5-1中，如果需要调节12号与13号机架之间的速度配比关系，则应通过改变13号机架的转速来实现。当选中13号机架做级连校正调节时，13号机架-精轧机组-夹送辊都以相同的比例变速。下游级连校正主要用于预精轧、精轧机组的速度调节。下游调节是顺轧制方向的调速。

3）基准机架。要落实上述的上/下游调速，首先要选择一个基准机架。基准机架的含义是：在速度调节中，该机架作为调速基准不变速，而采用上游或下游调速方式。对于多线轧制的轧机布置，一般选多线部分最后一机架作为基准机架；而对单线轧制的轧机布置，一般选精轧机组前倒数第三机架作为基准机架，如图5-2所示。以双线轧制的马钢高速线材轧机为例，11号机架是该机列调速控制的基准机架，如图5-1所示。

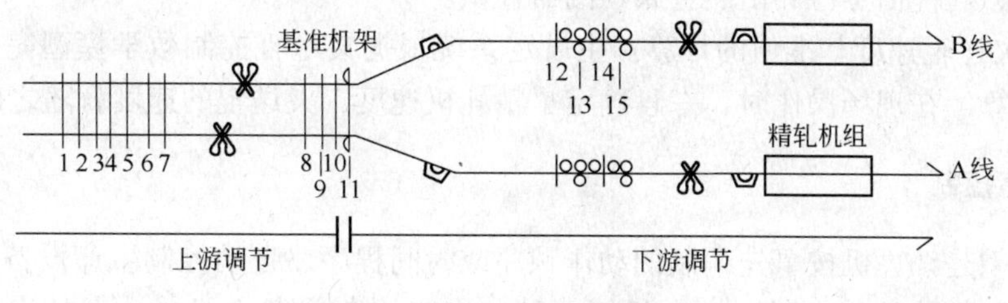

图 5-1 上游调节和下游调节

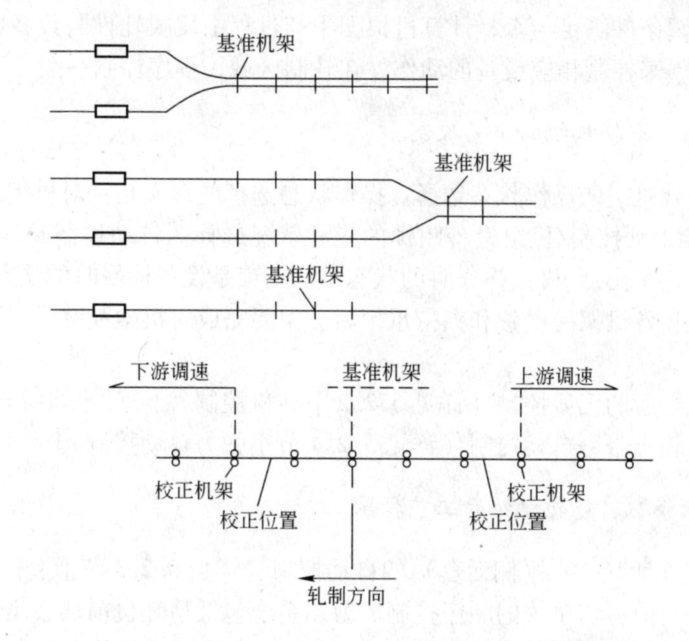

图 5-2 基准机架的选择及速度校正的作用方向

在基准机架以前的校正为上游校正；在基准机架以后的校正为下游校正。对基准机架本身的干预校正，其作用可延伸到所有其他机架，即改变基准机架的速度，则轧制区与主传动有关的所有设备都将变速。

（7）粗、中轧机主传动轴的自动定位。定位操作是换辊时的操作方式。自动定位的概念：对于粗、中轧机轧辊这种大型工具，在换辊时依靠人工来校正传动轴接手与轧辊扁头的相对垂直位置较为困难，故可通过计算机来控制所预选机架电机的转速，达到传动轴自动垂直定位的目的。定位精度为±3°。这是近些年来运用于现场的一门新控制技术。

（8）主、辅传动爬行值计算和设定。爬行操作是设备试运转的一种操作方式，分正向爬行和反向爬行，由轧钢工利用机旁操作柜选定。爬行运转为试“小样”或检查设备检修后运转状况提供了方便。

（9）轧机单机启动和机组集体启动。轧机单机启动即单独启动某一轧机运转，这是冷负荷试车的一种方式；机组集体启动即一个机组的所有轧机启动，热负荷生产采用集体启动的方式。

（10）预精轧区、精轧区的废品监测。轧件通过预精轧、精轧机组的运行时间由主设定系统计算，轧件信号检测由热金属检测器提供。

（11）夹送辊速度基准值的计算。主设定系统根据夹送辊控制数学模型完成夹送辊速度基准值计算。在现场操作时，一旦确定了精轧机速度，夹送辊的速度就随之确定。

5.2.1 程序控制

程序控制是计算机按事先编制的动作顺序或时间程序，自动控制生产设备动作。在工厂自动化控制系统的动态过程中，任何一种（台）电气设备、机械设备的启动运行、停止、运动方向、运动位置都与整个系统有着密切的逻辑关系，取决于相应其他设备的动作情况及有关的逻辑条件满足与否，计算机根据生产过程中反映轧件与设备状态的信息，利用逻辑判断功能，来控制相应设备的动作。在轧制区域，程序控制一般完成下述功能。

5.2.1.1 粗、中轧机组的工艺控制

（1）粗、中轧机组的操作状态选择。操作状态选择的含义是：对机组进行控制台自动控制/机旁操作柜手动控制/机组设备闭锁的三种状况选择。自动控制是轧制时的状态位；手动控制是换辊（换孔）、机边操作时的状态位；闭锁是设备检修时的状态位。

（2）粗、中轧各机架的横移和夹持爪锁紧。主要完成对机架横移或夹持爪锁紧的指令发出。

（3）粗轧机组后的飞剪控制（详见5.2.2节剪机控制）。

（4）粗、中轧小张力自动控制（详见5.2.4节小张力自动控制）。

5.2.1.2 预精轧、精轧机组的工艺控制

（1）活套（立活套、水平侧活套）的自动控制（详见5.2.3节活套控制）。

（2）精轧机组前剪切泵统的顺序控制。剪切系统包括精轧机前切头飞剪、转辙器、地下事故碎断剪、精轧前卡断剪，顺序控制的内容有正常轧制时的剪切与事故状态下的剪切（详见5.2.5.2剪机连锁）。

（3）精轧机与夹送辊之间的工艺控制。程序控制主要完成对夹送辊变速指令的发送，上述主设定功能是完成对夹送辊速度计算。

5.2.1.3 各机组轧辊冷却水控制

各机组轧辊冷却水控制方式因各机组完成的轧制任务不同而不同。具体地说：粗、中轧机组的冷却水采用手动控制，与主传动无联锁条件；预精轧，精轧机组采用自动控制，与主传动有联锁关系。联锁关系是指冷却水与轧机的起、停有直接关系。

5.2.1.4 液压、润滑系统的控制

（1）粗中轧机组的液压系统控制。

（2）粗中轧、预精轧、精轧机组传动齿轮箱的润滑控制。

（3）夹送辊、吐丝机的润滑控制。

（4）轧机进口/出口导卫油、气润滑的控制。油、气润滑控制的内容有：供油方式、供油压力和供油周期。

（5）液压、润滑系统故障的检测。

5.2.1.5 轧制节奏的控制

目的：控制轧件运行速度或间隙时间，防止相邻轧件发生头、尾过于相近或搭接情况。

（1）粗轧机组出口与飞剪之间：借助于粗轧机组后热金属检测器检测的轧件位置信息，当轧件的头、尾间隙时间小于5s时，自动启动粗轧后飞剪碎断轧件，并持续5s。

（2）斯太尔摩运输段：根据轧件的速度、设备间距、运输辊道（或链道）的速度判断两根轧件的线圈头、尾搭接的可能性，当运输段速度小于0.5m/s时，在轧件最后一圈吐出吐丝机后，自升速至0. 5m/s并持续5s。

5.2.2 剪机控制

用于高速线材轧机的剪机一般有两种类型：一种是借助于电动机运转的回转剪，如回转式飞剪和地下事故碎断剪；另一种是靠气缸压力运动闭合的卡断剪，如预精轧及精轧机组前的卡断剪。由于轧制工艺的不同要求，对于各种剪机也有不同的功能要求。

5.2.2.1 回转式飞剪及其运动

剪切过程中剪刃随工件同步前进的剪机简称飞剪。回转式飞剪是应用于高速线材轧机的一种飞剪形式，结构为曲柄式。这种剪机是利用曲柄轴的旋转，相对的两个剪刃做上、下运动或旋转运动进行剪切的。与其他类型剪机（如圆盘剪）相比，轧件切口形状最好。这种飞剪一般布置在粗轧机出口和精轧机组进口处。

高速线材轧制工艺对飞剪的控制要求：

（1）剪切过程中，剪刃的水平速度应等于或稍大于轧件速度。

（2）按定长完成轧件的切头（尾）动作，但不能影响轧件的运行速度。

（3）按一定的工作制度剪切，在轧制过程中不需剪切时飞剪静止不动。

（4）动态速降不大于±0 5%。

飞剪工作制为启动工作制。启动工作制是指剪机剪切任务完成后，剪机停在固定的等待位置上，下次剪切时，飞剪重新启动，启动可以由热金属检测器控制，也可以人工操作。图5-3为飞剪剪刃的运动轨迹和金属检测器的位置。

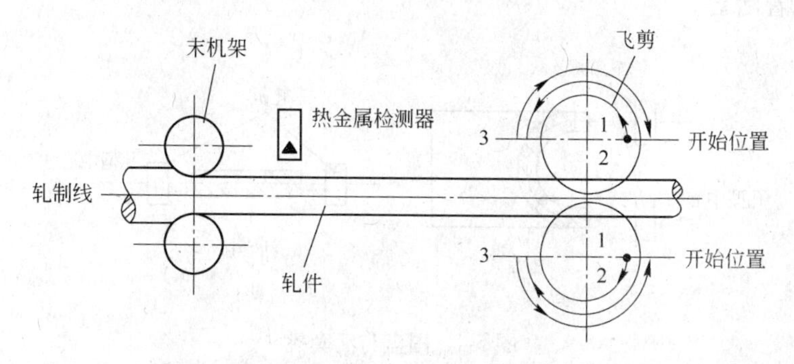

图5-3 飞剪剪刃的运动轨迹和金属检测器的位置

当光电元件检测到轧件头部信号时，通过计算机逻辑单元经一定延时，飞剪自动启动切头；检测到轧件尾部信号后，飞剪就自动启动切尾；在轧钢过程中飞剪停止在等待位置准备下次剪切。剪刃的运动轨迹是：启动飞剪后，剪刃由等待位置 1，加速旋转到剪切位置 2，这时速度已达到轧件的速度并进行剪切。由位置 2 到位置 3 进行制动，制动后飞剪再回到等待位置 1 准备下一次剪切。

剪切速度 = 超前系数 × 轧件线速度

剪切长度的调整通常靠改变时间延时来实现，在主控台上可通过改变剪切长度设定值来修改剪切长度。

5.2.2.2 卡断剪及其控制

卡断剪安装在预精轧机组和精轧机组的入口处，其剪刃靠气缸压力卡住运动中的轧件，使轧件在轧辊的拖拽力作用下被切断，卡断剪一般用于轧件取样和故障时卡断运行中的轧件，或作为预精轧、精轧机组停轧调整时的安全保护装置。

卡断剪接受由程序控制发出的动作指令，也可由人工手动干涉控制。

5.2.2.3 地下事故碎断剪

该种剪机实际上是一种滚筒式剪切机，它在滚筒上安装有一片或多片剪刃，进行旋转剪切。这种剪机一般布置在预精轧机组出口的地下（即轧件平台下面）。多半是在剪机后区有故障时对轧件连续碎断处理或在轧线取样时使用。

碎断剪的工作制有两种形式：一种是连续工作制，即剪机一直处于运转状态；另一种是启动工作制，即碎断剪根据顺序逻辑控制系统发出的碎断信号启动剪机。

剪切速度略大于轧件速度，超前系数由主控台选择。

5.2.3 活套控制

5.2.3.1 活套控制方式的选择

活套控制的目的是进行无张力轧制，以保持良好的轧件表面形状和尺寸精度。横列式轧机设置的围盘也有类似功能，如图 5-4 所示。高速线材轧机通常采用活套轧制，直线前进的轧件靠活套挑起套。活套挑即带导辊的拉杆，它可通过气缸提升挑起活套，并在整个轧制期间支撑着活套。

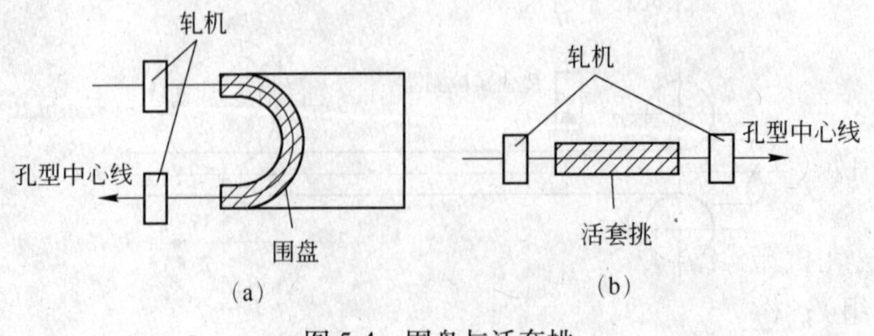

图 5-4 围盘与活套挑

（a）围盘轧制；（b）活套轧制

活套挑的形式根据轧件从轧制线出来的方向，可分为下活套挑、上活套挑和水平侧活套挑。

（1）下活套挑（如图5-5所示）。轧件咬入B机架后，在机架间设置的引导槽下降，因轧件自重而形成活套。

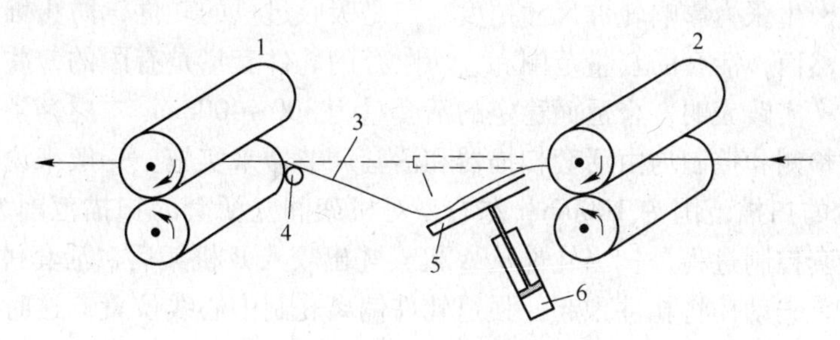

图5-5 下活套挑的原理

1—B辊；2—A辊；3—轧件；4—导辊；5—引导槽；6—气缸

（2）上活套挑（如图5-6所示）。它是由在轧机之间所设置的导辊上升而形成活套。

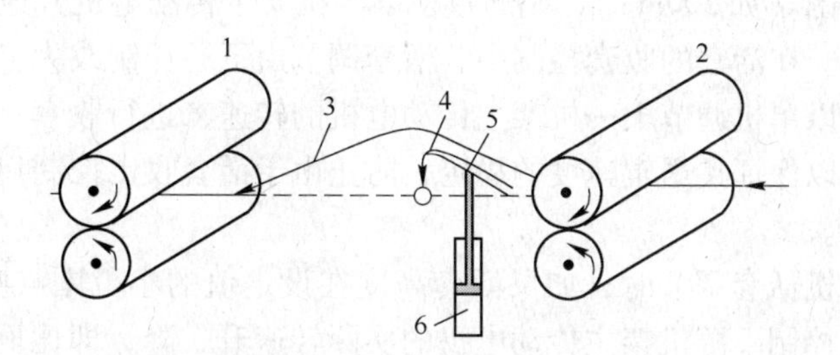

图5-6 上活套挑的原理

1—B辊；2—A辊；3—轧件；4—导辊；5—支撑拉杆；6—气缸

（3）水平侧活套挑（如图5-7所示）。轧件被咬AB机架，同时由于起套辊的作用，使轧件在水平侧边被挤出而形成活套。

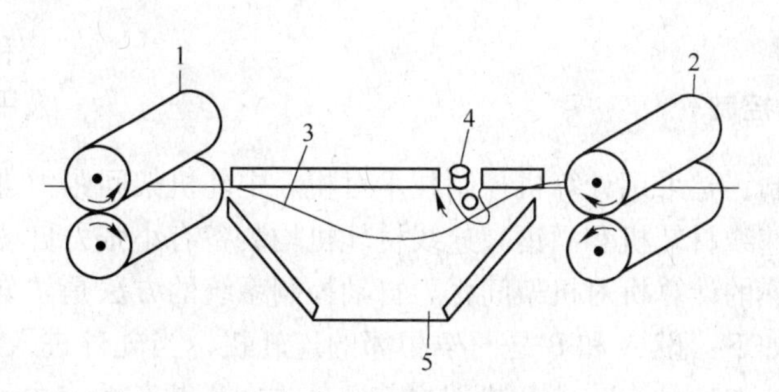

图5-7 水平侧活套挑的原理

1—B辊；2—A辊；3—轧件；4—导辊；5—活套台

在高速线材轧机布置中，机组间由于间距较大设置水平侧活套（中轧-预精轧机组，预精轧-精轧机组）；机架间设置上活套或下活套（预精轧机组平-立布置的机架间）。目前，由于控制技术的发展，机架间一般采用上活套。

5.2.3.2　活套控制方式

活套控制采用计算机自动控制，在正常轧制过程中，操作人员基本上不需干涉调节活套量。活套所存贮的轧件量有两个作用：一是当两机架间的轧件受拉时，套量可起缓冲作用以防止机架间产生张力影响轧件尺寸精度；二是吸收过量的轧件，防止堆钢而造成机架间的堵塞事故。然而，活套的套量范围和它所贮存的轧件套量是有限的，并仅适用于较小的套量变化。生产实践表明，合适而稳定的活套量为300~400mm。

对活套量的检测和控制均由活套扫描器和活套调节器来实施。一般来说，活套扫描器对机组间活套台的扫描范围为1000mm左右，对机架间立活套的扫描范围为400~450mm左右。轧件的起套控制过程是：当轧件从A机架轧出咬入B机架后，活套挑得到计算机顺序逻辑控制信号首先动作将轧件顶起，强迫轧件偏离轧制中心线位置，这时活套扫描器检测到了轧件偏差信号，活套调节器开始投入工作，通过单机调速调节下游B机架的主传动电机的转速（降速），将活套量控制在300mm左右。以此类推，轧件咬入精轧机组后，所有的活套调节器投入工作并自动调节活套量的大小。如果实际轧制中活套扫描器检测到的活套量超过设定范围（如300mm），则通过使下游机架主传动电机升速的方法将实际套量控制在合适的范围。在活套的收套控制中，活套调节由下游控制改为上游控制，即精轧机的速度保持不变，以单机调节上一机架主传动电机的转速来进行收套。其优点是：保持精轧机速度的稳定，以保证夹送辊速度的稳定，防止由于活套收尾控制而破坏精轧机与夹送辊之间的张力关系。

在采用下游单机活套调节时，如果活套高度在设定值的小范围（如5%~15%）内变化，活套调节器仅控制下游机架主传动电机的实际转速升、降，即比例调节，万一活套高度大大超过设定值（如20%），则计算机主设定系统马上参与干涉，这时，速度基准值将会改变，这就是比例积分调节。从主控台轧制程序屏幕上可观察到这种变化，并应将变化值打印备用。

应该指出，级联方式对活套实行下游调节的控制手段，不利于活套的稳定和活套控制系统的改善。

5.2.4　小张力自动控制

小张力自动控制，是采用计算机控制技术对粗、中轧机架间张力进行自动调节控制的一种方式。马钢高速线材轧机和酒钢高速线材轧机均装备有小张力自动控制系统。

目前，较为成熟的计算机对机架间张力自动控制系统的方法是“轧制电流-轧制速度”方法。其控制过程如下：设A和B是两架相邻的连轧机，当轧件进入A机架后测得A机架电机的稳态电流。在轧件未咬入B机架之前，轧件在A机架为自由轧制，A机架B机稳态电流所对应的力矩可以说是无张无堆轧制时力矩，并以此作为调节的基准。当轧件咬入B机架后，连轧关系建立，此时由于堆拉关系将引起A机架电机电流变化，并偏离原计算机记忆的稳态电流值。这样通过A机架的调速系统调节A机架电机的转速，使A机架的电流恢复到基准值，以实现A和B机架之间的无张力（实际上应是小张力）轧制。以此类推，实现了整个机组的小张力控制。

5.2.5 故障报警、信号显示和剪机联锁

5.2.5.1 故障报警与信号显示

采用计算机对设备状况进行监视，并对各类设备运行状况以一定的信号（图像）进行显示，是高速线材轧机设备诊断技术的进步，它使得操作人员和维修人员能通过信号（图像）显示，迅速地了解设备运行状况并及时采取相应的处理措施，防止或减少故障的扩展。

国内高速线材轧机由于制造的年代不同，计算机设备诊断的方式和内容也有所不同，即故障报警和信号显示内容也不相同，但一般来说轧钢现场的故障报警和信号显示主要包括如下内容：

（1）按工艺流程分区显示故障发生时区域。

（2）以不同颜色和符号显示故障类型和设备运行状况（如酒钢高速线材轧机以“红色”表示报警，“绿色”表示正常）。

（3）当故障发生或即将发生时，给出声、光报警信号以提醒操作人员注意（如酒钢高速线材轧机以“终止轧制”、“延时停车”、“立即停车”三种不同显示表明了三类故障等级）。

（4）储存故障发生的地点、时间、类型、等级等内容，并能随时打印出一份故障清单。

5.2.5.2 剪机联锁

故障检测与剪机联锁是保证高速线材轧机稳定安全生产的前提条件。由于高速线材轧机设备的封闭性和连续轧制的高速性，因此要求故障检测必须及时和准确，并迅速判别故障类型，以采取相应的处理和防范措施，避免事故的扩大。

A 事故处理方式

在轧制出现故障时，无论是由于轧制原因、机械设备原因还是电气故障所致，最重要的是阻止后续轧件进入事故段。

下面介绍两种事故所采取的不同处理方法。

事故一：事故已经影响轧制继续进行（例如：轧件偏离轧机跑钢、电机跳闸）。在这种情况下，必须立即启动剪机在出事地点前卡断（或碎断）正在运行的轧件，阻止后续轧件进入事故段，并停止加热炉出钢。

事故二：发生至少在2r/min内不必停机的机械故障或2r/min内不必停机的电机故障，则不必立即碎断（或卡断）正在运行的轧件，而是让这根轧件轧制完毕后，仅阻止后一根轧件进入事故段的处理方式；为此，适当的时候发出故障延时停机的声、光信号报警是非常必要的。

B 事故处理段与剪机分布

按照轧制线上剪机的分布，可将整个轧制区分为若干“事故处理段”。图5-8为某高速线材轧机的事故段分类。

（1）1号事故段。该事故段由粗轧机前卡断剪与粗轧机后飞剪所属的区域构成，担负

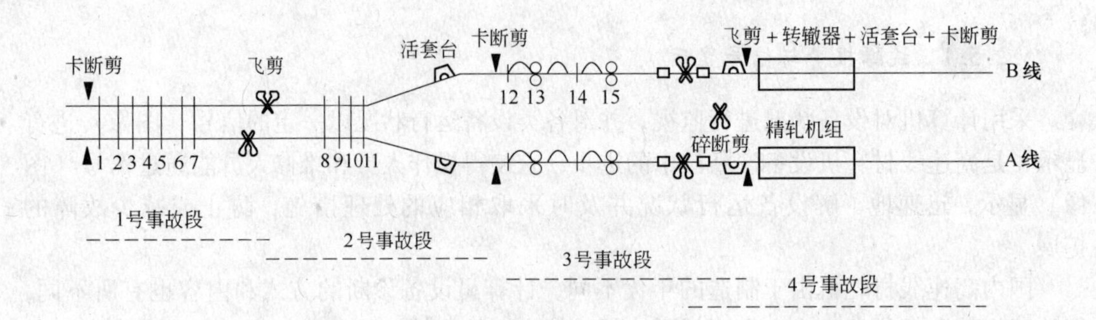

图 5-8　事故处理段的分类

着粗轧后飞剪所属的区域构成，担负着粗轧机组的事故剪切。粗轧机前卡断剪一般不具有自动控制功能，即由操作工决定是否卡断正在运行的轧件。当粗轧机组未启动时，粗轧机后飞剪剪切动作被封锁；也不能进行剪切运转，当粗轧机组内某一主传动电机跳闸则整个机组电机必须跳闸，以防止轧件顶翻机架，这时，飞剪自动启动切断轧件。

（2）2 号事故段。该事故段由粗轧后飞剪和预精轧机前卡断剪所属的区域构成。飞剪启动有两种方式：手动和自动。一般说来，中轧机组堆钢，手动启动飞剪碎断轧件；中轧机组电机跳闸则自动飞剪碎断轧件；当预精轧前的卡断剪关闭时，飞剪则自动启动。

（3）3 号事故段。该事故段由预精轧前卡断剪和精轧机组前卡断剪所属的区域构成，完成对预精轧机组的事故剪切。预精轧前卡断剪采用手动/自动控制方式，手动启动卡断剪主要是用于轧件尾部取样，自动卡断动作则是因预精轧机组停机或废品监测动作引起。现场最常见的造成预停机的原因是：该机组轧辊冷却水压（量）不足或机组内堆钢。

（4）4 号事故段。该段由精轧前剪切系统（切头飞剪、转辙器、碎断剪、卡断剪）构成，主要完成在精轧机组或控制冷却区域（水冷段与风冷段）出现故障时的事故剪切。剪切系统有手动/自动两种工作方式。手动启动主要用于试轧时对轧件尾部的取样。手动启动的含义：人工发出碎断指令，使切头飞剪、转辙器、事故碎断剪联合动作而碎断运行中的轧件，卡断剪不会闭合。剪切系统自动启动主要用于下述情况：精轧机组废品监测系统反应的动作（如因堆钢烧断“钓鱼线”），精轧机组轧辊冷却水压力故障（如压力过低），精轧机组供油故障，夹送辊和吐丝机供油系统故障，吐丝机、斯太尔摩冷却系统故障。

对涉及精轧机组立即停车的故障，则卡断剪与碎断剪一起动作；对不会导致精轧机组停车的故障，卡断剪滞后于碎断剪动作。这样做的优点是：不涉及精轧机组本身的故障，则不会在精轧前活套台上留下一截被卡断的轧件，当后面故障排除后，即能立即恢复轧制。

最后，需特别说明三点。第一点，故障状态下，总是利用靠近事故区前的剪机碎断后续轧件，其优点是一旦故障排除，碎断马上停止，剩余轧件可继续在后续轧机上轧制。第二点，剪机碎断指令的解除需由人工干涉，这表明，当故障排除后，主控台操作人员必须借助手动解除剪机碎断的指令。第三点，当 4 号事故段发生故障时，如果精轧机前剪切系统有故障不能执行碎断指令时，则粗轧机组后飞剪应自动启动碎断轧件。

5.3 其他设定

5.3.1 操作台与操作方式

一般来说，操作台具备下述功能键和操作方式选择键，如图 5-9 所示。

图 5-9 主控台操作键

（1）各活套控制预设定功能键。各预设定功能键的接通表明轧制过程中各活套将处于自动调节控制状态。

（2）轧机状态选择功能键。轧机状态的含义是：单一机架启动/机组集体启动/轧辊定位启动。通过该组键可选择各轧机主传动采用何种状态工作。

（3）废品监测系统预选键。该组键被预选表明废品监测系统投入运行。

（4）小张力控制预选键。该组键被预选表明轧制时轧件将处于小张力自动控制状态。

（5）热金属检测器/活套扫描器工作方式预选键。工作方式预选有两种方式：一种是“操作”方式，一种是“模拟”方式。操作方式是指：轧线上一切检测元件处于自动工作状态，可适时地启动提供轧件位置信息；模拟方式是指轧线上一切检测元件处于手动状态，即必须人工干预给出轧件位置信号，来达到模拟轧制过程、试验各种剪机、活套等辅助设备响应程度的目的，轧件在轧机中轧制时“模拟”方式不能被预选。

（6）灯光检测和报警复位键。该键主要用于检测光显示键（盘）的线路和信号通顺情况及中止报警装置的鸣叫。

（7）图像、画面的选择及打印键。该组键可能是一键盘，也可能是一组选择键。其目的是选择各种图像和画面，了解生产数据和情况或输入新的指令以及打印各类表格。

（8）一组按照轧制工艺流程排列的轧机选址键。一个机架对应一个选址键。选址是指选择某机架作为调整控制的基准。调整控制包括单一机架启动、轧辊定位和轧机手动调速（或称秒流量修正）三项内容。

（9）轧机调速（或秒流量修正）键。该组键分为单机调速键和级连调速键，有升速“+”和减速“-”两种形式。该组键与选址键联用就可实现对所选机架的调整控制。

（10）飞剪控制键。一台飞剪相对一组控制键，主要是完成对剪刃位置的初始设定和实现手动碎断指令的干预。

（11）卡断剪控制键。一台卡断剪对应一组控制键，主要是完成对卡断剪开/闭的手动干预。

（12）机组启/停键。机组启/停键按各个机组配置，由三个键组成。

1）机组准备状态就绪显示。该键是灯光键，灯亮表示该机组全部主传动完成了开机准备，该机组满足轧制条件。

2）启动键。此键控制机组内所有轧机运转。当按键指示灯闪耀时，表明机组中某一轧机主传动跳闸。

3）停止键。该键控制机组内所有轧机停止运行。

（13）紧停开关。各机组配备有紧停开关，用于重大设备和人身事故的紧急停机。紧急停机意味着切断了电机控制电源并以最大电流停机。

（14）故障信号指示灯键。该组键分机组配备，用于为现场信号板（或信号箱）提供机组轧制故障信号指示。

（15）轧辊冷却水控制键。该组键仅用于粗、中轧机组的冷却水开/闭控制，预精轧、精轧机组冷却水与机组启/停联锁，不单独设键。

（16）一套按工艺流程布置的轧线光电检测元件显示控制键。对应于每一个热金属检测器和活套扫描器都有一个显示控制键，其作用是在"操作"状态下显示轧件的实际位置和在"模拟"状态下模拟轧件的位置。

（17）一套程序设定修改键盘。该键盘主要作用是设定、修改、调用、贮存轧制程序中的有关内容，并将各参数量由显示值切换到实际执行值。

5.3.2 传动控制柜与操作方式

传动控制柜布置在主控台后方。传动控制柜面板上布置有按照工艺流程排列的轧制区各设备（轧机、剪机、活套、废品运输带等）的电源接通/断开按键；此外，还有相应的设备状况指示显示。状况指示的内容有：闭锁/机旁操作/主控台。有些厂家在该柜上还布置有剪机切头方式预选键，切头方式预选的含义是切头一次、切头二次或切头三次等。

5.3.3 屏幕显示与画面

5.3.3.1 轧制程序画面

轧制程序画面是轧钢生产中的主要控制手段，一般由下列要素组成：

（1）输入和显示轧制规格。

（2）输入和显示轧制规格所对应的出口机架号。

（3）输入、预选、贮存轧制程序号。

（4）输入并显示各机架的轧辊实际直径。

（5）输入并显示各机架的轧制线速度设定值。

（6）由输入的"设定线速度"和"直径"数据计算和显示电机的设定转速值。

（7）贮存设定转速值，并将该转速值切换成实际执行值。切换就是将预设定值（如转速），转换成设备的实际执行值。

（8）显示轧制时，由脉冲测速器实测的电机转速值及由该转速换算出来的实际轧制速度。

（9）输入和显示每台飞剪的切头/切尾设定长度。

（10）输入和显示剪切速度超前设定量。

（11）显示夹送辊、吐丝机的设定速度和实际速度。

（12）其他的输入和显示因各厂家的控制方式不同而不同。一般还应有日期、钢种、代号、坯料断面代号、轧制方式代号（如光面线材或螺纹钢）、测温点温度等。该画面内容可随机打印。

5.3.3.2 轧辊管理画面

有些线材厂家采用计算机对现场轧辊情况进行数据统计和管理，可大大提高轧槽使用的效率和更换的合理性，减少人工统计轧制吨位、槽数的繁重劳动。轧辊管理画面一般由如下要素构成：

（1）输入和显示各架轧机轧辊的单槽设定使用吨位。

（2）显示每个轧槽的实际轧制吨位。

（3）输入并显示轧槽代号。

（4）能存贮各轧槽的实轧吨位，即当输入和使用新的轧槽时，原轧槽吨位仍可调出并显示。

（5）当轧槽的实轧吨位与设定吨位接近时（如达85%时），给出声、光信号；实轧吨位与设定吨位相等时，再次给出声、光信号。

5.3.3.3 主传动电机电流和轧制线速度的光柱/数字画面

该画面主要是提供轧制过程各机架的电机实测电流值及轧制速度。由于钢种、温度及轧制速度等因素的不断变化，轧制负荷也是时刻变化的，本画面显示了主电机电流值，能使操作人员了解主传动电机的负荷及超载情况，从而可避免由于轧制负荷过大而导致主传动电机跳闸的恶性事故发生。

5.3.3.4 活套偏差量和温度偏差量显示画面

前面已经介绍了活套对控制线材成品尺寸精度的重要意义和轧线温度检测的必要性。为了能有效地对活套量及轧制温度实施监督和控制，主控台操作人员必须及时了解各个活套的偏移量以及在线实测的各测温点温度与理论设定温度的偏差量信息。

5.3.3.5 轧制过程模拟显示

主控台控制着轧区几百米范围内的轧制生产过程。要确切地了解轧件的位置以及剪机、活套等设备群的动作状态是十分必要的，为此设置了反映轧件流向的图形，该图形称为轧制过程模拟显示。

5.3.3.6 工业电视显示画面

本显示系统由若干台工业电视监视屏组成，用于监视活套、剪机和吐丝机等处轧件通过的情况，每台电视监视屏可接收一处或切换显示几处的画面，例如：

（1）精轧前水平侧活套监视屏。从轧件运动的具体形象，使操作人员清楚地观察到活套套量的大小和套形的稳定情况。

（2）吐丝机监视屏。显示吐丝机处成品输出状况及斯太尔摩运输线的运输情况。

5.3.3.7　电流表

对应于粗、中轧机的每一台电机在主控台上都装有一块指针式或光柱式电流表，用于显示实际电流占额定电流的百分数值，操作人员可从实测电流值的波动情况来判断轧件在各机架间的堆拉关系，来决定对应的轧机是升速或降速以达到微张微调的目的。

5.3.3.8　其他画面

（1）为便于主控台操作人员能及时了解控制冷却参数的设定情况，在主控台能显示冷却程序画面。

（2）主控台一般还配置有一组光电事故原因显示板或事故显示屏，以显示故障位置和发生原因。

（3）在装备有物料跟踪系统的高速线材厂家，主控台还有若干物料跟踪显示画面，用于轧件流向显示和有关生产管理数据的显示。

5.3.4　对讲通讯

主控台作为全轧线的中央信息站，配备有较为完善的通讯设施，可同全轧线各个操作点、维修点通讯联系。通讯设施包括：自动拨号电话、厂内调度电话、琴键式对讲机等。

5.4　轧制准备与参数设定

5.4.1　设定轧制程序

轧制程序为：

（1）设定轧辊（辊环）实际直径。

（2）设定轧制规格和出口机架号。

（3）设定轧制线速度。

（4）夹送辊参数设定与检查。

（5）设定剪机参数。

5.4.2　外部条件的要求与检查

外部条件的要求主要是对水、电、风、润滑而言，在开轧前操作人员应预先要求供给能源介质，一般来讲，要注意到下述几点：

（1）轧辊冷却水。开轧前半小时要求供应开路冷却水；电机闭路冷却水要求常开。

（2）传动电源。开轧前 1h 应要求将传动电源送至主控台传动柜上，以便于轧机的“机旁”操作。

（3）油-气润滑。开轧前半小时要求将导卫油-气润滑置于“手动控制”，以便于对导卫润滑状况进行检查；开轧前 5~10min 将导卫油-气润滑由“手动控制”转换成“自动控制”。

（4）压缩空气。压缩空气是所有电磁阀的动力源，一般要求压缩空气常通。

5.4.3 故障确认—开机—轧制模拟—开轧

在工艺参数设定完毕后，就涉及开轧前的具体组织与检查工作，这部分工作十分重要，往往是试轧生产成败的关键。一般来讲，这部分工作包括下述内容。

5.4.3.1 故障确认与各区域准备状况检查

它可通过观察各种信号状态和设备原始位置来完成，无故障标志应是各种信号显示正常，自动控制功能设定正确（如活套、检测元件工作方式等），设备的位置正确（如剪机已经“校准”处于正常剪切位置）。各区域准备状况一方面可通过各种信号来观察，一方面要利用通讯手段询问，询问面要覆盖到轧线上所有与轧制有关的通讯点。

5.4.3.2 开机

当确认轧线无故障，各区域设备完好，各台设备工作牌齐全后，即可开机。开机步骤应是按粗轧机组—中轧机组—预精轧机组—精轧机组顺序进行。

5.4.3.3 轧制模拟

轧制模拟就是在主控台上利用人工干预模拟轧件流向，作用是对各系统设备（飞剪、活套、斯太尔摩线冷却水阀）的响应程度进行检查，当发现某台设备应该动作而未动作时（如粗轧后飞剪未作切头动作），就可提前采取处理措施。轧制模拟是开轧前必须进行的系统预防性检查。

轧制模拟的步骤：预选“试验”键—按轧制顺序逐个按下各光电检测元件模拟键—观察各台设备的响应状况—切断“试验”键，选择“操作”键。必须切记：轧制须在“操作”状态下进行，否则活套调节不能自动控制。

5.4.3.4 开轧

完成了上述步骤，即可开始试轧，这时不要忘记在钢坯出炉前向全线通报开轧指令。

5.5 轧制过程控制操作

具体地说，主控台的调整应注意到如下几个方面。

5.5.1 张力与速度调整

张力的判断方法有多种，这里仅介绍几种应用于主控台的张力判断方法。

（1）电流判断法。该法适用于轧制速度较低的粗轧机组，单线轧制。主控台操作人员可借助于各机架所对应的电流表在咬钢时电流指数的升降变化，来判断机架间存在着张力还是堆力。

判断出粗轧机组机架间的张力不正常时，应采用级连调速的方法使其合乎要求。

（2）棒击振动法。此法适用于中轧机组，单线、双线轧制均可。判断的方法是用一根铁棒敲击机架间轧件中点，凭借手感和观察轧件的振动，即可判断出机架间张力情况。

（3）观察法。观察轧件在机架间的运行情况，当机架间轧件抖动时，可能就要发生堆钢，这种抖动一般是由于前几道次存在着较大的拉力所致。当轧件头部出机架后行走不稳或剪机切头（尾）长度发生变化，则可判断这是由于前几道次存在着张力或堆力所致。

一般地，张力过大时，切头长度增加，切尾长度减小。

（4）速度变化判别法。通过观察实际轧制时带活套机组的速度变化，在整根轧件上速度的变化量及吐丝机的吐丝形状，可以很好地判别粗、中轧机组存在着张力还是堆力。一般来讲，当粗、中轧存在较大的张力时，带活套机组的速度波动时间较长，精轧机速度变化大，吐丝机吐丝向一边倾斜。

（5）尺寸判别法。通过取样测量，根据轧件头（尾）的尺寸超差量和整盘线卷的头、尾尺寸超差卷数可以判断出粗、中轧的张力情况。

张力的判断需要一定的技巧和经验，这种技巧和经验来自对设备性能的了解和现场长期工作的体会。张力的消减以采用级连调速为宜。调速方法因各厂家基准机架选择的不同而不同，基准机架不能作为张力调速机架。张力的调整还要与轧钢工密切配合。

一般来说，张力的调整主要是通过调节轧机转速实现的。但是实现这一过程之前，必须保证各架轧机轧件高度尺寸符合工艺要求。切不可在调转速的同时又调辊缝，两项同时调整势必造成调整混乱。

5.5.2　辊缝与转速、张力调整的关系

实践证明，粗轧各机架辊缝调整量在 0.5mm 以下，中轧各机架辊缝调整量在 0.3mm 以下时，不相应地调整转速，也不会破坏轧制的正常进行。当辊缝调整量大于上述数值时，主控台可利用下式计算出所对应的转速调整量：

$$\Delta n_{n-1} = K\Delta S_n$$
$$\Delta n_n = -K\Delta S_n$$

式中，Δn 为转速调整量，r/min；K 为系数，$K = 5 \sim 15$，取决于机架间预留的张力和机架的传动速比；ΔS 为辊缝调整量，mm。

压下为“-”，抬起为“+”。必须注意，这里的调速是指采用级连调速方式。

5.5.3　换辊（槽）后轧制速度调整与试轧

5.5.3.1　换辊后的速度修正

换辊是轧制生产中的常事。通常各机架的轧辊转速（轧制速度）在正常轧制时都有较为合适的数值，若因换辊使轧辊直径改变，则必须对转速进行修正。

换辊后的转速修正是针对粗、中、预精轧采用单独传动的机组而言，集体传动的精轧机组的中间机架换辊无须进行转速修正。

换辊后的转速修正原则是使换辊前后的轧制线速度不变。可用下式确定新的转速：

$$n' = \frac{D}{D'} \times n$$

式中，n'为换辊后电机的设定转速，r/min；n 为换辊前电机的转速，r/min；D'为换辊后的轧辊实际直径，mm；D 为换辊前的轧辊实际直径，mm。

也就是说，轧辊直径与转速成反比，当轧制速度相同时，辊径大者转速低。

5.5.3.2 换辊（槽）后的试轧

主控台操作应注意下述几个要点：

（1）在换辊（槽）机架和上游机架间预加一些张力，以吸收轧制中轧件突然打滑产生的堆钢量和由于辊缝设定不当造成的秒体积增量。张力的预设定以转速来体现，转速的微调量（相对量）约等于拉钢系数值。预加张力的方法是采用上游级连调速来完成。根据现场经验，两相邻机架间预加的张力值以2%~3%为佳。预加张力后相应机架的转速值由下式可得：

$$n' = (1 + c\%) \times n$$

式中，n' 为预加张力后的转速，r/min；n 为预加张力前的转速，r/min；$c\%$为张力百分比。

张力为“-”号；堆力为“+”号。此式适用于上游调速的机架和机组。

（2）试轧一根长度为原料长度1/3的短坯（后2/3长坯料，退回炉内待用），并在粗轧后飞剪处碎断（如试中轧，可取粗轧来料人工喂入中轧机组）。试轧时不开轧辊冷却水。目的是利用热轧坯料打磨轧槽并试验各架的畅通情况。

（3）控制尺寸，消减张力，正常轧制。

5.5.4 变换成品规格后轧制速度的设定

变换成品规格后的轧制速度设定原则是尽量使用孔型系统的共用孔型，保持共用孔型的原轧制速度配比关系，减少设定新轧制速度的架次。具体地说，成品规格的更换涉及以下两种情况。

5.5.4.1 两种成品规格分别是两个孔型系列（如 ϕ5.5mm→ϕ6.5mm）

这种情况下，共用孔型一般在粗轧或中轧的某一架。操作人员在设定各架轧制速度时，可保持共用孔型的轧制速度不变，而仅设定共用孔型后的轧制速度。

5.5.4.2 两种成品规格是同一孔型系列（如 ϕ5.5mm→ϕ7.0mm）

这种情况下，一般粗、中、预精轧是共用孔型，这是因为无扭精轧机组孔型设计的特点是中间延伸孔也可做成品孔。这时，操作人员应保持粗、中、预精轧各机架轧制速度不变，仅输入新的精轧速度。新成品规格的精轧速度由下式计算：

$$v' = \frac{v_{精理论}}{v_{预理论}} \times v'_{预实际}$$

式中，v'为新成品规格的精轧速度，m/s；$v_{精理论}$为新成品规格精轧机组理论出口速度，m/s；$v_{预理论}$为新成品规格预精轧机组理论出口速度，m/s；$v'_{预实际}$为旧成品规格采用的预精轧机组实际出口速度，m/s。$v_{精理论}$、$v_{预理论}$可从轧制程序表中查得。

采用共用孔型变换轧制速度方法的好处是大大缩短了试轧调试时间，提高了生产率。

应该指出，当精轧速度小于20m/s时（如轧 ϕ13.0mm 线材），就须对精轧机与夹送辊之间的速度关系作特殊的调整和控制。

5.5.5 钢温变化与调整操作

5.5.5.1 对电机负荷和轧机弹跳值的影响

钢温的高低直接影响着轧件的变形抗力，温度较低的钢坯变形抗力较大，所以电机负荷较大，操作人员应注意观察各机架电机电流值，防止电机超负荷运转。生产经验表明，当开轧温度从1080℃下降到1030℃时，粗轧机组电机负荷平均增加约5%左右。另外，较低温度的钢坯会导致轧机的弹跳增加，金属秒流量增多，结果将在机架间造成轻微堆钢现象，这种情况尤其发生在粗轧机后飞剪导槽处。

5.5.5.2 对轧制不稳定的影响

坯料头部低温会造成轧件头部宽展增加，并形成“黑头钢”。黑头钢最易造成在粗轧机组最末一架的滚式进口导卫处卡住而堆钢。反之，高温钢则最有可能造成精轧机组内堆钢，这是因为精轧机组温升最大，轧件两次氧化严重而造成氧化铁皮脱落堵塞导卫而堆钢。同一根坯料上温度不均匀，则会造成张力波动而使活套调节处于不稳定状态，给成品精度带来影响。

钢温由加热炉操作台控制，但主控台操作人员必须对钢温的影响进行分析和判断，必要时应停轧保温，放慢轧制节奏或单线轧钢。

5.5.6 坯料断面变化与调整

孔型设计能满足在公差范围内波动的坯料的咬入，但坯料断面的正、负公差波动仍会使轧件宽展和张力条件受到影响。因此，当更换批号时，操作人员应对所轧批号的坯料公差情况有所了解，并采取相应的调整措施。一般来讲，坯料断面对轧制的影响通过微量调节第一机架、第二机架的转速即可得到补偿。例如，轧制修磨钢坯时，应将第一、第二机架各提高5r/min，以增加秒流量。

5.5.7 多线轧制的影响与调整

在双线或多线轧制时，可能会由于两线轧制吨位不同而造成两线轧槽磨损不均，其结果是两线金属秒流量不同而影响正常的轧制过程。在这种情况下调整原则是：以张力小的一线作为调整基准，即通过保证张力小的一线正常轧制不堆钢，来保证双线的轧制，不利的后果是可能造成另一线的成品精度受到一定影响。

保证两线轧槽均匀磨损的前提是双线均衡轧制生产。

5.5.8 精轧机与夹送辊的速度关系调整

前面已介绍过，精轧机与夹送辊的速度匹配是保证高速轧制不堆钢的前提，在实际轧制过程中，精轧机与夹送辊之间以恒张力控制形式来保证匹配关系。当精轧机的速度变化时，轧件前滑可能会发生变化而影响到精轧机与夹送辊之间的拉力关系，当拉力小至一定程度时，则可能造成堆钢事故。此外，不同规格成品的轧制速度不一样，摩擦系数和轧制条件也不一样，其结果是都影响了轧件的前滑而使精轧机和夹送辊之间的拉力关系发生变化而破坏了恒张力的匹配关系。

如何选用不同的夹送辊超前系数，并通过夹送辊的转速和电流限幅值来判断实际的拉力状况，并加以调整以保持合适的拉力值，是主控台操作人员重要的任务和关键的技巧。现场经验是当夹送辊电机实际电流与给定的电流限幅值相近，且夹送辊实际电机转速略小于设定转速时，夹送辊与精轧机间线材处于一个合适的张力控制状态。

最后指出：夹送辊的正确控制是现场、主控台、冷却控制台联合干预作用的结果。

5.5.9　轧制控制和操作

轧制控制和操作的内容有：

（1）应空载启动设备，严禁带负荷启动轧机。如果由于误操作，造成轧钢过程中轧机停止运转而将红钢卡在轧机中，也不允许再次启动轧机。

（2）应该避免长时间的轧机过负荷运转，长时间的过负荷工作会损伤电机和导致电机过热或跳闸。操作人员应随时注意轧制温度的变化，避免因过低或过高的开轧温度给轧制带来影响。

（3）对各机组的故障应采取不同的处理方式，其基本原则是尽量排空轧件后再停机，并避免后来轧件进入事故段。

须特别强调，粗轧后飞剪处的故障是经常发生的，在剪机处处理堆钢事故时，应首先切断飞剪的传动电源以确保安全。

（4）在可能发生重大设备事故和人身伤害时，应立即使用“紧急停车键”停止设备运转。现场生产表明，粗轧区紧急停车键的使用次数大大高于其他设备。这是因为粗轧区的轧件断面大，机组内又无剪机碎断轧件，当发生堆钢事故时，很可能因过大的堆力而倾翻轧机。但另一方面，紧急停车的使用会因轧件卡在机架内而大大增加废钢的处理时间。

（5）轧机的辊缝调整和主控台的转速调整最好不要同步进行，一次性调速范围不宜过大，以不大于5~10r/min为宜。

5.5.10　轧线取样

根据设备布置特点，对不同区域要采用不同的取样方法：

（1）粗轧后飞剪。利用该剪进行切头、切尾取样。在轧件头部取样要不影响后续轧制，对轧件尾部取样时，则应考虑增大轧制节奏，还要防止出现因轧件尾部脱离轧制失去驱动力后的速度减慢，被下一根轧件追上的情况。

（2）预精轧前卡断剪。用此剪对轧件尾部取样时，应暂时停止出钢。

5.5.11　轧辊冷却水控制

轧辊冷却不足会加速轧槽表面磨损，严重时会因轧辊表面与芯部温度的严重不均而导致断辊的恶性事故。因此，主控台对轧辊冷却水控制应特别注意以下几点：

（1）粗、中轧机组轧辊一般采用球墨铸铁材质，该材质抗热敏感性较好，故允许在试轧短坯料时暂不给轧辊冷却水。

（2）应在未走钢时给冷却水，避免在轧槽中正走红钢时再给冷却水。因为急速冷却有可能使轧辊热应力过大而发生断辊或加大轧槽表面的裂纹扩展。

(3) 当轧机中有负载而需故障停机时，应立即关闭冷却水，当废钢从轧槽中取走后，应稍等待一段时间使轧辊内外温度均衡后再给冷却水。

(4) 要禁止采用间断供应轧辊冷却水的方式。

复习思考题

5-1 主控台所管辖的区域设备有哪些？
5-2 主控台的职能与控制对象分别是什么？
5-3 主控台与生产调度及各操作台的分工和关系是怎样的？
5-4 主控台人员的操作技术素质要求有哪些？
5-5 试叙述连轧工艺对主传动的要求。
5-6 试叙述轧制区主设定的内容。
5-7 试叙述主控台操作台各操作键的功能。
5-8 轧制程序画面的组成要素有哪些？
5-9 设定轧制程序的内容有哪些？
5-10 试叙述轧制模拟的作用及步骤。
5-11 试叙述张力控制原则和判断方法。
5-12 辊缝与转速、张力调整有什么关系？
5-13 换辊（槽）后轧制转速如何调整与试轧？
5-14 钢温、钢种、坯料断面变化后如何调整轧制速度？
5-15 安全生产操作要点有哪些？

6 控轧控冷与精整操作

6.1 控制轧制的概念

控制轧制是指在比常规轧制温度稍低的条件下，采用强化压下和控制冷却等工艺措施来提高热轧钢材的强度、韧性等综合性能的一种轧制方法。控制轧制钢的性能可以达到或者超过现有热处理钢材的性能。

线材的热轧主要有两个目的：首先是热轧成形，满足尺寸、规格要求，达到轧机的生产能力；其次是控制钢材的组织和性能。前者是由轧机特点、产品的孔型系统、轧制工艺所决定的。而钢材的组织性能是通过钢的成分调整、控制轧制和控制冷却来达到的。

线材控制轧制的工艺是选择合适的化学成分，控制加热温度、各阶段的轧制温度及变形量，以获得所要求的组织及性能。

线材的控制冷却是控制轧后各段的冷却温度及冷却速度，即不同的冷却方法，以获得所要求的组织及性能。

6.1.1 控制轧制的优点

控制轧制具有常规轧制方法所不具备的突出优点。归结起来大致有如下几点：

（1）许多试验资料表明，用控制轧制方法生产的钢材，其强度和韧性等综合机械性能有很大的提高。例如控制轧制可使铁素体晶粒细化，从而使钢材的强度得到提高，韧性得到改善。

（2）简化生产工艺过程。控制轧制可以取代常化等温处理。

（3）由于钢材的强韧性等综合性能提高，自然地钢材使用范围和产品使用寿命也得到了扩大和增长。从生产过程的整体来看，由于生产工艺过程的简化，产品质量的提高，在适宜的生产条件下，钢材的成本就会降低。

（4）用控制轧制生产的钢材制造的设备质量轻，有利于设备轻型化。

6.1.2 控制轧制的种类

控制轧制是以细化晶粒为主，来提高钢强度和韧性的方法。控制轧制后奥氏体再结晶的过程，对获得细小晶粒组织起决定性作用。根据奥氏体发生塑性变形的条件（再结晶过程、非再结晶过程或 $\gamma \rightarrow \alpha$ 转变的两相区变形），控制轧制可分为三种类型：

（1）再结晶型的控制轧制。它是将钢加热到奥氏体化温度，然后进行塑性变形，在每道次的变形过程中或者在两道次之间发生动态或静态再结晶，并完成其再结晶过程。经过反复轧制和再结晶，使奥氏体晶粒细化，这为相变后生成细小的铁素体晶粒提供了先决条件。为了防止再结晶后奥氏体晶粒长大，要严格控制接近于终轧几道的压下量、轧制温度和轧制的间隙时间。终轧道次要在接近相变点的温度下进行。为防止相变前的奥氏体晶粒和相变后的铁素体晶粒长大，特别需要控制轧后冷却速度。这种控制轧制适用于低碳优质钢和普通碳素钢及低合金高强度钢。

（2）未再结晶型控制轧制。它是钢加热到奥氏体化温度后，在奥氏体再结晶温度以下发生塑性变形，奥氏体变形后不发生再结晶（即不发生动态或静态再结晶）。因此，变形的奥氏体晶粒被拉长，晶粒内有大量变形带，相变过程中形核点多，相变后铁素体晶粒细化，对提高钢材的强度和韧性有重要作用。这种控制工艺适用于含有微量合金元素的低碳钢，如含铌、钛、钒的低碳钢。

（3）两相区控制轧制。它是加热到奥氏体化温度后，经过一定变形，然后冷却到奥氏体加铁素体两相区再继续进行塑性变形，并在 A_{r1} 温度以上结束轧制。实验表明：在两相区轧制过程中，可以发生铁素体的动态再结晶；当变形量中等时，铁素体只有中等回复而引起再结晶；当变形量较小时（15%~30%），回复程度减小。在两相区的高温区，铁素体易发生再结晶；在两相区的低温区只发生回复。经轧制的奥氏体相转变成细小的铁素体和珠光体。由于碳在两相区的奥氏体中富集，碳以细小的碳化物析出。因此，在两相区中只要温度、压下量选择适当，就可以得到细小的铁素体和珠光体混合物，从而提高钢材的强度和韧性。

在实际轧制中，由于钢种、使用要求、设备能力等各不相同，各种控制轧制可以单独应用，也可以把两种或三种控制工艺配合在一起使用。

在第一套 V 形机组问世后，摩根公司在高速线材轧机上引入控温轧制技术 MCTR（Morgan Controlled Temperature Rolling），即控制轧制。控制轧制有如下两种变形制度：

（1）二段变形制度。粗轧在奥氏体再结晶区轧制，通过反复变形及再结晶细化奥氏体晶粒；中轧及精轧在 950℃ 以下轧制，是在 γ 相的未再结晶区变形，其累计变形量为 60%~70%，在 Ar_3 附近终轧，可以得到具有大量变形带的奥氏体未再结晶晶粒，相变以后能得到细小的铁素体晶粒。

（2）三段变形制度。粗轧在 γ 相再结晶区轧制，中轧在 950℃ 以下的 γ 未再结晶区轧制，变形量为 70%，精轧在 A_{r3} 与 A_{r1} 之间的双相区轧制。这样得到细小的铁素体晶粒及具有变形带的未再结晶奥氏体晶粒，相变后得到细小的铁素体晶粒并有亚结构及位错。为了实现各段变形，必须严格控制各段温度，在加热时温度不要过高，避免奥氏体晶粒长大，并避免在部分再结晶区中轧制形成混晶组织，破坏钢的韧性。

一般采用降低开轧温度的办法来保证对温度的有效控制。根据几个生产厂应用控温轧制的经验，高碳钢（或低合金钢）、低碳钢的粗轧开轧温度分别为 900℃、850℃，精轧机组入口轧件温度分别为 925℃、870℃，出口轧件温度分别为 900℃、850℃。

在设计上，低碳钢可在 800℃ 进入精轧机组精轧，常规轧制方案也可在较低温度下轧制中低碳钢材，以促使晶粒细化。

中轧机组前加水冷箱可保证精轧温度控制在 900℃，而在精密轧机处轧制温度为 700~750℃，压下量为 35%~45%，以实现三阶段轧制。

如能在无扭精轧机入口处将钢温控制在 950℃ 以下，粗、中轧可考虑在再结晶区轧制，这样可降低对设备强度的要求。

日本有的厂将轧件温度冷却至 650℃ 进入无扭精轧机组轧制，再经斯太尔摩冷却线，这样可得到退化珠光体组织，到球化退火时，退火时间可缩短 1/2。

6.2 线材的控制冷却基本知识

6.2.1 控制冷却的概念

在线材生产过程中，轧制出来的线材产品必须从轧后的高温红热状态冷却到常温状态。线材轧后的温度和冷却速度决定了线材内在组织、力学性能及表面氧化铁皮数量，因而对产品质量有着极其重要的影响。

轧钢生产中的冷却方法有许多种，但归纳起来只有以下两大类：

（1）常规冷却。常规冷却的含义是指从轧机出来的热轧产品在其后的剪切、收集、打捆包装等精整工序中不加以任何控制手段，而让其在周围环境中自然冷却的一种方法，又称“自然冷却”。

（2）控制冷却。控制冷却在轧钢领域内属于控制轧制的范畴，它是指人们对热轧产品的冷却过程有目的地进行人为控制的一种方法。确切地说，控制冷却，就是利用轧件热轧后的轧制余热，以一定的控制手段控制其冷却速度，从而获得所需要的组织和性能的冷却方法。几十年来，许多工程技术人员和理论工作者为此做了大量的工作，使得各种热轧产品的质量大大提高。

6.2.2 线材控制冷却的目的

在一般的小型线材轧机上，由于轧制速度低，终轧温度不高（一般只有750~850℃），且线卷盘重不大，所以轧后的盘卷通常只是采用钩式或链式运输机进行自然冷却。尽管这种自然冷却的冷却速度慢，但因盘卷小，温度低，故对整个线材盘卷的组织和性能影响不大。

随着线材轧机的发展，线材的终轧速度和终轧温度都不断提高，盘重也不断增加。尤其是现代化的连续轧机，其终轧速度在100m/s以上，终轧温度高于1000℃，盘重也由原来的几十千克增至几百千克甚至达2~3t。在这种情况下，再采用一般的堆积和自然冷却的方法不仅使线材的冷却时间加长，厂房设备增大，而且会加剧盘卷内外温差，导致冷却极不均匀，并将造成以下不良后果：

（1）金相组织不理想。晶粒粗大而不均匀，由于大量的先共析组织出现，亚共析钢中的自由铁素体和过共析钢中的网状碳化物增多，再加上终轧温度高，冷却速度慢，使得晶粒十分粗大，这就导致了线材在以后的使用过程中和再加工过程中力学性能降低。

（2）性能不均匀。盘卷的冷却不均匀使得线材断面和全长上的性能波动较大，有的抗拉强度波动达240MPa，断面收缩率波动达12%。

（3）氧化铁皮过厚，且多为难以去除的Fe_3O_4和Fe_2O_3。

这是因为在自然冷却条件下，盘卷越重盘卷厚度越大，冷却速度越慢，线材在高温下长时间停留而导致严重氧化。自然冷却的盘条氧化损失高达2%~3%，降低了金属收得率。此外，严重的氧化铁皮造成线材表面极不光滑，给后道拉拔工序带来很大困难。

（4）引起二次脱碳。由于线材成卷堆冷，冷却缓慢，对于含碳量较高的线材来说，容易引起二次脱碳。

上述不良影响随着终轧温度的提高和盘重的增加而越加显著。若适当地控制线材冷却速度并使之冷却均匀，则能有效地消除这些影响。因此，对于连续式线材轧机，尤其是高速线材轧机，为了克服上述缺陷，提高产品质量，实现轧制后的控制冷却是必不可少的。

随着高速线材轧机的发展，控制冷却技术得到不断的改进和完善，并且在实际应用中越来越显示出它的优越性。

由铁碳合金状态图可知，钢在不同的温度下具有不同的组织状态。铁碳相图上反映的组织状态有奥氏体、铁素体、渗碳体和珠光体。它们分别具有如下性能和结构特点。

（1）奥氏体：碳在面心立方晶格铁中的固溶体。它是钢加热到一定温度（723℃）以上所呈现的一种组织状态。奥氏体的强度不高，而塑性、韧性都很好。因此，热轧一般是在奥氏体状态下进行。

（2）铁素体：碳在体心立方晶格铁中的固溶体。它的碳溶解度很小。随着温度的变化，在723℃时碳溶解量最大，但也只有0.025%。铁素体质软，强度低，延展性好。

（3）渗碳体：三个铁原子和一个碳原子的化合物，其分子式为Fe_3C。渗碳体中的碳溶解量为6.67%。其性质为硬而脆。

（4）珠光体：铁素体和渗碳体在温度低于723℃时组成的机械混合物。它的机械性能介于铁素体和渗碳体之间。

根据珠光体中铁素体和渗碳体相间间距的大小（又称珠光体粗细程度），将珠光体分为三种：间距较粗大的称为珠光体或粗珠光体；间距较细小的称为索氏体；间距极细小的称为屈氏体。其中索氏体具有良好的综合机械性能。它既有较高的强度，又有一定的塑性和良好的冲击韧性，是拉拔工艺的一种较理想的组织。

以上所述的奥氏体、铁素体、渗碳体、珠光体是在平衡状态下得到的组织，又称为平衡组织。此外，在非平衡状态下（如连续冷却条件下），还会出现一些非平衡组织。如贝氏体、马氏体。马氏体组织很脆，硬度高，因而韧性很低。

根据图6-1中C曲线的图形特点，可以预先估计钢在热处理后所得到的组织结构，硬化性能以及物理和机械性能，特别是显微组织状态，如珠光体的粗细程度。这是因为知道了钢的C曲线位置，又知道所采用的冷却方法（即冷却速度），故可以判定钢在C曲线的哪一部分转变。假如在较慢的速度下转变则形成珠光体，而随着冷速的加快，过冷度加大，奥氏体分解温度降低，转变区域则向下移动。这样依次形成的组织为索氏体、屈氏体、贝氏体。当冷速达到临界冷却速度时（获得马氏体组织的最小冷却速度称为临界冷却速度），转变产物是马氏体。由此可见，控制冷却的实质就是控制奥氏体的分解温度。

对于线材产品，绝大多数是要求得到具有良好拉拔性能的索氏体组织。而获得这种组织的传统方法是对线材重新进行铅浴淬火处理。这就给后道再加工工序带来困难，使生产成本增加，工人劳动强度增大。采用控制冷却新工艺，不但能够避免热轧后自然冷却的一系列不良影响，而且还能收到近似铅浴淬火的效果，因而能够取代铅浴淬火。这是因为控冷新工艺所得到的冷却规范与铅浴淬火的冷却规范相近的缘故。图6-1为自然冷却、铅浴淬火以及控制冷却等几种冷却工艺曲线比较。

显而易见，C曲线在钢的热处理中是选择冷热规范和制定生产工艺不可缺少的资料。对轧钢生产中的控制冷却来说，有了C曲线，就可以通过控制轧件的冷却速度使奥氏体在某一特定温度范围内进行转变，以获得满足产品性能要求的金相组织，这就是控制冷却所遵循的金属学原理。

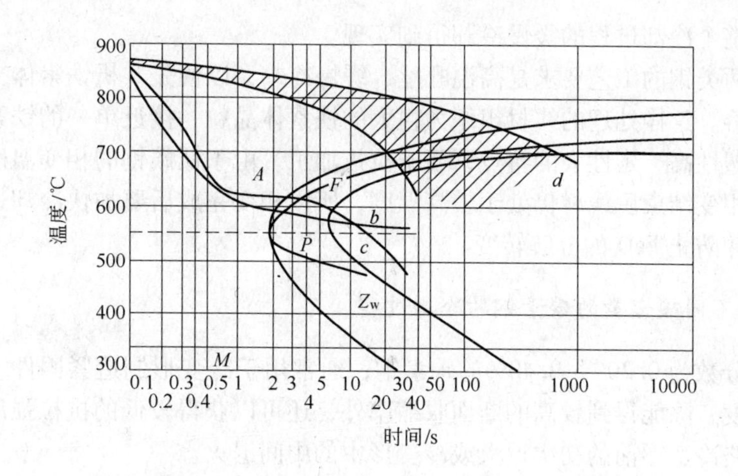

图 6-1 含碳量为 0.5%的普碳钢等温转变曲线

A—奥氏体相区；*F*—铁素体形成区；*P*—珠光体形成区；*M*—马氏体形成区；Z_w—贝氏体形成区

6.2.3 线材控制冷却的工艺要求

线材轧后控制冷却的目的主要是得到产品所要求的组织与性能，使其性能均匀和减少二次氧化铁皮的生成量。为了减少二次氧化铁皮量，要求加大冷却速度。要得到所要求的组织和性能，则须根据不同品种，控制冷却工艺参数。

6.2.3.1 控制冷却的基本方法

按照控制冷却的原理与工艺要求，线材控制冷却的基本方法是：首先让轧制后的线材在导管（或水箱）内用高压水快速冷却，再由吐丝机把线材吐成环状，以散卷形式分布到运输辊道（链）上，使其按要求的冷却速度均匀风冷，最后以较快的冷却速度冷却到可集卷、运输和打捆等。

因此，工艺上对线材控制冷却提出的基本要求是能够严格控制轧件冷却过程中各阶段的冷却速度和相变温度，使线材既能保证性能要求，又能尽量地减少氧化损耗。

各钢种的成分不同，它们的转变温度、转变时间和组织特征各不相同。即使同一钢种如果最终用途不同，所要求的组织和性能也不尽相同。因此，对它们的工艺要求取决于钢种、成分和最终用途。

一般用途低碳钢丝和碳素焊条钢盘条一般用于拉拔加工，因此，要求有低的强度及较好延伸性能。低碳钢线材硬化原因有两个，即铁素体晶粒小及铁素体中的碳过饱和。铁素体的形成是形核长大的过程，形核主要是在奥氏体晶界上。因此奥氏体晶粒大小直接影响晶粒大小，同时其他残余元素及第二相质点也影响铁素体晶粒形成。为了得到比较大的铁素体晶粒，就需要有较高的吐丝温度以及缓慢的冷却速度，先得到较大的奥氏体晶粒，同时要求钢中杂质含量少。

铁素体中过饱和的碳，可以以两种形式存在：一种是固溶在铁素体中起到固溶强化作用；另一种是从铁素体中析出起沉淀强化作用。两者都对钢的强化起作用。但对于低碳钢来说，沉淀强化对硬化的影响较小，因此必须使溶于铁素体中的过饱和碳沉淀出来。这个要求可以通过整个冷却过程的缓慢冷却得到实现。

所以对这两类钢的工艺要求是高温吐丝，缓慢冷却，以便先共析铁素体充分析出，并有利于碳的脱溶。这样处理的线材组织为粗大的铁素体晶粒，接近单一的铁素体组织。它具有强度低、塑性高、延性大的特点，便于拉拔加工。由于低碳钢的相变温度高，在缓慢冷却条件下，相变结束后线材仍处于较高温度，所以相变完成后要加快冷却速度，以减少氧化铁皮产生并防止 FeO 的分解转变。

6.2.3.2　不同碳含量的碳素钢的冷却过程

碳的质量分数为0.20%~0.40%的碳素钢，通常用于冷变形制造紧固件。对它们采用较慢的冷却速度，除能得到较高的断面收缩率外，还可以获得较低的抗拉强度。这将有利于简化甚至省略冷变形前的初次退火或冷变形中的中间退火。

有些中碳钢冷镦时，既要求有足够的塑性，又要求有一定的强度。为满足所要求的性能，须用较高的吐丝温度得到仅有少量先共析铁素体的显微组织。

如果中碳钢线材用于拉拔加工，利用风机鼓风冷却并适当提高运输机速度，将增加线材的抗拉强度。

对于碳的质量分数为0.35%~0.55%的碳素钢，为了保证得到细片状珠光体以及最少的游离铁素体，要求在 Ar_3 和 Ar_1 温度之间的时间尽可能短，以抑制先共析铁素体析出。因此，此阶段要采用大的风量和高的运输速度，随后以适当的冷速，使线材最终由心部至表面都成为均匀的细珠光体组织，从而得到性能均匀一致的产品。对此，在冷却过程中保证线材心部和表面温度一致是相当重要的。

对于碳的质量分数为0.60%~0.85%的高碳钢，由于它靠近共析成分，所以希望尽量减少铁素体的析出而得到单一的珠光体组织。因此要求采用较高的冷却速度，以强制风冷来抑制先共析相的析出，同时使珠光体在较低的温度区形成，这样就可得到细片小间距的珠光体-索氏体。这种组织具有优良的拉拔性能，适用于深拉拔加工。资料表明，对于碳的质量分数为0.70%~0.75%的碳素钢，经上述控制冷却后的 ϕ5.5mm 线材可直接拉拔到 ϕ1.2mm 而不断，而经铅浴淬火的同规格线材在未拉到该尺寸前就不能再拉拔了。

值得指出的是，碳的质量分数在0.30%以上的线材容易产生表面脱碳，使线材表面硬度和疲劳强度降低，这是个不容忽视的问题。为了防止这类钢的表面脱碳，必须严格控制它们的终轧温度、吐丝温度以及高温停留时间。

6.2.3.3　合金元素对冷却的影响

从碳素钢的各种恒温转变曲线可以看出，仅含有常规锰、硅含量的所有碳素结构钢都可以在短时间内完成等温转变，一般在“鼻点”处从转变开始到转变终了也只有几秒钟的时间。但对于合金钢来说，情况则大不相同。实验室的研究表明，即使是加入少量的合金元素，也能显著地推迟转变。一些常用合金元素对等温转变所需时间的影响见表6-1。

由表6-1可见，转变时间因加入少量铬和钼，或加入一定量的锰而大大延长。因此，对于合金元素的低合金钢和合金钢，一般都要求以缓慢甚至极缓慢的速度冷却，尽管有些条件满足不了这种苛刻的冷却速度要求而使得组织中出现一些硬度高的转变产物，但在重新处理和加工过程中不至于导致断裂。表6-2列出了部分钢种的用途、控冷目的和工艺要求。

表 6-1 部分合金元素对等温转变时间的影响

合金元素	含量(质量分数)/%	完成等温转变所需时间/min	合金元素	含量(质量分数)/%	完成等温转变所需时间/min
Mn	1.9	160	Mo	0.10	10
Ni	1.0	1.13	Si	0.50	4
	2.0	3	Cu	0.50	4.08
	4.0	30	V	0.27	5.02
Cr	0.5	25	Cr+Mo	0.98+0.21	400

表 6-2 部分钢种的用途、控冷目的和工艺要求

钢种	控冷目的	达到目标	适合的组织	冷却特点	轧制要求	生产手段	成品用途
低碳软钢焊条钢(碳的质量分数为 0.06%～0.20%)	提高拉拔性能	尽可能软化	铁素体+粗碳化合物	均匀慢冷(也可中间快冷)	无特殊要求	斯太尔摩延迟冷却	制作玻璃钢丝、铁丝、钉子、焊条芯等
冷镦钢(碳的质量分数为0.20%～0.50%)	省去软化退火	尽可能软化	铁素体+珠光体(不含贝氏体)	缓慢冷却	奥氏体细化(高温终轧)	斯太尔摩缓慢或延迟冷却	螺丝、螺钉、铆钉、汽车紧固件、标准件
	简化球化退火	缩短球化时间	细珠光体+铁素体	控制急冷(水)+缓冷	低温终轧	EDC 法或斯太尔摩延迟冷却	
高碳钢弹簧钢(碳的质量分数为 0.60%～0.85%)	省去铅浴淬火	高强度、高拉拔性、高韧性	平均相变温度 600℃以上的细珠光体-索氏体(少量的铁素体,不含贝氏体和马氏体)	轧后急冷+快冷(水+风冷)	奥氏体粗化(高温终轧)	斯太尔摩标准冷却或其他冷却	钢绳、预应力钢丝、应力钢绞线、弹簧等
				急冷(水)+保温	奥氏体晶粒大小取决于冷速	斯太尔摩延迟冷却	
轴承钢(全淬透)	简化或省去球化退火	缩短球化时间(得到球化早期组织)	细珠光体(索氏体)+非网状碳化物均匀析出	急冷(水)+保温	低温终轧	斯太尔摩延迟或缓慢冷却	滚珠、滚柱轴承套圈等
低合金高强度钢(碳的质量分数 0.10%～0.35%)	省去离线淬火回火及拉丝中的热处理	高强度、高韧性	全部马氏体	急冷(水)	奥氏体粗化	直接淬火	高强度预应力钢筋
		高强度、高加工性	铁素体+细碳化物析出	快冷(水)+保温	低温终轧(未再结晶奥氏体)	EDC 法或斯太尔摩延迟冷却	高强度螺栓
奥氏体不锈钢	省去固溶处理	软化、高耐蚀性	粗奥氏体、无晶界碳化物	保温+急冷(水)	奥氏体粗化(高温终轧)	直接固溶处理	各种不锈钢制品

6.2.4　控制冷却的几种方法

6.2.4.1　线材控制冷却的三个阶段

A　奥氏体急速过冷阶段（一次冷却）

一次冷却是通过轧后穿水冷却来实现的，它是指从终轧开始到变形奥氏体向铁素体或渗碳体开始转变的温度（吐丝温度）范围内，控制其开始快冷温度、冷却速度和控冷（快冷）终止温度。在这段温度中采用快冷的目的是控制变形奥氏体的组织状态，阻止晶粒长大或碳化物过早析出形成网状碳化物，固定由于变形引起的位错，增加相变的过冷度，为变形奥氏体向铁素体或渗碳体和珠光体的转变做组织上的准备。另外还可减少二次氧化铁皮生成量。相变前的组织状态直接影响相变机制、相变产物的形态、粗细大小和钢材性能。经验表明，一次冷却的开始快冷温度越接近终轧温度，细化变形奥氏体的效果越好。

B　“等温”处理阶段（二次冷却）

热轧钢材进行一次快冷之后，立即进入冷却的第二阶段，即二次冷却（散卷冷却）。散卷冷却就是将成圈的线材布成散卷状态，控制钢材相变时的冷却温度和冷却速度以及停止控冷的温度，以保证获得要求的相变组织和性能。

C　迅速冷却阶段（三次冷却）

当相变结束后，除有时考虑到固溶元素的析出采用慢冷外，一般采用空冷到室温，目的是为了减少氧化铁皮的损失。

根据冷却方式不同，三次冷却又分为许多种。目前比较完备的有斯太尔摩法、施罗曼法、D-P 法、热水浴法（ED 法）、淬火-回火法、流态冷床法等。

6.2.4.2　斯太尔摩冷却法

斯太尔摩控制冷却法是由加拿大斯太尔柯钢铁公司和美国摩根设计公司于 1964 年联合提出的。目前已成为应用最普遍、发展最成熟、使用最为稳妥可靠的一种控制冷却法。这种方法的工艺布置特点是使热轧后的线材经两种不同的冷却介质进行两次冷却（即一次水冷，二次风冷）。重点是在风冷段实现对冷却速度的控制。其工艺布置示意图如图 6-2 所示。

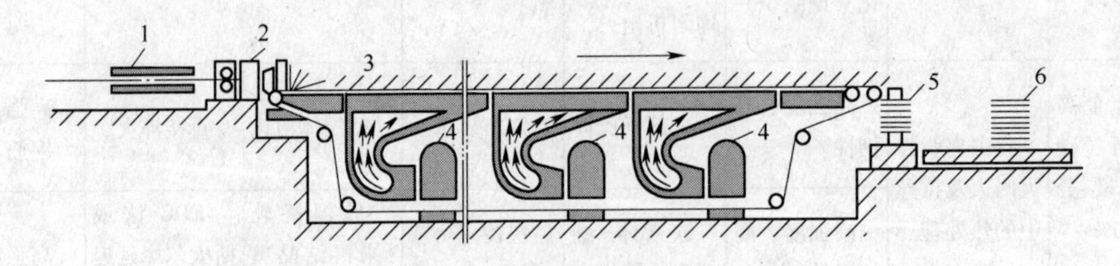

图 6-2　斯太尔摩冷却线工艺布置示意图

1—水冷套管；2—吐丝机；3—运输机；4—鼓风机；5—集卷器；6—盘条

斯太尔摩冷却法的冷速可以调节。在水冷段可通过调节水量和水压的大小来控制冷却速度，在风冷段靠改变运输机速度（即改变线圈的重叠密度）和改变风机风量来控制冷却速度。

A 斯太尔摩控制冷却法的形式

a 标准型斯太尔摩冷却法

这种控制冷却的工艺布置是线材从精轧机出来后首先进入水冷导管通水快速冷却。根据不同的钢种和用途将线材冷却到接近相变开始温度（750~900℃）。冷却后的线材经吐丝机成圈散布在链式运输机上，盘卷在运输机运输过程中由布置在运输机下方的风机吹风进行冷却，如图6-3（a）所示。

标准型斯太尔摩冷却的运输速度为0.25~1.3m/s，冷却速度为4~10℃/s。

b 缓慢型斯太尔摩冷却法

缓慢型与标准型的不同之处是在运输机的前部加了可移动的带有加热烧嘴的保温炉罩。有些厂还将运输机的输送链改成输送辊，运输机的速度也可设定得更低些。由于采用了烧嘴加热保温和慢速运输，如图6-3（b）所示，所以盘卷在这阶段能够以很缓慢的冷却速度冷却，故称之为缓慢型斯太尔摩冷却法。

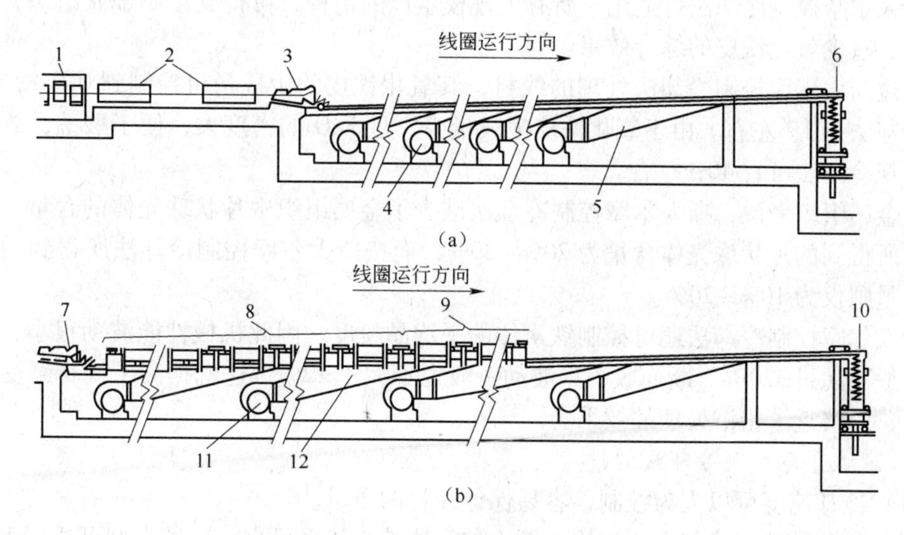

图6-3 斯太尔摩运输机示意图

（a）标准型；（b）缓慢型

1—精轧机组；2—冷却水箱；3，7—吐丝机；4，11—风机；5，12—送风室；6，10—集卷器；8—加热和保温罩；9—保温罩

缓慢型斯太尔摩冷却的运输速度为0.05~1.3m/s，冷却速度为0.25~10℃/s。

c 延迟型斯太尔摩冷却法

此种冷却法是在标准型的基础上，结合缓慢型冷却的工艺特点加以改进而成。它是在运输机的两侧装上隔热的保温层（侧墙），并在两侧保温墙的上方装有可灵活开闭的保温罩盖（如图6-4所示）。当保温罩打开时，可进行标准型冷却，若关闭保温罩盖，降低运输机速度，又能达到缓慢型冷却效果。它比缓慢型冷却法简单而经济。由于它在设备构造上不同于缓慢型，但又能减慢冷却速度，故称其为延迟型冷却。延迟型斯太尔摩冷却的运输速度为0.05~1.3m/s，冷却速度为1~10℃/s。

标准型斯太尔摩冷却法适用于高碳钢线材。缓慢型斯太尔摩冷却适用于低碳及低合金

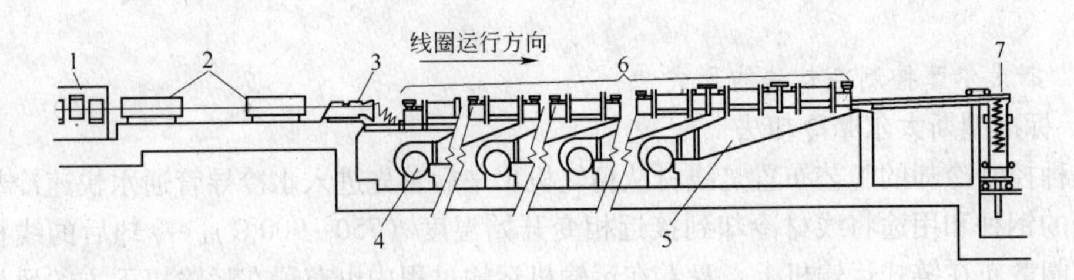

图 6-4　延迟冷却斯太尔摩运输机示意图

1—精轧机组；2—水冷段；3—吐丝机；4—风机；5—送风室；6—保温罩；7—集卷器

钢线材。由于缓慢型冷却须要附加燃烧加热设备，投资大，能耗高，所以没有得到发展而被延迟型冷却所代替。延迟型控制冷却法适用性广，工艺灵活，所以近几十年来所建的斯太尔摩冷却线大多采用延迟型。

B　斯太尔摩控制冷却法的效果

斯太尔摩控制冷却法可适用于所有大规模生产的钢种，可得到控制金属组织，提高综合性能、减少氧化铁皮的综合效果。

经过斯太尔摩控制冷却法处理的线材，其氧化铁皮的生成量可控制到 0.2%，比常规集卷冷却法少 1%左右。由于氧化铁皮生成量少，且 FeO 的密度大，便于酸洗，故酸洗时间较常规冷却法可省 40%左右。

就金属组织来说，斯太尔摩控制冷却法减少了金属组织中片状珠光体的含量。按常规冷却法所得到的片状珠光体含量为 20%~30%，而按斯太尔摩控制冷却法所得到的片状珠光体含量则仅为 10%~20%。

斯太尔摩控制冷却法还可控制铁素体的平均晶粒度，因此机械性能波动很小，强度波动值一般不超过±20Pa，断面收缩率波动一般也不大于±2%，这就提高了线材经受冷加工的能力，而接近了铅浴处理的效果。

C　斯太尔摩控制冷却法的特点

(1) 冷却速度可以人为控制，容易保证线材的质量。

(2) 与各种控制冷却方法相比，斯太尔摩法较为稳妥可靠。三种类型可适用于很大生产范围，基本上能满足当前现代化线材生产的需要。

(3) 设备不需要较深的地基。

(4) 投资费用高，占地面积大。

(5) 运输机上线材冷却靠风冷实现，因此线材质量受车间环境温度和湿度的影响较大。

(6) 由于主要依靠风机降温，线材二次氧化较严重。

6.3　控冷岗位操作技能

6.3.1　控制冷却岗位操作技能

6.3.1.1　设备的性能要求

控冷在线操作工的工作区域是从精轧出口的水冷段到集卷筒。这段区域中的主要工艺设备有水冷段、夹送辊、吐丝机、斯太尔摩运输机和集卷筒。其工艺布置如图6-2所示。

A　水冷段设备性能

斯太尔摩水冷段全长一般为30~40m，由2~3个水箱组成。每个水箱之间用一段6~10m无水冷的导槽隔开，称其为恢复段。这样布置的目的一方面是为了使线材经过一段水冷之后，表面和芯部温差在恢复段趋于均匀，另一方面也是为了有效地防止线材表面因水冷过激而形成马氏体。水冷段布置如图6-5所示。

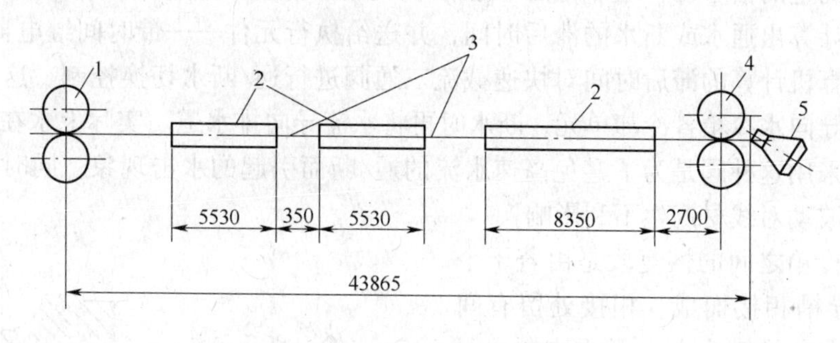

图6-5　某厂水冷段的布置图

1—成品轧机；2—水冷箱；3—恢复区；4—夹送辊；5—成圈器

线材的水冷是在水冷喷嘴和导管里进行的。每个水箱里有若干个（一般为3个）水冷喷嘴和水冷导管。当线材从导管里通过时，冷却水从喷嘴里沿轧制方向以一定的入射角（顺轧向45°角）环状地镶在线材四周表面上。水流顺着轧件一起向前从导管内流出。这就减少了轧件在水冷过程中的运行阻力。此外，每两个水冷喷嘴后面设有一个逆向的、入射角为30°的清扫喷嘴，也称为捕水器，目的是为了破坏线材表面蒸汽膜和清除表面氧化铁皮，以加强水冷效果。这两个水喷嘴和一个反向清扫喷嘴组合成一个冷却单元，如图6-6所示。

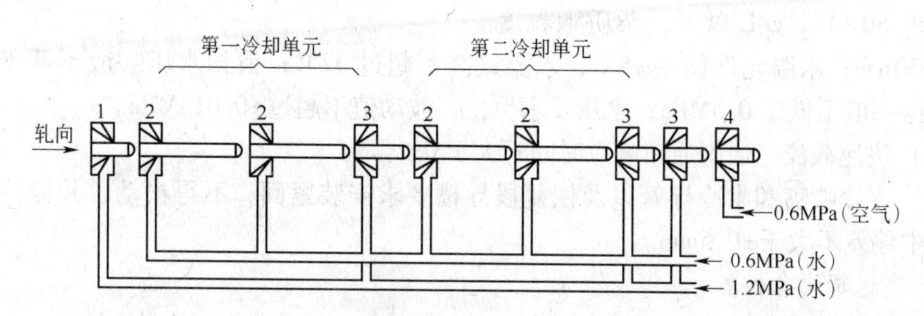

图6-6　水箱内各冷却单元水嘴布置示意图

1—顺向清扫喷嘴；2—水箱冷却喷嘴；3—逆向清扫喷嘴；4—逆向空气清扫喷嘴

为了防止水箱内水流从两端口流出，在每个水箱的A口端装有一个顺轧向喷水的压力为1.2MPa的清扫喷嘴，在出口端装有一个逆轧向喷水的1.2MPa清扫喷嘴和一个逆轧向喷吹的0.6MPa的空气清扫喷嘴，这样可以有效地防止水流出水箱，并且也使得线材出水箱时表面不带水。

实际生产中，水冷箱内的冷却水不是常开的，因为从精轧机出来的线材速度快、温度高、尺寸小，因而很软。如果让其头部从水中通过则很容易被堵住，所以要让线材头部达到夹送辊后才能通水冷却，即头部不水冷。考虑到走钢时前后两根之间的间隔很短（一般为5~10s），故在尾部未通过水冷箱之前就要对该水箱断水（即尾部不水冷），以保证下一根钢到来之前水管内的水能随线材尾部的通过而流完。头尾不冷段的长度靠计算机控制，由控冷操作台输入不冷段长度的设定值。当检测到元件位于精轧机前的光电管检测到线材头部或尾部到达的信号时，立即将信号送给计算机。计算机根据轧制速度和已设定的不冷段长度很快计算出通水或断水的滞后时间，并送给执行元件——带时间继电器的电磁阀。电磁阀按计算机计算的滞后时间对快速截流三通阀进行通/断水切换控制。这种水阀通水时，将水流导向水冷箱各冷却单元，断水时再将水流导向排水道。实际上水在阀体内是长流不断的。采用这种阀是为了避免高速水流的通/断而引起的水击现象，同时可防止这时出现的水压波动对线材产生不利影响。

位于水冷箱之间的恢复段是由若干个1m左右的导槽相接而成。相接处留有间隙10mm左右。导槽为上、下两块合并而成，其截面形状如图6-7所示，其中图6-7（b）所示是在上、下两块的正、反两面各自开有一条不同半径的半圆槽，分别用于轧制大、小规格的线材（在改轧大规格时将上、下槽块的另一组半圆槽组合起来即可），所以适用性较广。

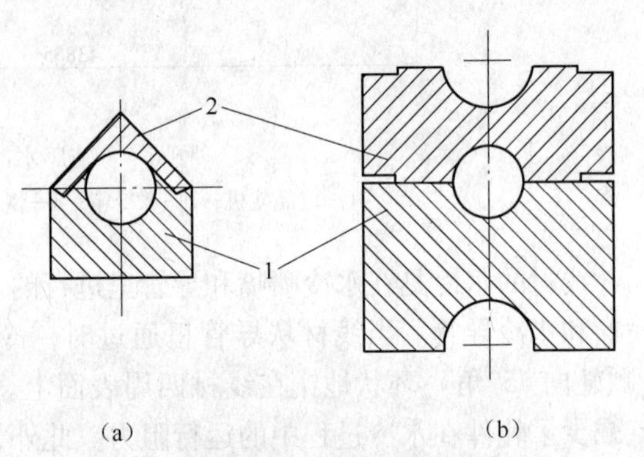

图6-7　恢复段导槽截面形状
（a）固定式；（b）上、下可调式
1—导槽；2—导槽盖

B　水冷段技术要求

（1）冷却介质。水箱冷却介质为中性（pH值为7~8）净化工业用水。水中杂质含量要求 50×10^{-3} g/L以下，杂质颗粒度不超过50μm；水温允许偏差±5℃，水温最高不超过32℃；清扫水压一般不低于1MPa，冷却水压一般不低于0.5MPa；水压要求恒稳，波动值不超过±0.014MPa。

（2）快速截流三通阀通断响应时间不大于0.2s。

（3）水冷喷嘴和水冷导管以及恢复段导槽要求安装紧固，不得松动，并保持准确对中，对中偏差不大于±0.5mm。

C　夹送辊设备性能

a　夹送辊的作用

夹送辊位于水冷段和吐丝机之间，其作用是夹持水冷后的线材顺利进入吐丝机布圈。

b　夹送辊的类型

夹送辊一般有两种类型：一种叫导向辊（亦称导向轮或导向链），其结构如图6-7所示，它用于立式吐丝机，由于导向辊须将线材直线运行方向改变90°后吐丝，所以不适应高速轧制；另一种夹送辊为水平悬臂夹送辊，如图6-8所示，它用于卧式吐丝机；这种形式的夹送辊不改变线材运行方向，所以轧速在90m/s以上的现代高速线材轧机都采用这种形式的夹送辊。

c 悬臂式夹送辊

悬臂式夹送辊的结构与精轧机机架大体类似，如图 6-9 所示。它有上、下两个辊轴，两个碳化钨辊环装于两辊轴之上。所不同的是夹送辊上、下辊之间通过气缸作用，可进行张开/闭合动作，以实现对线材的夹持和释放。夹送辊的夹紧力取决于气缸的工作力（该压力很容易调节）。当气缸的工作压力为 0.4MPa 时，它对线材的夹持力为 4903N。夹送辊夹持力一般不应超过此值，因为夹持力过大会造成线材表面压痕。

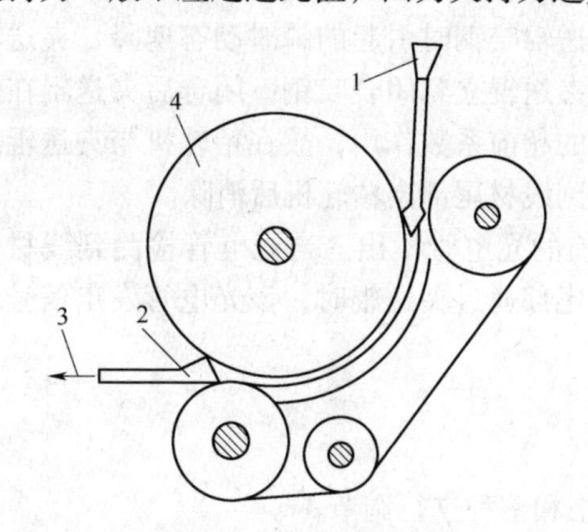

图 6-8 导向轮示意图

1—入口喇叭；2—出口喇叭；3—线材；4—导向轮

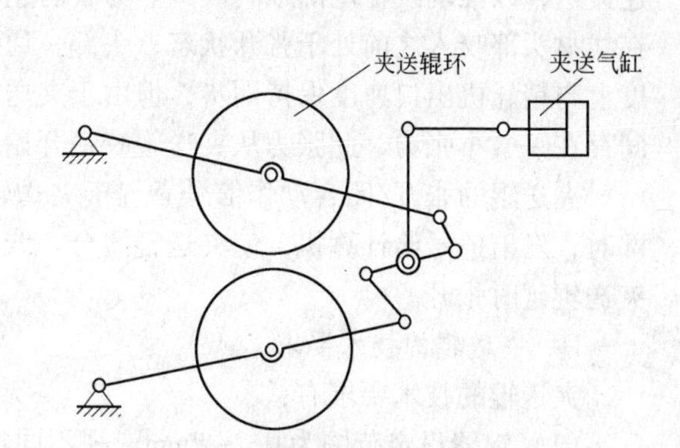

图 6-9 悬臂式夹送辊

d 夹送辊的驱动方式

有上辊驱动、下辊驱动和两辊同时驱动。

e 夹送辊辊环夹槽

夹送辊辊环夹槽选型有三种：圆形、菱形、平辊。它们对轧件的夹持行为，如图 6-10 所示。

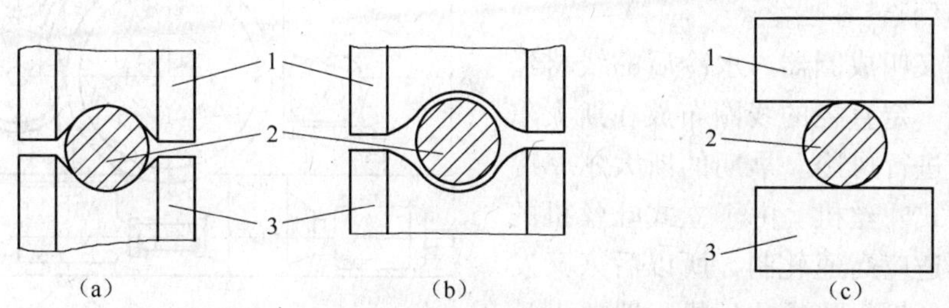

图 6-10 夹送辊三种夹槽对轧件的夹持状态

（a）圆形夹槽；（b）菱形夹槽；（c）平辊

1，3—夹送辊辊环；2—轧件

三种槽型以圆形为好。因为圆形与轧件接触方式是面接触，压强小，不会对线材表面造成压痕。后两种槽型为点接触，压强大，对红钢（尤其是软线）易形成压痕，而且平辊夹持稳定性也不太好。

f 夹送方式及夹送长度

夹送辊对线材的夹持部位有三种方式：夹头、夹尾、全夹。夹送长度由人工设定，计算机控制。各生产厂根据自己生产的钢种、规格、轧制速度等因素，可对夹送方式和夹送长度进行合理选择。

g　夹送辊的速度

夹送辊的速度一般超前精轧机出口速度的3%~5%，在轧速很高的情况下可以再增大些，但一般不应超过10%。其速度设定是由人工向计算机输入夹送辊辊径，再由计算机根据轧制速度和夹送辊超前系数算出夹送辊的速度计算值，该值即为夹送辊速度基准值。

夹送辊对大小规格的尾部夹送速度不同。夹小规格时尾部降速夹送，这是为了克服小规格尾部出精轧机所发生的升速现象，以保证吐丝平稳。夹大规格时，夹送辊实行尾部升速夹送，以推动线材尾部顺利成圈。为了防止夹送辊咬钢时引起的瞬时动态速降，夹送辊在线材头部咬入之前处于张开状态，头部一通过夹送辊立刻闭合咬钢。闭合后夹送辊在速度上与精轧机出口速度保持同步，但由于夹送辊的超前系数作用，故在精轧机与夹送辊之间存在一微小张力，此张力从夹送辊咬钢开始，到线材尾部出精轧机后消除。

夹送辊的张开/闭合动作信号靠置于夹送辊前的光电管发出。当光电管检测到线材头部时，发出信号给计算机，使夹送辊闭合。线材尾部通过夹送辊时，该光电管发出信号使夹送辊延时张开。

D　夹送辊的技术要求

夹送辊的技术要求有：

（1）辊缝设定范围为0.2~2mm，视不同规格和钢种进行调节。

（2）夹送辊气缸工作压力为0.2~0.35MPa，视不同规格和钢种进行调节。

（3）夹送辊导卫的安装对中较为严格。进口导卫要对准夹槽，推到位后再夹紧固定。出口导卫与夹送辊辊面保持微间隙并夹紧固定。

（4）夹送辊辊环和导卫都是易磨损件。辊环夹槽最大允许磨损深度可为0.2mm，导卫最大允许磨损深度可为0.5mm。所以在生产中应勤查勤换。

E　吐丝机设备性能

吐丝机又叫成圈器。水冷后的线材经吐丝机形成一定直径的线圈布放在斯太尔摩运输机上进行风冷。早期的斯太尔摩冷却法采用立式吐丝机。由于立式吐丝机的导向机构不适应高速轧制，所以后来又发展了卧式吐丝机。卧式吐丝机一般要设计有一定的倾斜度（其轴线与水平夹角10°~15°），这是为了便于线圈倒落到运输机上。两种吐丝机的结构示意图如图6-11和图6-12所示。

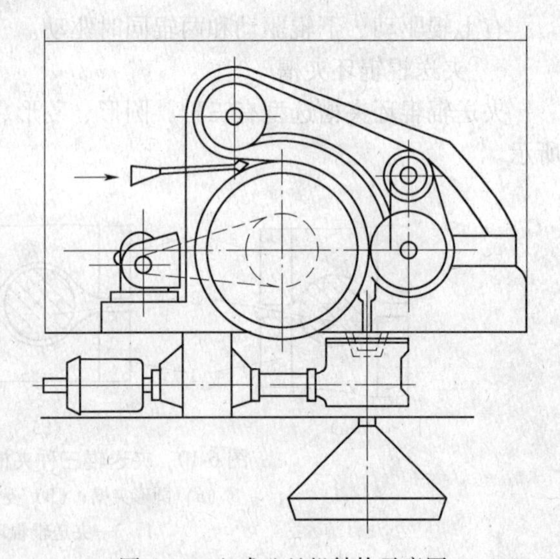

图6-11　立式吐丝机结构示意图

卧式吐丝机的基本结构是在一焊接结构的锥形基体上（称吐丝锥）嵌进一根弯成螺旋形的空心吐丝管，吐丝管连同吐丝锥一起被罩在一个钢板结构的防护罩内（即机壳）。吐丝锥由一直流电机带动高速旋转，随之而转动的吐丝管将线材绕成一圈圈的线圈倒放在斯太尔摩运输机上。线圈的理论直径与吐丝管直径相等，其实际线圈直径随轧件速度与吐丝机速度的比值而变化。在吐丝机出口的下沿装有左右两块托板，可灵活地调节托板倾斜角

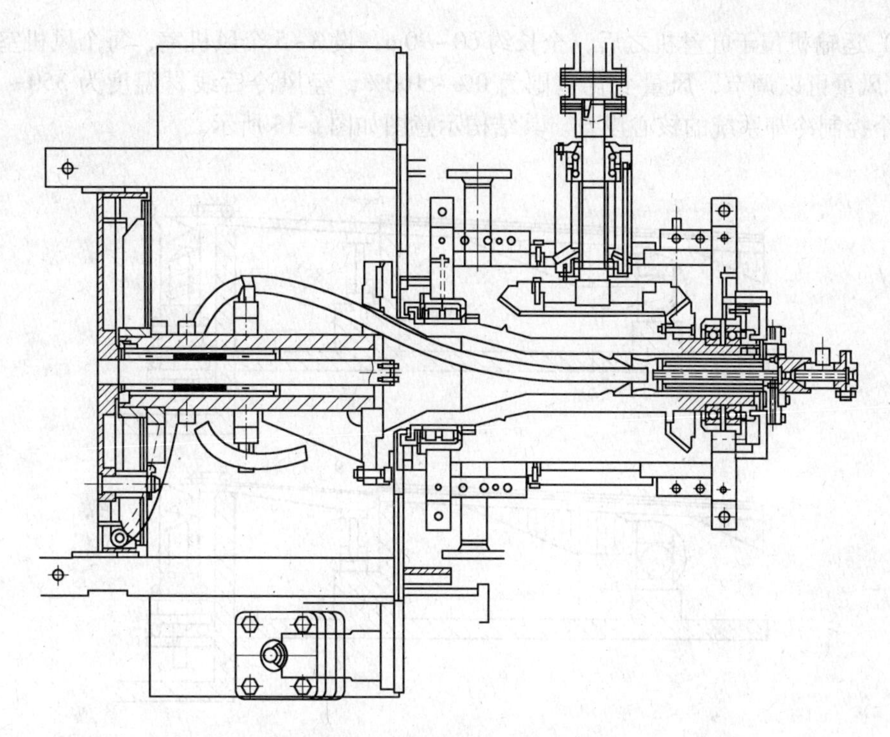

图 6-12 卧式吐丝机结构示意图

度，这是为了便于线材倒放和扶正线圈而设置的。吐丝机空转时，其速度比精轧速度超前3%左右，吐丝后（即夹送辊夹持后）则与精轧机同步运行，直至这根轧件走完。轧件尾部一出吐丝机，它便立即再升速到超前精轧速度3%的速度。为了防止氧化铁皮留在吐丝管内，在吐丝管的入口端装有高压空气吹扫喷嘴，利用两根线材的轧制间隙时间向管内吹入清扫用的压缩空气。可以每吐一根清扫一次，也可以在连续吐几根后吹扫一次。吹扫频率取决于氧化铁皮量。

F 吐丝机的技术要求

吐丝机的技术要求有：

（1）吐丝机中最容易磨损的部件是吐丝管。生产中每根吐丝管的平均使用寿命为1~2万吨。所以吐丝管要定期检查更换，否则将影响吐丝质量或导致事故发生。

（2）吐丝管一般用热稳定性好的锅炉钢制造。管壁要求厚薄均匀。管子弯曲加工要在专门的弯管机上进行。

（3）吐丝机在高速运转条件下会产生较大的振动。因此动平衡问题是制造吐丝机的关键。这不仅要求吐丝机有较高的制造质量，而且要有较高的安装质量。所以在吐丝机安装完毕后要进行动平衡试验，通过加、减平衡块来使振动值控制在允许范围内。

（4）吐丝管的安装要求也很严格。检查合格的管子不仅要紧紧地卡在吐丝锥的铣槽内，而且卡距要符合要求，一般是每隔150mm装一个卡子。如果间距过大或卡子卡得不紧，则由高速旋转产生的离心作用会使吐丝管弯曲变形而影响吐丝质量，甚至造成堵钢事故。

G 运输机设备性能

运输机设备性能包括：

（1）运输机位于吐丝机之后，全长约 60~90m，设 3~5 个风机室，每个风机室规定长约 9m，风量可以调节，风量变化范围为 0%~100%，经风冷后线材温度为 350~400℃，它是整个控制冷却系统的核心设备。其结构示意图如图 6-13 所示。

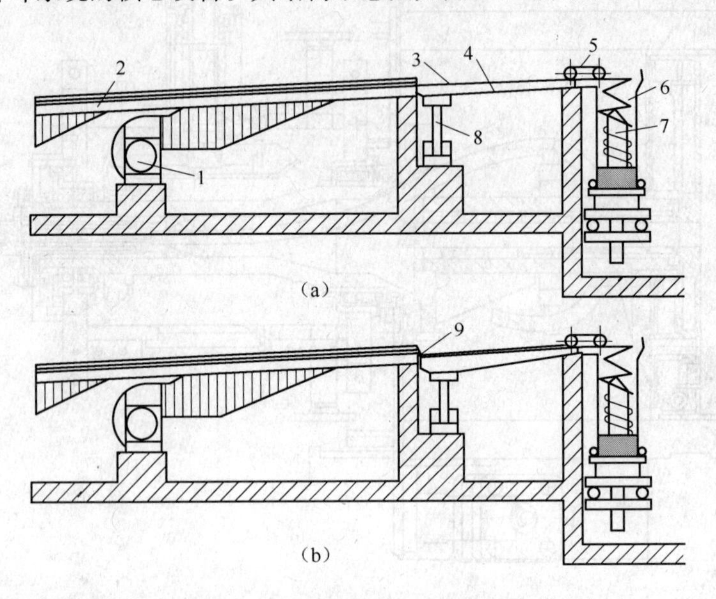

图 6-13　散卷运输机结构示意图

（a）台阶升高位置；（b）台阶降低位置

1—风机；2—风冷段；3—线圈；4—集卷段；5—压送链；6—集卷筒；7—集卷芯棒；8—升降梁；9—升降台阶

（2）辊式和链式运输机。斯太尔摩运输机有辊式和链式两种，链式运输机的结构比较简单，线材铺放在两根平行的链条上向前输送。但它无法错开线圈布圈后圈与圈之间的搭接点（热点）和线圈与链条的接触点（冷点）的固定位置，因而也无法改善这些搭接点和接触点处由于冷却速度不同而造成的性能波动。辊式运输机靠辊子转动带动线圈前进，因而不存在线圈与辊子之间的固定接触点。又因为辊道分成若干段，每段由一台电机单独传动，所以可以通过改变各段辊道速度来使圈与圈之间的搭接点改变，以改善各接触点和搭接点的冷却条件。因此，要从质量角度来看，辊式运输机比链式更好些。

为了使冷却段速度和集卷段速度独立可调，有的链式运输机分为两段，分别由两台电机传动。第一段为冷却段，速度 0.25~1.4m/s；第二段为集卷段，速度 0.25~0.9m/s。两段连接处为一落差可调的升降台阶（见图 6-13）。

辊式运输机也有两段之分。冷却段为辊式，集卷段为链式。辊链两段速度相互独立可调。无论辊式或链式运输机，只要带有保温罩盖均可实现延迟型冷却。在运输机末端，即集卷筒入口前沿，装有使线圈水平落入集卷筒的压送链。压送链和集卷区输送链是由同一台电机实行同步传动。运输机的下方布置有若干台风机。进行标准型冷却时，风机开启，通过运输机下方风口对其上面的散卷线材吹风冷却。风机风量在 0%~100%范围内分挡可调。

（3）"佳灵装置"。由于线材散圈铺放后，两侧堆积厚密，中间疏薄，如图 6-14（a）所示。为了加强两侧的风量，使线材冷却更加均匀，近几年出现了一种风量分配装置（摩根·西马克把它命名为“佳灵装置”)。这种装置可根据线圈两侧和中间差积的厚薄疏密不同调节两侧和中间的风量分布，以此得到满意的均匀冷却效果。

风量分配装置结构及风量分布曲线如图 6-14（b）所示。

H 运输机的技术要求

运输机的技术要求包括：

(1) 保温罩盖关闭严密，关闭后不得有缝隙。

(2) 对于辊式运输机，辊道各段速度应满足后段速度不小于前段速度。

(3) 运输机保温罩盖关闭后，罩盖与辊面（或链条）的净空高度不得小于 500mm。

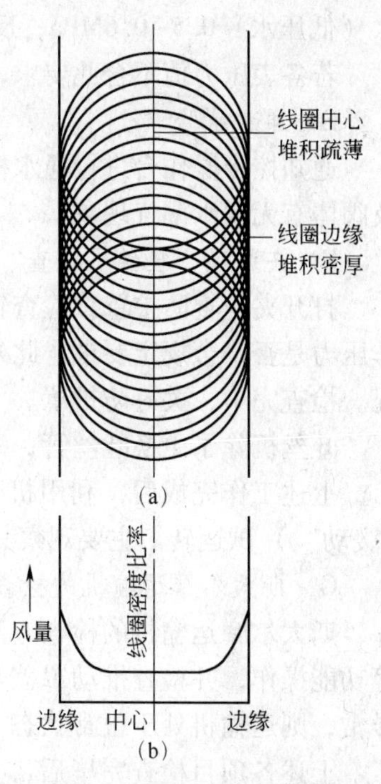

图 6-14 线圈疏密及风量分配
(a) 线圈散圈铺放；(b) 风量分布曲线

6.3.1.2 工具准备

本岗位的必备工具有：月牙扳手、活动扳手、榔头、断线钳、塞尺、电筒、小方镜。自制工具有：长柄钩、短柄钩、磨头圆钢试棒。

6.3.1.3 设备检查

开机前，控冷在线操作工要对该区域的所有工艺设备进行检查。检查项目与方法如下。

A 水冷喷嘴检查

逐个检查水冷喷嘴喷水口是否有堵塞物。对于喷口间隙可调的喷嘴，如环状喷水口喷嘴，要用塞尺检查喷水口间隙是否符合要求（一般规定此间隙为 1mm)。

B 水冷段对中度和畅通性检查

对中度检查，首先要检查水冷喷嘴和恢复段导槽是否安装到位。方法是用 0.1mm 的塞尺测试它们与安装底座的接触面间隙，若插不进即为合格。检查完毕后压紧水嘴的紧固螺杆和水冷管的楔形压铁，关好水箱。下一步是用一根直径略小于水冷管直径的磨头圆钢试棒（长 4m 左右），从恢复段导槽放入，分别通过各水箱和导槽，若无堵塞现象，则表明对中良好。

畅通性检查采用光源反射法。方法是在被检查段的一端斜放一小方镜，一人在另一端用手电筒照射。若镜子上有圆形发光点并清晰可见，则表明该段畅通良好。此方法一般由两人配合进行。可依据水冷段的长短分段检查，也可全段一次性检查。

C 水冷段磨损情况检查

水冷段磨损严重会造成线材剧烈跳动以及堵钢事故。所以生产前要检查水喷嘴、导管和导槽的磨损情况。检查方法是用手指触摸喷嘴和导管的出入口以及恢复段的导槽。要求无不光滑的磨损沟槽，均匀磨损深度不大于 2mm。

D 水压、气压检查

生产前要检查水冷段的水压表、气压表读数。一般对水压和气压的要求是：正向冷却水（低压水）0.5~0.6MPa；反向清扫水（高压水）1~1.2MPa；压缩空气 0.5~0.6MPa。

若各表压力值不合此要求，则须进行调压。

E 通水试验

通知控冷操作台进行通水模拟操作。然后逐个观察各水阀是否按照程序的规定开启以及阀体有无漏水漏气现象。

F 夹送辊、吐丝机检查

打开夹送辊防护罩，检查辊环夹槽是否与所轧制的规格相对应以及辊缝设定、气缸工作压力是否符合规定要求。此外，还要检查夹送辊导卫的安装和磨损情况以及辊环磨损情况。检查完毕，关好防护罩。

吐丝机除了更换吐丝管，一般无须打开检查。

上述工作完成后，利用机旁操作柜（箱）对夹送辊、吐丝机作机旁“爬行”（又称“缓动”）试运转。主要观察其运转是否平稳，有无冲击、摩擦等异常声音。

G 斯太尔摩运输机的检查

斯太尔摩运输机的检查方法是利用机旁操作柜进行机旁“运转”、“爬行”、“停机”等功能操作，并检查推动罩盖开闭的压缩空气是否送上。如操作灵活，运输机运转平稳无异常，则运输机处于正常状态。

上述各项目检查完毕后，立即将所有操作柜上的选择开关设在“操作台”（即“自动”）位置，同时报告控冷操作台“设备就绪”。

6.3.2 在线操作工的工作

正常生产中，控冷在线操作工一般要完成下列工作。

6.3.2.1 保温罩盖开/闭设定

开机后，操作工要按照冷却程序的规定，把各段保温罩盖打开或关闭。

操作要领：为了防止罩盖突然开/闭对设备造成冲击和振动，要求点动操作气阀，缓慢开闭罩盖。打开的罩盖要挂好保险钩，防止振动落下。

6.3.2.2 清理头尾乱线

由于轧制情况的变化，吐丝机吐出的线圈往往头尾不好，因而难以集卷，为了保证集卷顺利进行，操作工要对集卷前的头尾乱线进行清理。

清理方法是：

（1）处理头部乱线（拖线）。用断线钳将乱线（拖线）部分剪断，让其落入集卷筒，挂钩后取出。

（2）处理尾部乱线（包括拖尾、圈大）。用断线钳或液压剪将乱线部分剪断，并用长柄钩从输送链上将剪断部分拉下。

操作要领是：

（1）线卷处在行进中，所以要求剪切运作准确而迅速。

（2）若乱线清理后仍集卷不顺，则须人工协助钩拉集卷。

（3）如盘卷堆积过厚，超过压送链咬入高度，则应升起压送链让线卷通过。

6.3.2.3　调节布圈不正

吐丝机吐出的线圈有时不处于运输机中间位置，而是偏向一侧。这种现象通过操作台调节吐丝速度一般能得到纠正。但如果操作台调节不能奏效的话，则须操作工调节吐丝机下沿托板。调节方法是：线圈偏左倒，调高左侧托板（同时也可降一点右侧托板）；线圈偏右倒，调高右侧托板（同时也可降一点左侧托板）；调节托板时应注意，其外沿高度不能高于线圈出口高度。

6.3.2.4　更换冷却程序

（1）标准型换延迟型。按照延迟冷却程序的规定将保温罩盖关闭。该项工作操作要领是从前至后随着线材尾部向前运行而逐个关闭无线圈区的保温罩盖，以防止辊道（链条）上温度散发。

（2）延迟型换标准型。等辊道（或链条）上所有线卷走完后，按照标准冷却程序规定，打开各段保温罩盖，由操作台启动风机吹风冷却1~2min后才能走钢。这是为了让热状态下的辊道迅速冷却下来。

6.3.2.5　更换磨损件

控冷线设备的主要磨损件有：水冷喷嘴、水冷导管、恢复段导槽、夹送辊辊环和导卫、吐丝管等。它们的更换标准及更换方法如下所述：

（1）更换喷嘴、导管和导槽。它们如有不光滑的磨损沟槽，或磨损沟槽超过2mm，就应换掉。其中水冷导管如果只有一条磨损沟槽，可以不换，但要将导管转一角度(90°~180°）使用，以避开原磨损点。水冷段的磨损件更换后，要作对中度和畅通性检查。

（2）更换夹送辊辊环与导卫。夹送辊辊环与导卫的允许磨损为：辊环夹槽0.2mm；导卫0.5mm。磨损超过此值应予更换。更换方法与精轧机相同。

（3）更换吐丝管。吐丝机的磨损件是吐丝管。更换吐丝管按以下步骤进行：

1）松开防护罩锁定装置，并推开防护罩。

2）转动吐丝锥至正确位置。若吐丝锥不对位，防护罩上的门就打不开。

3）拔出定位销并打开活动门。

4）卸下吐丝管挡圈的紧固螺丝，并横向打开挡圈。

5）松开管夹螺丝，卸下销子和管夹。

6）转动吐丝锥，取下吐丝管。

7）将新吐丝管放入吐丝锥上的固定铣槽，并转动吐丝锥和管子，使吐丝管能自如地到位（吐丝管须事先检查有无变形和异物堵塞）。

8）上好管夹、销子、垫片及螺丝，并以80N·m的力矩拧紧这些螺丝（如拧得过紧，则容易使管子受挤压变形）。所有的螺丝必须螺纹朝内，即朝向齿轮装置。

9）合上挡圈，并紧固螺丝。

10）将吐丝锥转至正确位置。

11）合上并锁紧防护门。

12）推回防护罩并用插销销住。

吐丝机还有一项更换件工作是对吐丝机下沿托板的更换。轧制小规格时，吐丝速度快，线圈在吐丝管出口处布圈紧密且前冲力大，所以要用大托板；轧制大规格时，吐丝机吐圈密度松且前冲力小，故要换上小托板。托板换上后要注意调整好托板倾斜角度，一般以托板外沿离线圈铺放面 10~30mm 为宜。

所有更换件，如表面涂有防锈涂层，都应先用煤油或柴油将涂层清洗干净才能安装到设备上。

6.3.2.6　吐丝温度估测

生产中，有时由于水压的波动，电磁阀失灵、水嘴被堵等原因，造成吐丝温度突然间的改变。此外，有时因测温系统的内部毛病，使吐丝温度测量值与实际值偏差很大而处于失控状态。因此，要求操作工能根据吐丝处红钢的颜色来目测吐丝温度，判断其是否正常，以便及早地发现问题。吐丝温度与红钢颜色的判别见表 6-3。

表 6-3　吐丝温度的目测

红钢颜色	吐丝温度/℃	红钢颜色	吐丝温度/℃
暗棕色	530~600	樱桃色	790~820
棕红色	600~670	亮樱桃色	820~850
暗红色	670~750	亮黄色红色	850~900
暗樱桃色	750~790	橘黄色	900~1050

6.3.2.7　轧制缺陷检查

生产过程中，除了精轧机调整工（或红检工）定时检查成品外，控冷操作工也应时常观察检查线材有无轧制缺陷（折叠、耳子、麻面、结疤、划痕、尺寸超差等），以便及时发现轧材缺陷，减少废品，这对生产过程的质量控制（尤其是对无在线测径仪的线材厂）是十分必要的。

6.3.3　事故处理及原因分析

6.3.3.1　水冷段

水冷段常见事故主要是堵钢，原因一般有如下几种：

（1）水冷管或导槽内有堵塞物，如线材断头。

（2）水箱开水过早，使线材头部穿过水箱时因阻力过大而受堵。

（3）水压波动太大，造成对线材的冲击。

（4）水冷段某处磨损严重，造成线材运行受阻。

（5）水冷段导管或导槽直径太大，造成线材在管内弯曲被堵，如图 6-15 所示。

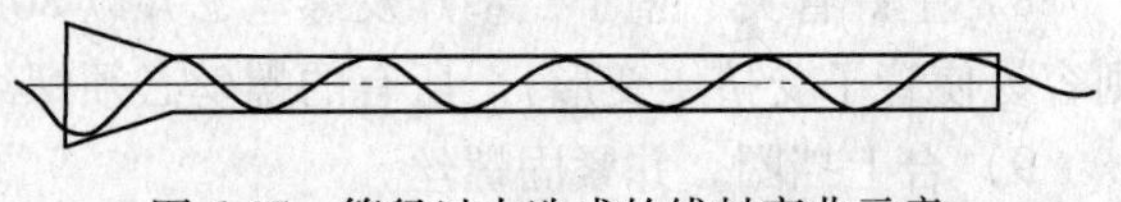

图 6-15　管径过大造成的线材弯曲示意

（6）夹送辊速度低于精轧出口速度，使线材堵在水冷段。

水冷段堆钢的处理方法是立即停止轧制，迅速打开水冷箱和恢复段，清除出各喷嘴、导管和导槽内的废钢。同时检查清理出的废钢是否有弯头、打结、互相缠绕等现象。还要逐段检查磨损情况和水压以及是否有堵塞物，以便迅速查出堵钢原因。在事故处理后，按照设备检查程序重新检查一遍水冷段，确认无误后，再关好水箱等待生产。堵钢若由于(4)、(5) 两条原因引起，则应更换设备部件。

6.3.3.2 夹送辊吐丝机

夹送辊吐丝机的事故有堵钢、拉断等，造成这些事故的原因有：

(1) 夹送辊前光电管检测信号失灵，使夹送辊不能按时张开/闭合而造成堵钢。

(2) 夹送辊夹槽与所轧规格不符，或上下辊错位造成堵钢。

(3) 导卫安装不正确，导卫、辊环磨损严重或导卫内有异物导致堵钢。

(4) 吐丝管内有异物、吐丝管变形或磨损严重引起堵钢。

(5) 夹送辊辊缝或气缸工作压力设定不合理造成堵钢或拉断。

(6) 精轧机、夹送辊、吐丝机三者速度配合不合理引起堵钢。

(7) 精轧机和夹送辊之间张力过大造成拉断。

(8) 夹送辊、吐丝机振动过大导致堆钢或拉断。

(9) 线材内部质量缺陷（冶炼缺陷）或轧制缺陷（严重折叠）造成拉断。

夹送辊、吐丝机出现堆钢或拉断事故时要立即停机，清理出留在夹送辊和吐丝机内废钢（吐丝管内废钢若取不出，则要更换吐丝管），并对夹送辊辊环、导卫的安装，辊缝、气缸压力的设定进行检查。若不符合规定要求，须立即调整。否则就要考虑上述的张力、速度、光电管等因素。

另外，对于延迟型冷却，由于运输机运行速度很慢（0.05m/s），如果轧制速度太快，有时会使线圈在吐丝机出口处堆积过高来不及运走而造成堵钢。这种情况下只有将钢拉出吊走（如线卷不乱则让其输送到集卷筒集卷）。在不影响线材性能质量的前提下，应提高一点运输速度以减小堆积厚度，否则就要降低轧制速度。

此外，为了防止堆钢造成线材头尾留在水冷段，在发生成品机架堆钢和夹送辊吐丝机堆钢事故时，都应检查水冷段内有无异物。

6.3.3.3 运输机

运输机在生产中一般不易出事故。有时可能会由于吐丝机吐圈不好而造成挂线、乱线。这种情况下操作工只须用断线钳剪断挂线、乱线部分，一般不会影响线卷运输。但是如果运输机上线卷堆积过厚过密，容易造成电机和机械设备超负载，有时会导致电机跳闸或断链事故。

6.3.3.4 集卷筒

集卷筒出现的卡钢、堵钢事故较多，除了部分是由于电气、液压等故障外，还有下列工艺原因：

(1) 集卷速度不合理。速度过大，造成线圈撞击筒壁歪斜落下；速度过小又易使线圈落不到鼻锥上。

（2）运输机速度设定不合理。前段速度大于后段，使线圈在运输中相互交错造成集卷时倾翻。

（3）吐丝机吐圈不好造成集卷不顺。

（4）升降台阶位置设定不对，导致线圈落下台阶时交错乱线。

集卷筒堵钢的处理方法有两种：一种是可以放慢集卷速度进行边集卷边处理。例如少数线圈歪斜或直立落进集卷筒引起的卡钢，这种情况下立即用机旁操作柜使运输机以“爬行”速度运行，吐丝机继续吐丝，然后用钩柄或其他工具捅捣卡钢处，使其落下鼻锥，处理完后再使运输机恢复原速；另一种是立即停机处理。如集卷筒内乱线堵死，分离爪打不开等，这种情况下要立即将运输机停下来（或按下“紧停”键），中止吐丝（精轧前卡断剪卡断），然后将集卷筒内线卷全部拉出吊运走，并清理好运输机上的乱线，处理完毕后模拟操作一遍集卷动作过程，若正常则恢复“自动”集卷，启动运输机等待生产，同时通知操作台轧钢。

除以上列举之外，操作工通过检查线圈表面质量，还可以发现下列问题：

（1）线材四周一部分白亮，一部分暗黑。这是恢复段回水所致。因为恢复段有水，线材一部分浸在水中造成冷却过度，因而颜色暗黑。出现这种情况要检查水箱两端的清扫喷嘴（捕水器）是否打开、安装是否反向或被杂物堵住。

（2）线材表面有伤痕。这种伤痕有三种情况：一是在整个长度上呈连续光滑的压痕。这是夹送辊夹紧力太大所致，应减小气缸工作压力并适当抬高辊缝；另一种是线材全长上有连续划痕（擦痕），这可能是夹送辊导卫或末架精轧机导卫内有异物（如粘铁）或严重磨损所致，应检查这两处导卫；还有一种是线材表面有周期性伤痕，伤痕之间的间隔长度与夹送辊辊环周长差不多，这种现象说明夹送辊辊环或成品机架辊环有问题，应停机检查。

6.3.4　操作安全事项

操作安全的注意事项有：

（1）操作中劳保用品要穿戴整齐。

（2）检查设备或停机处理事故时，应给出信号板上“轧制故障”信号。有安全挡板的地方要放下安全挡板。

（3）开机前，所有设备的安全防护盖罩（罩网）都必须关好且插上安全销固定。

（4）停机处理机内事故（故障）时，要将机旁预选开关设在“机旁”或“闭锁”位置。

（5）不准用手直接接触红钢。

（6）行车吊运废钢时，捆扎线要用钢丝绳或 $\phi6.0\sim7.0$mm 的低碳钢（软线）线材，不准用硬线或其他规格的线材捆扎。捆扎扭结处的扭结道数不得少于三道。用 $\phi6.0\sim7.0$mm 的单股线材吊运的质量不得超过 400kg。

（7）无领行证不得指挥行车吊运。

6.4　控冷操作台的操作技能

6.4.1　操作台的控制功能

由于每套线材轧机的自动化控制水平不同，操作台的控制功能也不一样。但概括起来一般具有如下功能：

（1）夹送辊、吐丝机、运输机的启动/停机控制。操作工按动操作面板上对应设备的启动/停止按钮，可对各运转设备进行启动/停止操作。

（2）吐丝温度的控制。通过调节冷却水量来控制吐丝温度。

（3）头、尾不冷段长度调节。通过键盘或数码转盘改变不冷段长度设定值，以控制头尾不冷段长度。

（4）吐丝系数和夹送辊电流限幅值的调节。调整吐丝系数和夹送辊电流限幅值，可改变吐丝机速度和夹送辊夹尾制动力，从而保证良好的吐丝质量。

（5）运输机速度的调节。通过改变运输机速度来改变散卷的铺放密度，以达到控制风冷段冷却速度的目的。此外，对辊式运输机，还可以通过各段速度的变化来拉开线圈之间的搭接点。改变运输机速度的途径有两条，一是改变速度基准值设定，二是采用级联调速。

（6）风量调节和风量分配。改变风量可改变盘卷的冷却速度。根据盘卷堆积密度来调节风量分配装置，可使风量大小在运输机中心和边缘得到合理的分布。

（7）冷却程序的贮存、调用和修改。通过操作台的键盘可将新的冷却程序输入到计算机贮存，并可用键盘调用和修改任何贮存的冷却程序。

（8）温度监测显示。操作台有若干个温度显示器，可显示全轧线若干个测温点的实测温度，便于操作人员控制调整。

（9）物料跟踪。物料跟踪有人工记号和计算机自动跟踪两种操作。人工记号靠操作台操作工通过通讯对讲系统对每根钢坯的入炉、出炉、轧制、冷却、运输、打捆、卸卷等各工序进行人工记录。自动跟踪是以计算机代替人工进行上述各工序的记录过程，并通过终端显示屏幕显示出来。对自动跟踪可进行除号、改号等人工干预操作。

（10）故障报警与显示。生产中的各类故障由计算机检测元件检测到后，在操作台进行报警与屏幕显示。操作台操作工可根据显示的故障种类和故障区域采取相应的处理措施。

（11）工业电视。操作台装有若干台工业电视，用以监视现场生产情况。对于控冷区，一般是监视吐丝和集卷。

6.4.2 生产操作要领

6.4.2.1 开机前准备

开机前要对操作台的设备逐一检查，若无损坏，则对启动控制柜上各运转设备和监控设备进行授电操作，即按下磁场和电枢“接通”按钮（有的称为“一次电源”或“总电源”接通）。

授电后，分别打开各显示器开关，检查显示内容中的图像、图表、文字等是否清晰，画面切换是否灵活。若一切正常完好，即可按照生产计划单（轧制表）上所要轧制的钢种、规格，调出相应的冷却程序显示在主画面上。此时，操作台准备工作就绪。

6.4.2.2 开机

操作台开机的前提是：现场设备处于就绪状态（以在线操作工的报告为准）；接到生

产调度（或值班员、作业长）的“开机”指令。具备这两条，操作工可进行开机操作。开机程序如下：

（1）用对讲通知现场人员设备将启动，注意安全。

（2）依顺序分别按下风机、运输机、吐丝机夹送辊的“启动”键。

（3）如果轧制表要求对盘卷切分，则按下“切分”键。

（4）各设备启动后，试运转1~2min。若一切正常，即清除信号板上“冷却集卷区轧制障碍”信号。

（5）通知调度（或主控台），本区域生产条件具备，可以来钢。

6.4.2.3 工艺参数调节

A 吐丝温度的调节

由于显示器上显示的温度值时刻都在波动，所以生产上允许温度显示值（实际值）对设定值有一定的波动范围，一般为±10℃。超过此范围便要进行人工调节。吐丝温度的调节是通过增加或减少冷却水量来实现。吐丝温度过高时应增加水量，反之减少水量。水量增减应以所能控制的最小增减量进行逐步增减。水量的最小增减量因控制手段不同而异。有的以控制单个水嘴的开闭来实现，以这种方法控制的最小增减量就是一个水嘴的水流量；有的通过改变总水量的百分比来实现，这种方法控制的水量最小增减量是人为设定的百分比变化量。但无论采取哪种控制方法，此项操作的要领是：水量的增减应由小到大逐级进行。每增减一级，须停下来察看显示温度的变化。直到温度控制在设定值的±10℃以内为止。切不可一次增减过多而造成温度反向波动，这样往往会导致线卷全长性能波动较大。

B 吐丝系数的调节

吐丝系数用来调节线圈直径大小和纠正布圈的左右偏向。每台吐丝机吐出的线圈直径在设计上都有其规定值（马钢高速线材厂为ϕ1040~1080mm）。超过规定值范围会给后面的集卷带来不便，因此要对其进行调节。调节吐丝系数实质上是调节吐丝机的速度。对于顺轧向看逆时针旋转的吐丝机，如线圈偏左倒或线圈直径偏小，则表明吐丝机速度太快，应负向调节吐丝系数（即减小吐丝系数）；反之，线圈偏右倒或线圈直径偏大，则应正向调节吐丝系数。对于轧速高达100m/s的高速线材轧机，吐丝系数按不同规格一般取2%~7%。最大调节范围不应超过±10%，否则会因吐丝速度与夹送辊、精轧机速度不匹配而造成拉断、堆钢等事故。

C 运输机速度和风量的调节

调节运输机速度和风量是为了控制线圈冷却速度。控制能力较好的运输机上装有可移动式测温仪，它可以根据需要被安放在运输机的任何位置以测量该点的线材表面温度，并在操作台上显示出来。操作工根据显示的温度测量值与设定值比较，若超过±10℃，则要进行人工调节。调节方法一般是：采用延迟型冷却工艺时，调节运输机速度，当温度超高，运输机增速，反之降速；采用标准型冷却时，调节风量，当温度超高，风量增加，反之风量减小。

此项操作的要领是：对于辊式运输机，调速时不允许后段辊速小于前段辊速；对标准型冷却，在允许速度范围内，后段速度应逐渐大于前段速度，以消除线圈相互搭接处的冷却不均匀现象。另外，集卷速度控制在0.4~0.7m/s为佳。

D 风量分配（佳灵）装置的调节

风量分配装置调节取决于线圈的堆积密度。一般是堆积越密，线圈靠近运输机两侧部分的冷却就越慢，因而两侧需要较大的风量。风量分配的调节根据操作工的经验掌握，以线材得到均匀冷却为好。

E 升降台阶调节

多段式运输机（两段以上）中，各段联结处的升降台阶落差依前后两段运输机速度而定。一般是按下列原则确定：前段速度大于后段速度时，台阶处于降低位置（落差大），如图6-13（b）所示；前段速度小于或等于后段速度时，台阶处于中间或升起位置（落差中等或小），如图6-13（a）所示。

6.4.2.4 物料跟踪操作

由计算机控制的物料跟踪系统通过冷热金属检测器实现对生产过程中的物料跟踪，并通过显示屏幕显示跟踪内容，但生产中的异常情况如剔废、中间轧废、检废以及错号等现象，自动跟踪系统则不能自动处理。为此需要人工通过键盘对其进行清除或改正。多数跟踪计算机是以光标来进行除号或改正操作，即将光标指向所须修改的内容，然后按下相应的功能操作键进行“清除”、“改正”等处理。还有一种计算机是采用定位除号，它是让待处理的盘卷进入显示屏幕上的某一规定区域（除号区）后再进行除号操作，对除号区以外的盘卷，除号操作不起作用。

控冷操作台的主要跟踪内容是记录集卷挂钩后的盘卷批号和盘卷号与钩号的对应。因此，该操作台操作工须人工记录每一盘卷的批号、盘卷号和钩号，或向跟踪计算机输入钩号。

另外，为了防止漏记、错记（混号），针对批号、盘卷号、钩号以及轧废、检废等内容控冷操作台应随时与前、后岗位取得联系，以免出现差错。

6.4.2.5 更换冷却程序操作

生产中，如下一批号使用的冷却程序与在轧批号不同，那么在轧批号的最后一根钢吐丝时，要通知主控台暂缓来钢，并调出新的冷却程序。等吐丝完毕，即通知控冷线操作工按程序内容进行换程序操作（开/闭保温罩盖）。当运输机上同批号盘卷全部离开运输机的冷却区后，即进行程序切换，使新程序的设定值投入操作（程序切换内容有：冷却水量、风量、运输机速度、头尾不冷段长度、夹送辊电流限幅值、吐丝系数等）。切换完成后，即可通知开轧下一批号。

6.4.2.6 “紧停”操作

凡是会导致设备或人身事故的紧急情况，不停车将出现严重后果时，应按“紧停”键进行紧急停车。

6.4.3 异常情况的观察、判断、分析与处理

生产过程中，往往会有一些异常情况出现，如不及时处理则容易导致事故发生。生产中遇到的一些异常情况及其原因分析和处理措施见表6-4。

表 6-4　异常情况的原因分析与处理措施

异常情况	原因分析	处理措施
吐丝温度波动大，难以控制	水压波动太大，导致水流量变化频繁	采用稳压措施
	测温仪松动或抖动，使得测温点不固定	固定测温仪，使之定点测温
	温度检测和显示系统故障	检查测温仪、显示器及电路
吐丝温度调节失灵	气压不足，气阀打不开	调节气阀压力
	电磁阀失灵	更换或检修电磁阀
	控制系统故障	检查有无控制信号
吐圈质量不好	粗中轧张力过大，造成尾部吐圈不好	调整粗中轧张力
	精轧机组的速度波动频繁，使吐丝机速度来不及响应，因而引起吐圈大小不规整	稳定轧机速度
	精轧机、夹送辊、吐丝机三者速度配合不好，导致吐圈过大或过小	重新校准三者速度配合
	吐丝管变形或磨损严重，造成吐丝布圈不规整	更换吐丝管
	水冷段磨损严重，线材通过时抖动厉害而影响吐丝	更换水冷段磨损件
	夹送辊孔型磨损，导致夹持力不够	压一点夹送辊辊缝或增加夹送辊气缸压力，或更换辊环
前后两卷头尾搭接	轧制节奏过快，运输机速度过慢	放慢轧制节奏，使前后两卷间隙不小于 1m；在不影响性能情况下，提高运输机速度
运输机电机跳闸或运输辊道打滑，运输链断链	运输机负荷过重	放慢轧制节奏，以减少线卷在运输机上的数量； 在不影响性能情况下，提高运输机速度，以减小线圈堆积密度（注意：电机跳闸后重新启动时，若运输机上仍有较厚的盘卷，则应以最慢速度启动，以防启动负荷太大而再次跳闸）
线材在水冷段及吐丝机夹送辊处拉断	精轧机和夹送辊之间张力太大	调整精轧机与夹送辊之间张力
	材质内部缺陷（严重缩孔、疏松、夹杂、偏析等）	对钢坯进行入炉前检查（探伤、清理）
线材全长或断面性能波动超差	水压波动严重，或人为调节过于频繁	对冷却水采取稳压措施，操作中尽量减少水量调节次数
	恢复段回水，使线材断面上冷却条件不一致	检查水箱两端的清扫喷嘴（捕水器）安装是否正确、被堵以及电磁阀是否接受信号，水阀阀体是否损坏漏水
	取样部位不对或盘卷材质有问题	头尾各剪去 10~20 圈，重新取样检验，并对相邻两盘卷作同部位取样检验，以作比较

6.4.4　操作安全事项

（1）所有操作面板、控制台板、仪器仪表等电气设备上不得放有盛水容器（如茶杯、暖壶、水瓶等），以防止水溢出造成设备漏电或损坏。

（2）设备启动前要进一步确认是否具备启动条件（即是否“就绪”），并通过对讲通知现场各岗位“设备启动”，提醒注意安全。

（3）严格执行操作牌制度，无操作牌不准操作或启动设备。

（4）操作中执行《技术操作规程》、《安全操作规程》和《标准化作业程序》，严禁违章作业。

6.5 线材的精整、运输与成品库

6.5.1 线材的集卷、修整、检查与取样

6.5.1.1 集卷

除少数几种冷却工艺采用集卷过程中或集卷后冷却外，大部分线材控冷工艺是先散圈冷却，然后将散圈收集成竖立的盘卷，并通过翻转机构挂到C形钩上，或使散卷直接落到卷芯架上由运输轨道进行输送。

C形钩运输的集卷、挂卷系统的主要设备有集卷筒、移卷小车和挂卷用的翻卷机。集卷筒内有分离爪、切分剪，移卷小车上有液压缸控制的升降托板和芯棒。初始状态下，移卷小车位于集卷筒内，由芯棒顶住集卷定位用的鼻锥而处于受卷状态。当运输机送来的线圈呈水平进入集卷筒后，通过芯棒上的鼻锥定位落到升降托板上，托板随着线圈的积累逐渐下降。当一盘线卷收集完后，位于鼻锥下方，沿筒体四周布置的若干个分离爪由气缸推动伸出，托住鼻锥，靠分离爪暂时存放随后而来的下一盘线材。这时托板托住整盘线卷与棒小车一道从集卷筒内移出，进入翻卷机内。移卷小车进入翻卷机后，翻卷机的夹持器落下将盘卷夹紧并上升，使之离开托板，芯棒随之抽出盘卷并随移送小车一起退出翻卷机，返回集卷筒接受下一个盘卷，而翻卷机将夹紧的直立盘卷翻转90°使之平卧，由C形钩穿入挂卷，至此便完成了一个集卷、挂卷周期。

卷芯架运输的盘卷收集过程是使进入集卷筒的线圈直接落在受卷芯棒上，当一盘线卷收集完后，由收集转动台将承载卷芯架吊上输送轨道输送，并供给空芯架以接受下一盘。

如图6-16所示，先进的集卷系统在集卷筒1内装有切分剪2和头、尾收集装置，可对盘卷的头、尾进行自动剪切，切下的头、尾由收集装置收集。此外，切分剪还可根据用户要求，将大盘重盘卷切分成两盘或两盘以上的小盘重盘卷。

6.5.1.2 盘卷修整

盘卷的修整主要是对它的头、尾进行修剪。相对来说，线材的头、尾部分容易产生缺陷。因为在轧制过程中线材头、尾部分的钢温比中间的低一些，且在有张力轧制的机组上，轧件的头、尾无法形成张力轧制，因此头、尾轧件宽度量偏大，容易造成尺寸超差。由于线材的头、尾部分不水冷，所以盘卷头尾未冷部分的力学性能较差。此外，线材头、尾的失张往往使线材头尾的吐丝形状不好而影响打捆。为此，在盘卷打捆之前要进行修整，将线材头尾的缺陷（尺寸超差、性能超差、线圈零乱不规整等）剪除。头尾修剪量要以切净所有缺陷部分为原则。在这个前提下，对高速线材轧机生产的线材产品，一般大规格线材头尾各剪去1~2圈，小规格线材头尾各剪去3~5圈。

目前，大多数线材厂的头尾修剪靠人工操作，人工修剪的主要工具是液压剪和断线

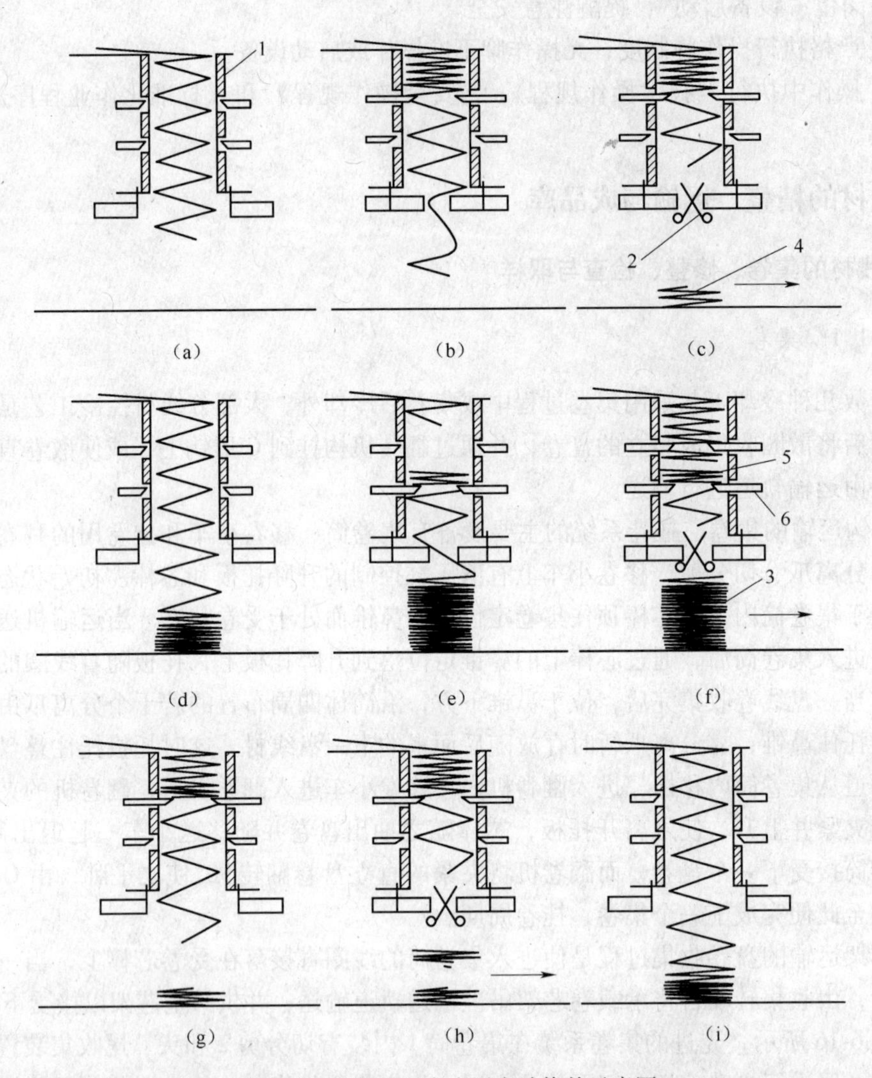

图 6-16　集卷过程中头尾自动修剪示意图

(a) 进卷；(b) 切头准备；(c) 切头；(d) 成品卷出筒；(e) 成品卷出筒完毕；(f) 切卷；
(g) 第二卷出筒；(h) 切头并运走头、尾；(i) 成品卷出筒

1—集卷筒；2—切分剪；3—成品卷；4—切下的卷头部分；5—留下的卷尾部分；6—托桨

钳。液压剪的剪体吊挂在可自由转动的悬臂梁上，剪体不但能随悬臂梁转动，而且能沿着悬臂梁移动。所以液压剪能较方便地剪切线材。断线钳仅仅用于修剪规格小、且修剪量不大的低碳钢线材。人工修剪线材劳动强度大，操作条件恶劣，随着线材规格的增大和产量的提高，靠这些修剪工具人工修剪已不能有效地完成线材修剪任务。所以，先进的高速轧机线材生产线都朝着自动修剪的方向发展，利用计算机程序控制，直接在集卷过程中完成线材的修剪工作。

对线材成品修整，一般有如下要求：

（1）盘卷两端的缺陷部分（包括未水冷部分）要切净。

（2）盘卷的内外圈，特别是内圈应规整，否则影响打捆。

（3）盘卷端部的线圈不得零乱或托挂。

（4）一盘线卷应是一根完整的线材，不得剪成多头。

6.5.1.3 成品检查

线材成品检查包括线材外观质量检查和组织性能检验。组织性能检验是按照国家或企业标准规定以及合同中用户提出的技术条件进行的。

外观质量检查是检查线材的形状、尺寸和表面缺陷是否符合标准规定。线材断面形状用它的不圆度来衡量。不圆度是指线材断面最大直径与最小直径的差值。表6-5是国内某厂按照国际先进标准制定的线材尺寸企业标准。线材的用途不同，其表面质量的要求也不同。建筑用材的表面质量要求较低，如制作预制件用的碳素结构钢盘条允许存在某些轻微的表面缺陷，缺陷的深度或高度可放宽到不大于0.2mm。而深加用线材，其表面质量要求较高，并对线材的化学成分、脱碳层深度、金相组织、全长力学性能的均匀性等有一定的要求。线材的表面缺陷主要有耳子、折叠、划痕、麻点、裂纹、结疤、分层、夹杂、凸块、凹坑等。

表6-5 某厂的线材尺寸企业标准

<table>
<tr><th rowspan="2">直径/mm</th><th colspan="3">允许偏差/mm</th><th colspan="3">不圆度/mm</th></tr>
<tr><th>精度级A</th><th>精度级B</th><th>精度级C</th><th>精度级A</th><th>精度级B</th><th>精度级C</th></tr>
<tr><td>5.5</td><td rowspan="4">±0.30</td><td rowspan="10">±0.20</td><td rowspan="7">±0.15</td><td rowspan="18">≤0.40</td><td rowspan="10">≤0.32</td><td rowspan="7">≤0.24</td></tr>
<tr><td>6.0</td></tr>
<tr><td>6.5</td></tr>
<tr><td>7.0</td></tr>
<tr><td>7.5</td><td rowspan="16">±0.40</td></tr>
<tr><td>8.0</td></tr>
<tr><td>8.5</td></tr>
<tr><td>9.0</td><td rowspan="15">±0.20</td><td rowspan="15">≤0.32</td></tr>
<tr><td>9.5</td></tr>
<tr><td>10.0</td></tr>
<tr><td>10.5</td><td rowspan="11">±0.25</td><td rowspan="11">≤0.40</td></tr>
<tr><td>11.0</td></tr>
<tr><td>11.5</td></tr>
<tr><td>12.0</td></tr>
<tr><td>12.5</td></tr>
<tr><td>13.0</td></tr>
<tr><td>13.5</td></tr>
<tr><td>14.0</td></tr>
<tr><td>14.5</td><td rowspan="4">≤0.50</td></tr>
<tr><td>15.0</td></tr>
<tr><td>15.5</td><td rowspan="2">±0.50</td></tr>
<tr><td>16.0</td><td>±0.30</td><td>≤0.48</td></tr>
</table>

6.5.1.4　取样

取样须在线材修整完毕后进行，一般按批随机抽取。取样部位是在整个盘卷除去头尾两端若干千米以后的任何部位，有时则须根据用户要求在指定部位取样。每批线材取样数量依有关标准规定或用户要求而定。表 6-6 为部分钢种的线材取样数量规定。

表 6-6　部分钢种的线材取样数量规定

标　准	名称	取样数量/根 · 批$^{-1}$												
		化学成分	拉力	断口或低倍	显微组织	脱碳	冷、热顶锻	冲击韧性	夹杂	淬透性	硬度	网状碳化物	冷弯	淬透性深度
GB 700—88	碳结构	1	1										1	
GB 699—88	优质碳素钢	1	2	2	2	2	3	2	2	2	≥3，每批的 2%			2
GB 1298—86	碳工钢	1		2	2	3					5	2		3
GB 1222—84	弹簧钢	1	2	4	2	2			2	1	3			
YB 9—68	滚珠轴承钢	1		2	5	5			5		每批的 10%			
GB 6478—86	冷镦钢	1	2	4		2	3		2		≥3，每批的 2%			
GB 13014—91	建筑用钢	1	2					3				2		

有些标准规定，第一次取样检验不合格的线材盘卷，可在相同盘卷上第二次取样复验，复验样数量应比第一次取样数增加一倍，当检验都合格时，此批线材才能判为合格品。

6.5.2　盘卷的运输与打捆

6.5.2.1　盘卷的类型和特点

线材的盘卷运输是线材精整工序中的重要环节。在运输线上盘卷将完成修整、成品检查、取样、打捆、称重、挂牌和卸卷等工序。盘卷运输方式分为辊道运输、链式运输、板式运输和钩式运输；按照盘卷的放置形式可分为立式运输和卧式运输，如图 6-17 所示。

6.5.2.2　立式运输

立式运输又分为无芯棒式运输、座椅式运输和芯棒式运输。竖立的盘卷直接通过轨道或板链式运输机运送的方式为无芯棒式运输。座椅式运输是将盘卷立放在“椅子”形的装置上，并通过运输带或辊道运输。盘卷立放在吊装的带芯托架上称为芯棒式运输。这三种运输方式中，前两种的盘卷高度有一定的限制，堆积过高会倒塌，所以只适用于小型线材轧机的几百千克以内的小盘重。芯棒式运输因有芯棒扶正，盘卷可相应堆高一些，一般可

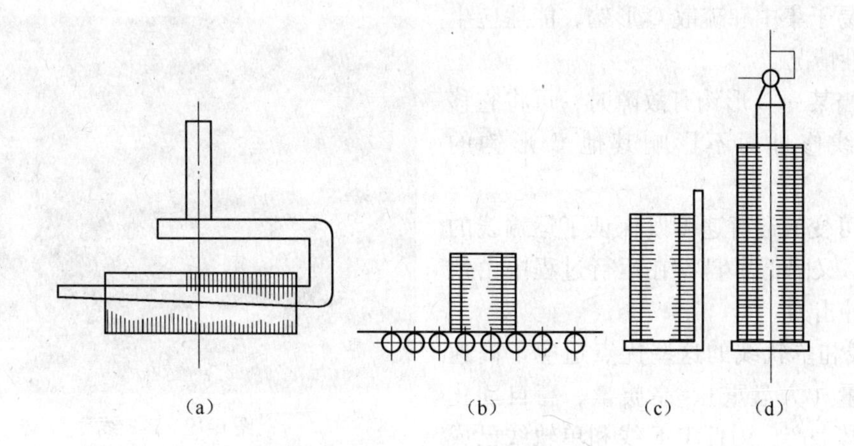

图 6-17 盘卷运输方式示意图
(a) 卧式运输方式；(b) 辊道或链式（立式运输方式）；(c) 座椅式（立式运输方式）；
(d) 吊挂式（立式运输方式）

承受 1t 左右的散卷，它适用于中等盘重的高速线材轧机。

6.5.2.3 卧式运输

卧式运输（即钩式运输）是将集卷后的盘卷挂在运输的 C 形钩上进行运输的一种方式。钩式运输有三种形式，即钢缆或链条拖动 C 形钩的集体传动运输线、分段传动的 P-F 线（驱动-游动运输线）和单独传动的单轨运输线，如图 6-18 和图 6-19 所示。钩式运输线上的 C 形钩与它前进方向一致的称为顺钩布置。C 形钩与前进方向垂直的称为横钩布置。

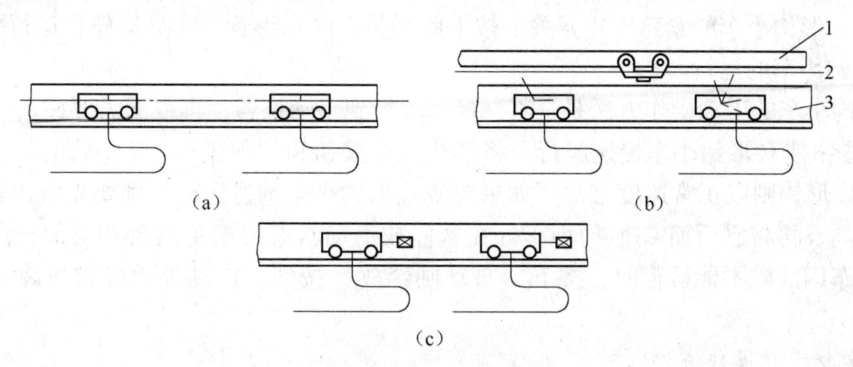

图 6-18 钩式运输机的钩子传动方式示意图
(a) 钢绳传动系统；(b) 驱动-游动系统（P-F 线）；(c) 单独电机传动系统
1—轨道；2—钢绳；3—下轨道

高速线材生产中盘卷的运输形式一般选用 P-F 线或单轨运输线，这类现代先进设施具有如下特点：

(1) 盘卷可以在任意位置停留或移动，便于人工检查成品尺寸和缺陷以及取样等操作。

(2) 盘卷在运输过程中没有擦伤，克服了其他运输形式中盘卷的相对滑动和推拉等动作。

(3) 易于集中和疏散C形钩，能适应生产中突发性情况。

(4) 当某一C形钩有故障时，可将它移送到检修线修理而不影响其他C形钩的运行。

(5) 可变的运行速度既保证了运输线的生产节奏，又降低了盘卷在运行过程中由惯性产生的冲击力。

P-F线和单轨线的这些优点适应了高速度、高产量（大盘重）、高质量、高自动化程度的线材生产，因此P-F线和单轨线已成为高速线材生产中主要的盘卷运输方式。

图6-19　P-F线

6.5.2.4　盘卷运输的操作技能

盘卷运输的操作方法随设备的形式、结构特点和自动化程度的不同而不同。下面介绍马钢高速线材厂单轨运输系统的操作方法。

A　C形钩小车手动操作方法

C形钩小车正常运行时，是由计算机控制的自动过程。在自动工作过程中，C形小车只能前进，不能后退。小车后退时，需要手动操作。小车定位不准或出现故障时，同样需要手动操作。手动操作是靠设置在C形钩小车端头的操作盒实现。操作盒上装有自动/手动选择开关、“前进”和“后退”按钮、“快速行驶”按钮和“制动闸释放”按钮。此外还有一个C形钩小车的紧急停止开关。按下此开关，该C形钩小车立即停止运行而不影响其他C形钩小车的运行。

C形钩小车的手动操作方法是：将选择开关扳到手动位置，再根据需要按动“前进”、“后退”按钮使C形钩小车慢速爬行。将“快速”按钮和“前进”（或“后退”）按钮同时按下，C形钩则以正常速度移动。如果要使C形钩小车倒退运行，则要先空出轨道上要倒退的距离，再将它后面C形钩小车处在紧停或手动状态以避免两台相对而行的小车碰撞。当小车因故障不能运行时，按下“自动闸释放”按钮，借助外力推拉故障C形钩小车运行。

B　道岔手动操作方法

为了有效地分散或会聚C形钩小车以适应高速化生产，道岔移动是自动进行的。在生产中有时某段单轨需要优先通行，这就需要手动操作。手动操作的控制盒装在靠近道岔的单轨立柱上。控制盒有一个选择开关和一个“直道”、“弯道”按钮。手动操作时，可先将道岔入口处的C形钩小车处在“手动”或“紧停”位置，再将道岔选择开关扳倒“手动”状态，按动“直道”或“弯道”键。直到道岔上轨道与单道轨道对正，然后使入口处C形钩小车恢复到“自动”位置，C形钩小车则自动进入道岔。手动操作完毕后，应立即使道岔选择开关恢复到自动状态。

C　横移桥的操作要领

横移桥分为自动和手动两种操作方式。在自动状态下，横移桥是按照“循环运送程序”由计算机进行控制。横移桥控制按钮安装在打捆机的控制柜上，设有自动/手动选择开关、电源接通和切断按钮以及横移桥前进和后退按钮。操作前应检查横移桥移动是否平稳，是否能与单轨运输线准确连接，安全叉开闭是否正常。手动操作时，按住“前进”或“后退”按钮直到横移桥与单轨线完全连接为止。C形钩小车在横移桥上是否定位准确，直接影响横移桥的移动。C形钩小车定位不准，横移桥则不移动。此时，应手动干预C形钩小车的运行，使它处于准确的位置上。生产中有时出现横移桥在移动过程中，突然停止运行，这主要由于C形钩小车在横移桥上定位精度不高，在横移过程中，C形钩小车与固定梁上引导轨道相擦，造成C形钩小车偏离了摩电道上定位段，使得横移桥逻辑控制器失去了“小车定位准确”信号，横移桥立即停止运行。这时须要人工给C形钩小车重新定位。

6.5.2.5 打捆机

A 打捆机的作用和类型

盘卷进入打捆机之前，在运输线上呈松散的状态。为了便于盘卷运输和存放，应将盘卷牢固地捆扎起来。打捆机是盘卷进行轴向压缩和捆扎的设备。线材打捆机一般分为三种类型：立式打捆机、单卷卧式打捆机和多卷卧式打捆机。多卷卧式打捆机可将几个打过捆的盘卷再次压紧后，捆扎在一起。立式运输线大都采用立式打捆机。松散的盘卷不需要其他辅助设备直接送入立式打捆机进行打捆。立式打捆机也可用于卧式运输线，但在盘卷进出立式打捆机处，要借助于盘卷翻卷装置将盘卷从水平状态变成垂直状态进入打捆机，打完捆再由垂直状态变为水平状态返回到运输线。

B 卧式打捆机

随着线材生产的盘重增大和轧制速度提高，卧式运输逐渐取代了立式运输。卧式打捆机也渐渐在高速线材生产中取代了立式打捆机。卧式打捆机有两种打捆方式：向一侧挤压和对称挤压。第一种压紧方式是靠一台移动式压紧车和固定支座完成。移动式压紧车将盘卷向固定支座挤压进行压紧，如图6-20（a）所示；第二种方式的压紧是由两台移动式压紧车从盘卷两端均匀地压紧盘卷，如图6-20（b）所示。

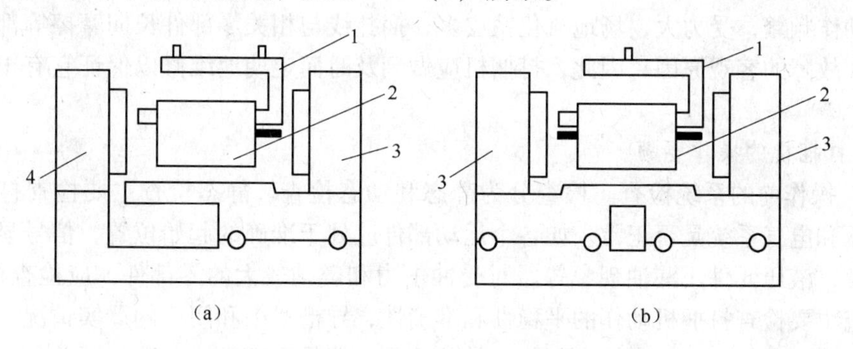

图6-20 卧式打捆机两种打捆方式示意图

（a）单向挤压打捆；（b）对称挤压

1—挂钩；2—盘卷；3—移动式压紧车；4—固定支座

卧式打捆机的捆扎装置随结扣的形式、捆扎材料的形状和捆扎道次而不同。结扣位置一种是在盘卷端部，另一种在盘卷的侧面。结扣在盘卷端部位置，使得打捆装置的扭结头不能有效地防止氧化铁皮进入扭结器，同时结扣直接受到盘卷的弹性恢复应力作用。捆扎道次一般分为4道捆扎和3道捆扎。4道捆扎的捆扎线互相成90°分布，3道捆扎时的捆扎线相互成120°分布。捆扎材料为带钢和线材。常用的带钢规格有：32mm×0.9mm、19mm×0.8mm等，带钢的优点是捆扎整洁，结扣平整，但是带钢价格昂贵，不能通过焊接实现无头供带。用作捆扎材料线材的规格一般为ϕ5.5~7mm，要求线材有较高的伸长率和适中的抗拉强度，捆扎线表面氧化铁皮要尽量少，避免使用二次氧化严重的线材。用作捆扎材料的线材，它们的头和尾可以焊接起来，实现无头供线，有效地提高打捆机的作业率。

C 线材打捆机的功能

为了改善打捆的质量，缩短打捆周期，适应高速的轧制节奏，线材打捆机应具有如下功能：

(1) 较短的打捆周期。

(2) 移送盘卷方便。

(3) 压力可调。

(4) 打捆功能可靠。

(5) 避免盘卷在打捆过程中擦伤。

(6) 维修简易，方便。

打捆周期是由盘卷输入、压紧、打捆和盘卷输出时间所决定的。打捆周期应少于轧制周期。一般情况下，线材的打捆周期应在60s以下。

无论哪种钩式运输线，载有盘卷的C形钩小车进出打捆机时，都要脱离钩式运输线的干线。因此，要求C形钩小车进出打捆机时方便、可靠。这样，也降低了打捆周期。

打捆的压力调节是非常重要的。它直接关系到是否向用户提供捆扎紧密，外形良好的盘卷线材打捆机的压力一般为100 ~ 450kN。打捆功能可靠包括两个方面：一是盘卷自动打捆的成功率高，故障少；二是盘卷捆扎的紧固性和持久性好，保证捆扎线在以后的运输中不松散，不移位或断裂。

盘卷打捆要保证向用户提供良好外形的盘卷，并避免线材表面出现机械擦伤或挤伤。打捆机动作频繁，受力大，场地氧化铁皮多，捆扎线与相关零部件长期摩擦等都是打捆机容易产生故障的客观原因。因此，打捆机应做到及时而定期地维修以保证它有正常生产的能力。

D 打捆机的操作要领

(1) 操作前的系统检查。检查分为静态和动态检查。静态检查主要检查打捆机的机械、液压和电气系统是否正常。如各个运动部件应处于准确的起始位置，信号显示系统应显示正常，液压元件无漏油现象等。对受冲击力和震动较大的零部件，应检查松动情况。动态检查主要检查打捆机动作的平稳性和准确性，导槽对中和闭合的严实情况。还可根据打捆机的动作和信号显示来检查限位开关的检测功能是否正常。当限位开关的检测距离超过规定值时，便失去了检测功能。造成这种现象的主要原因是固定螺丝松动。

(2) 选择合适的打捆方式。一般情况下，选用一次压紧打捆方式。对于较难压实的大规格、大卷重的高强度线材可选用两次压紧打捆方式。为了防止压力过大压断线材，在第二次压紧时压力应小于第一次的压力。

(3) 选择适当的打捆压力。捆扎盘卷的外观形状和防松性能的好坏，主要取决于打捆压力。打捆压力是由操作工根据被压紧盘卷的大小、规格和材质的不同来选用的。打捆压力选择得适当，被压紧的盘卷则具有良好的外观形状并且压实紧密，没有明显的弹性恢复力。普通线材的打捆压力为9~18MPa。

(4) 操作方式的选择。打捆机有三种操作方式："手动"，"自动"及"全自动"。操作时，打捆机选择开关应从"手动"扳至"自动"或"全自动"，打捆头和横移桥的选择开关从"手动"扳至"自动"。此时，打捆机就具备了启动条件。

(5) 打捆过程中，若指示灯显示某打捆头出现故障，应将故障打捆头选择开关从"自动"扳至"手动"，打捆方可继续进行。这是因为计算机得到故障信号后就中断了打捆机操作，当故障打捆头的开关扳至"手动"时，计算机又发出继续工作指令，该打捆头停止工作，其余打捆头继续完成打捆任务。

(6) 须要补充捆扎道次时，在捆扎机的整套打捆动作还未结束之前，应将横移桥的选择开关从"自动"扳至"手动"。整套打捆动作结束后，将须补充捆扎道次的打捆头选择开关扳至"自动"，其余打捆头的选择开关为"手动"状态，具备这些条件后，便可重新启动打捆机。

(7) 操作打捆头的机旁操作按钮板或进入打捆机处理故障时，应具备的条件是打捆机的选择开关处于"手动"位置，横移桥选择开关处于"手动"位置，相应打捆头的选择开关处于"手动"位置。这三个条件是保证人身和设备安全的必要条件，缺一不可。

(8) 数台打捆机同时工作的情况下，若一台打捆机停止操作，在停机之前，首先应将该打捆机区域的盘卷全部排空，然后再按照操作程序停机，以避免盘卷继续进入或停留在该打捆机区域，而给下道工序带来混号或其他麻烦。

(9) 要选择好打捆线的材质。打捆线在打捆过程中产生了拉伸和扭转，在扭结扣处产生了明显的塑性变形。因此，要选用含碳量较低、氧化铁皮较少的线材。它具有良好塑性(伸长率在30%左右)和适中的抗拉性能(σ_b=370~400MPa)。

(10) 更换打捆线时，一种是通过人工将更换的打捆线穿入打捆机的打捆头内。这种方法不需要其他辅助设备，但需多人配合(2~3人)，更换时间长(5~10min)。另一种方法是将两卷线卷的头和尾部，通过对焊机焊接起来，实现无头供线，这种方法操作简便，节省人力。须要注意的是焊接时，线材的头和尾要对齐成一直线，焊接处的凸起部分一定要磨平。

E 打捆机故障的预防和处理方法

(1) 打捆机工作时要注意观察，杜绝不规整的盘卷进入打捆机。若盘卷的内圈散乱变形、盘卷的头尾线圈拖挂着进入打捆机，可能会造成堵塞打捆机芯棒和导槽，或损坏设备的零部件，并由此引起打捆机故障，甚至使4个打捆机都不能工作。处理这类故障的时间一般较长。因此，在操作中应经常观察，及时发现和避免这类事故的发生。

(2) 经常用压缩空气吹扫打捆机，保障打捆机的清洁，以减少事故发生。打捆时从盘卷剥落的氧化铁皮沉积在限位开关上，易造成检测信号失灵，出现误动作。另外，断线头和其他撕裂金属片，卡在零件或异槽内也会造成打捆机故障。打捆机工作时间越长，吹扫打捆机间隔时间应越短。正常工作情况下，一般每隔20min左右吹扫一次。吹扫完毕后，可对一些零部件(如扭结齿轮等)进行润滑。

(3) 要从异常的声音中发现事故隐患，以杜绝事故的发生或扩大。打捆机在打捆过程中发出异音时，要查找它的声源，分析其原因，并及时采取措施。打捆机长时间工作后，可能造成一些零部件松动、磨损、限位开关超出规定检测距离或氧化铁皮沉积等都可能引起某一动作机构失灵而产生异者。因此，能听出设备故障的声音对操作者维护和使用好设备是相当重要的。

（4）从重复出现的故障中查找原因，并采取有效措施，防止同类事故发生。出现故障后，应首先搞清楚故障类型和部位，然后查找事故发生的原因，观察和分析发生故障时打捆线的运动轨迹，有助于查找故障原因。打捆头内剪刃重叠量和间隙的大小，矫直轮的压下量和其他零件动作的准确程度等都直接影响打捆线的运行。

F　打捆机的常见故障。

生产中打捆机的故障较多，现场中常见故障及其产生的原因和处理方法见表6-7。

表6-7　常见故障及其产生的原因和处理方法

<table>
<tr><th>故障种类</th><th>原因分析</th><th>处理方法</th></tr>
<tr><td>穿线时间过长</td><td>捆扎线没有在打捆头内准确定位；
捆扎线在导槽、回转轮、剪刃等处堵塞</td><td rowspan="4">（1）将故障打捆头和横移桥的选择开关分别从“自动”扳至“手动”，完成其他打捆头的打捆程序；
（2）打捆完毕，打捆机选择开关扳至“手动”；
（3）通过机旁操作按钮，打开导槽、夹持器、扭结器、回转轮；
（4）取出乱线，用压缩空气清扫打捆头</td></tr>
<tr><td>未夹紧</td><td>捆扎线未准确到达规定位置；
夹持器松动</td></tr>
<tr><td>未收线</td><td>捆扎线在收线时被卡住；
夹持器没有夹紧线</td></tr>
<tr><td>未扭结</td><td>扭结器未到达前进最终位置</td></tr>
<tr><td>打捆机不复位</td><td>打捆头故障（故障信号灯显示）；
捆扎线的扭结扣未能从打捆头中推出；
打捆头盖板未张开</td><td>通过“手动”状态，使打捆机（头）复位后，清除故障显示，按“复位”键使打捆机恢复起始状态</td></tr>
</table>

6.5.3　盘卷的称重、卸卷及入库

6.5.3.1　称重

盘卷在入库前要进行称重。为了提高生产效率，现代高速轧机线材生产线上多采用电子秤，它具有称量准确、自动显示和称量周期短等优点。

盘卷称量机布置在压紧打捆作业线后段的运输机下面。盘卷称量有两种方法：一种是盘卷在运输过程中作短暂停留，将盘卷连同吊挂设备一起称量，即盘卷直接在钩子上称量的方法。这种称量设备的主要特点是，将运输机的一段轨道安装在带有负荷传感器的称量设备上。另一种称量方法是盘卷在称量机处作短暂停留，称量设备用液压将盘卷从钩子上托起进行称量，即盘卷脱开钩子的称量方法。

这两种称量设备，后者称量的精确度高，使用得比前者多。不管采用哪种形式，在称重或挂标牌之前，都应了解盘卷的批号（炉罐号）、钢种、规格、检验合格与否等情况。这些信息对有计算机跟踪的生产线来说，很容易从显示屏幕上直接获得。在没有计算机跟踪的设备上，这些只能靠人工通过物料单进行跟踪。

电子称重系统一般与标牌打印到标牌中，挂到相应的盘卷上。若无标牌打印设备，则须人工打印标牌或直接将内容写到标牌上。

6.5.3.2 卸卷与入库

小型的线材卸卷大多是通过集卷机将多个小卷集在一起，然后用叉车运到堆放场地堆放，如图6-21所示。

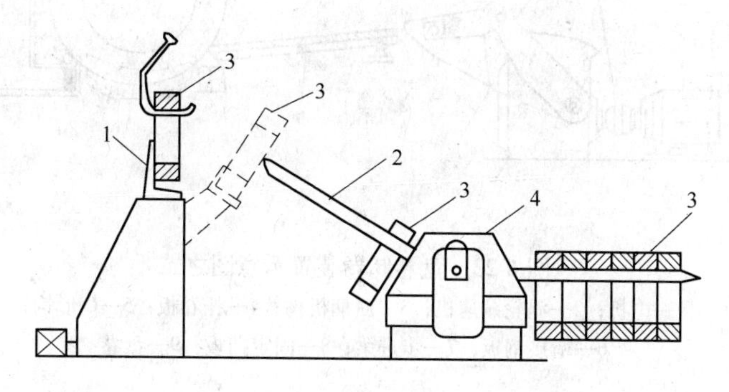

图6-21 盘卷卸卷机与集卷机示意图

1—卸卷机；2—收集杆；3—线卷；4—集卷机

高速轧机线材生产中，由于盘重大，所以一般是单卷卸卷。图6-22和图6-23为两种不同的卸卷装置示意图。

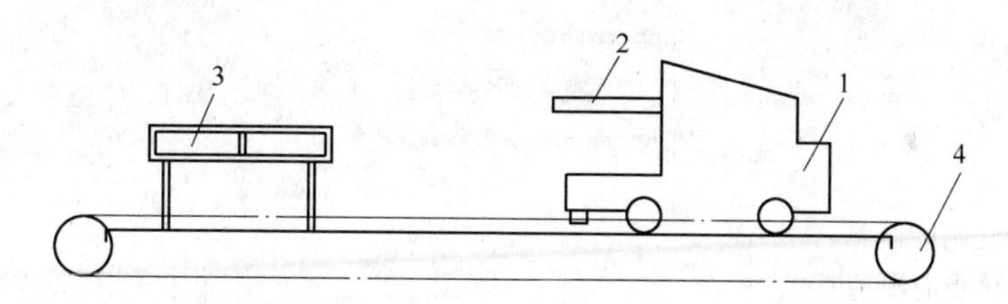

图6-22 盘卷卸卷装置示意图之一

1—卸卷小车；2—升降横杆；3—固定收集架；4—链条传动机构

卸卷机相对于盘卷运输机位置，有平行和垂直两种布局方式。平行布局方式，就是卸卷机与该处运输机的轴线相互平行且在同一轴线上；而垂直布置方式，则是卸卷机与该处的盘卷运输机的轴线相互垂直。两种布置方式的主要区别是盘卷集放架的位置和集放架存放盘卷的货位数量不同。货位多可对吊车的吊运工作起到缓冲作用。

上述各卸卷机，几乎都有带液压升降托盘（从钩上托起盘卷用）装置的小车，而小车又几乎都是由电动机驱动并在轨道上作往返运动的。

盘卷卸卷后，由叉车或吊车送到成品库堆放。成品库的位置应靠近卸卷站，以减少叉车或吊车的运卷时间，提高作业效率。

为了适应多品种、多规格轧制，要求成品盘卷的堆放场地有一定容量的面积，以便按不同的钢种、不同规格分垛堆放。此外，成品仓库要留有一定的可周转余地，以存放暂时不能外放的盘卷。但仓库也不能设计过大，以免造成空库浪费。一般根据轧机的生产能力，以7~10天的产量作为成品库的饱和容量（最大存放量）来考虑较为合理。另外，成

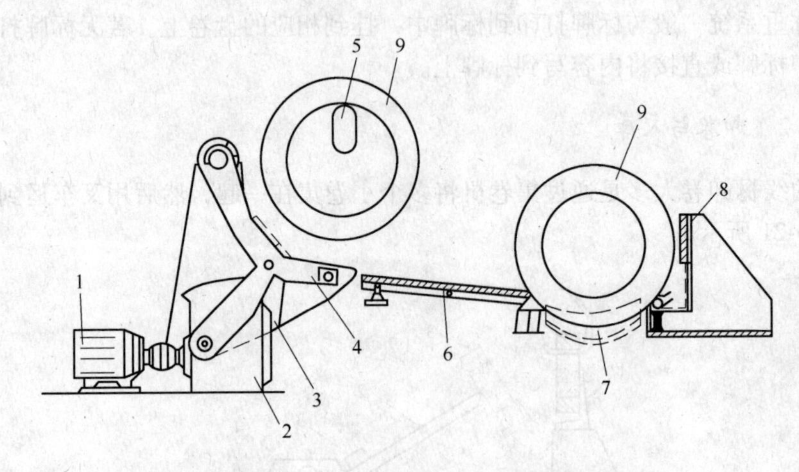

图 6-23 盘卷卸卷装置示意图之二

1—电机；2—涡轮减速机；3—曲柄机构；4—托卷板；5—C 形钩；6—衔接钢板；7—步进梁；8—固定挡板；9—盘卷

品库还要求有好的盘卷发运条件，以保证生产的盘卷能及时方便地向外发运。

盘卷的堆放形式应采用同钢种、同规格交错多层堆垛，严禁不同钢种混垛堆放。盘卷堆垛高度根据地基承受能力和吊车吊运高度确定，为了安全起见，一般不超过 5 层。位于盘卷垛底层的盘卷外侧应设置挡块，防止盘卷滑移滚动导致散垛。

复习思考题

6-1 试叙述控制轧制的概念。

6-2 控制轧制的优点有哪些？

6-3 控制轧制的种类有哪些？

6-4 控制轧制变形制度是什么？

6-5 线材控制冷却的目的是什么？

6-6 线材控制冷却的工艺要求有哪些？

6-7 线材控制冷却有哪几个阶段？

6-8 斯太尔摩控制冷却法的形式是什么？

6-9 斯太尔摩控制冷却法的效果如何？

6-10 斯太尔摩控制冷却法的特点是什么？

6-11 控制冷却岗位的操作技能要求有哪些？

6-12 简述控制冷却的操作。

6-13 简述控冷区的事故处理方法并分析其原因。

6-14 控冷区操作安全事项包括什么？

6-15 控冷操作台的控制功能有哪些？

6-16 盘卷有哪些类型，各具有什么特点？

6-17 高速线材常用哪种运输方式，其特点是什么？

6-18 打捆机的类型有哪些，其性能和操作方法各是什么？

7 高速线材轧机产品的质量控制

7.1 产品缺陷及质量控制

企业生产经营的最终目的是求得最佳社会效益，企业的生产经营活动不仅是为了本企业的经济效益，而且更主要的是为用户服务，使用户满意。用户都希望得到品种、规格对路，质量优良，价格便宜，服务周到的产品，其中除产品外形规格尺寸必须正确之外，内在质量是用户最关心的。为了满足用户对盘条质量日益提高的要求，20 世纪 60 年代出现了高速线材轧机，而且得到了迅速地发展。高速线材轧机的问世和发展，又为当今热轧盘条的使用者提供了获得高效益的条件。这也正是我国近年来引进国外高速轧机线材生产技术的原因。

我国几套高速线材轧机建成不久，相关部门就发布了高速线材轧机所产热轧盘条的行业标准，其水平与国际上的标准相当，而国际上许多生产厂家的盘条实物质量多优于标准所定指标，以求在商品竞争中取胜。

7.1.1 线材使用的质量要求

随着工业的发展，线材的应用领域越来越广，对线材品种质量的要求越来越严格，也越来越专门化，这促进了线材轧机的发展。线材产品不论是规格还是钢种都越来越多：线材的直径通常为 5~13mm，由于制造标准件的需要，许多冷拉坯料直接使用盘条，盘条比直条拉拔头少，连续性强，拉拔效率高。因此，盘条直径在不断扩大。国外一些轧机已生产直径为 36mm 的盘条，甚至生产直径大到 60mm 的盘条，这些大直径盘条有的在小型轧机上生产，有的在线材轧机上生产，所以有些标准将线材的直径范围规定得很大。我国已把线材轧机产品的最大直径由 9mm 扩大到了 22mm。常见的线材产品规格范围为5~13mm。

常见的盘条多为圆断面。异形断面（如方、椭圆、六角、半圆等）盘条生产量较少，盘条标准通常也只规定圆形材的技术条件。线材轧机也生产盘状交货的螺纹钢，其尺寸、性能要求也都按螺纹钢的标准执行。

线材的钢种非常广泛，有碳素结构钢、优质碳素结构钢、弹簧钢、碳素工具钢、合金结构钢、轴承钢、合金工具钢、不锈钢、电热合金钢等，凡是需要加工成丝的钢种大都经过热轧线材轧机生产成盘条再拉拔成丝。因为钢种、钢号繁多，所以在线材生产中通常将线材分成以下四大类：

（1）软线，系指普通低碳钢热轧圆盘条，现用的牌号主要是碳素结构钢标准中所规定的 Q195、Q215、Q235 和优质碳素结构钢中所规定的 10、15、20 号钢等。

（2）硬线，系指优质碳素结构钢类的盘条，如制绳钢丝用盘条，针织布钢丝用盘条，轮胎钢丝、琴钢丝等专用盘条，硬线一般碳含量偏高，泛指 45 号以上的优质碳素结构钢、

40Mn ~70Mn、T8MnA、T9A、TlO 等。

（3）焊线，系指焊条用盘条，包括碳素焊条钢和合金焊条钢的盘条。

（4）合金钢线材，它系指各种合金钢和合金含量高的专用钢盘条。如轴系钢盘条、合金结构钢、不锈钢、合金工具钢盘条等。低合金钢线材一般划归为硬线，如有特殊性能也可划入合金钢类。

对线材质量要求更多的是必须满足后部工序的使用性能。一般线材交货技术条件规定的质量内容有：外形及尺寸精度、表面质量及氧化铁皮、截面质量及金相组织（截面是指垂直于线材中心线的断面）、化学成分及力学性能（包括深加工的工艺性能）、盘重、包装及标志。

线材用途不同，其质量要求也各有侧重，如冷镦材除对力学性能有严格要求外，最主要的是要求冷镦不开裂，而要想保证不开裂就要严格控制夹杂及表面裂纹、折叠、划伤等会造成开裂的缺陷。焊条钢盘条的质量要求最主要的是对化学成分及偏析要严格控制。

7.1.1.1 精度

提高线材产品精度无疑会给各种使用部门带来好处。高精度线材作钢筋使用可以减少钢筋允许受力的离散差值从而节约钢材。高精度线材用于拉拔加工可以提高金属的拉拔性能，减少拉拔中的不均匀变形和由不均匀变形引起的模压差，从而减少断丝、改善钢丝表面质量。

高速线材轧机产品的直径偏差达到±0. 15mm 毫无困难，甚至可以精确到±0. 1mm、±0. 05mm,但是对热轧产品要求极高的精度是十分不经济的。极少量的高精度产品只能在轧机最良好的状态下生产，保证高精度须要常换槽孔。而过高的精度要求在使用中不一定都有明显作用。如对软线、焊线，用直径偏差为±0. 15mm 与±0. 25mm 的原料进行拉拔比较，发现冷拉的产品质量、生产效率、加工成本几乎没有什么区别。生产超过实际需要的极高精度产品在经济上是一种浪费，即使是要求冷拉性能很高的制品，对线材精度的要求也不甚高。当热轧生产高精度产品增加的费用高于在冷拉工序增加一次热处理的费用时，人们就不再要求用热轧方法提高精度来适应拉拔需要了。国外高速轧机的线材产品实际交货精度见表 7-1。

表 7-1 国外高速轧机的线材产品实际交货精度

成品直径 φ/mm	直径偏差/mm	不圆度/mm	备 注
5. 5~7	±0. 15	0. 24	
7. 5~8. 5	±0. 16	0. 25	
9~9. 5	±0. 18	0. 29	
10~13	±0. 20	0. 32	
44、50	±0. 50	0. 60	盘卷交货

7.1.1.2 表面

线材表面要求光洁和不得有妨碍使用的缺陷，即不得有耳子、裂纹、折叠、结疤、夹层等缺陷，允许有局部的压痕、凸块、凹坑、划伤和不严重的麻面。线材无论是直接用于建筑还是深加工成各类制品，其耳子、裂纹、折叠、结疤、夹层等直接影响使用性能的缺陷都是绝对不允许有的。至于影响表面光洁的一些缺陷可根据使用要求予以控制，直接用作钢筋的线材表面光洁程度影响不大。用于冷镦的线材对划伤比较敏感，凸块则影响拉拔。平时所说的表面裂纹、结疤等影响表面光洁的缺陷和麻面等都是缺陷。它们在实际判定中有时也难区分，所以有些厂将这类表面缺陷的深度都限量，表 7-2 列出 3 种直径为 5.5~9mm 的线材对表面缺陷的具体要求。

表 7-2 几种线材表面缺陷的深度限值

线材种类	ϕ5.5~9mm 线材的表面缺陷深度限值/mm
冷镦用线材（不锈钢、耐热钢、弹簧钢、轴承钢）	<0.15
硬线（结构钢、工具钢、易切钢、铆钉钢）	<0.25
琴钢丝用线材	<0.10

线材表面氧化铁皮愈少愈好，这不仅可以提高金属收得率而且可以缩短酸洗时间，减少酸耗，甚至可以用机械除鳞取代酸洗，根除环境污染。从易于去除和抗锈蚀性好的要求出发希望氧化铁皮的成分以 FeO 为主。要求氧化铁皮的总量小于 10kg/t，国外一般可达 8kg/t。要控制高价氧化铁（ Fe_2O_3、Fe_3O_4）的生成，就要严格控制终轧温度、吐丝温度和线材在 350℃以上温度停留的时间。

7.1.1.3 截面质量及金相组织

A 截面质量的概念

通常标准中没有截面质量之称。但将缩孔、中心疏松、夹杂等缺陷完全归并于表面缺陷也并不十分科学，这类缺陷不进行截面检查有时很难发现，有些缺陷如脱碳、过热等不借助金相显微镜也不能定量准确地判定。而这类缺陷在评价线材质量中占重要地位。

含碳量在 0.30%上的线材，应严格控制其表面脱碳层的深度，脱碳的表面层形成犬牙状铁素体嵌入基棒中，将严重影响线材的抗拉强度，尤其影响其疲劳强度。用于冷拉的线材由于内外组织差异还会增加变形抗力。所以重要的直接用作冷拉材和高强螺栓、冷镦的线材都要严格控制脱碳层的深度。表 7-3 是一些厂家实际控制的脱碳层深度。

表 7-3 冷拉、冷镦用线材的脱碳层要求 (mm)

钢 种	线材直径范围	铁素体脱碳层深度	全脱碳层深度
碳素钢	<9.5	<0.101	<0.305
	9.5~12.1	<0.127	<0.356
	12.7~18.6	<0.152	<0.404
低合金钢	4.8	<0.051	<0.152
	4.8~6.4	<0.076	<0.203
	6.4~9.5	<0.076	<0.254
	9.5~12.7	<0.102	<0.305
	>12.7	<0.127	<0.356

缩孔、夹杂、分层、过烧等都是不允许存在的缺陷。

B　过烧缺陷

过烧有可能是钢坯带来的，钢的加热温度过高（接近熔点），氧进入金属内部，氧化并部分地熔融金属的晶界和其间的杂质，使晶粒之间的结合削弱，金属力学性能很差，局部过烧在加工时会造成金属部分脱落或出现严重龟裂。

C　过热缺陷

过热是加热温度高或高温停留时间长、晶粒长得过大、晶粒结合减弱的一种现象，当加热不当时可能出现，过热钢轧制时出现裂痕和龟裂。过热虽较过烧程度轻并可经热处理予以消除，但过热是线材所不允许有的缺陷。

D　金相组织

为了保证线材的力学性能特别是工艺性能，必须对线材的金相组织予以控制。因为金属材料的化学成分、晶体结构和金相组织与线材的性能存在着对应关系。只强调化学成分与性能的关系，而不了解材料的金属结构、组织状态就不能全面地正确地评价材料。有些缺陷如非金属夹杂的成分、分布、形态如不借助于显微组织就不能观察，所以许多重要用途的线材提出金相检查内容和判定的技术条件。线材的金相检查项目通常包括非金属夹杂、晶粒度及显微组织。

a　非金属夹杂的影响

钢中存在的非金属夹杂对拉丝的断头率、断面收缩率乃至拉拔速度都有影响，特别是在加工中不变形的非金属夹杂对拉丝影响更大。当拉细丝时在细小的断面上非金属夹杂就是一个断裂源，拔的愈细影响愈大、愈容易断裂。另外，自攻螺丝如有非金属夹杂可能造成丝扣的残缺。非金属夹杂对线材深加工影响很大。我国通用标准虽未对非金属夹杂作具体规定，但是在特别要求中提出双方协议。国外，如英国布莱顿公司对制绳钢丝及弹簧钢丝用盘条的夹杂物也都有严格规定。

b　晶粒度的影响

对优质碳素钢及制绳钢丝用盘条的晶粒度一般都有严格规定，国际市场对晶粒度要求更为严格，只允许有一个“级”的波动，因为只要出现大小不均的混合晶粒，就对拉拔和冷镦非常不利。

c　显微组织的影响

线材的显微组织对力学性能、工艺性能影响最大。硬线盘条、合金钢盘条不允许出现淬火组织（马氏体、屈氏体和马氏体区）。中、低碳钢盘条不允许出现魏氏组织。锰钢中如含有较多的奥氏体组织对拉拔也非常不利。对含碳量较高的钢来说，其游离铁素体不得大于1.5%，可分辨珠光体量不得大于20%，要求为细片层珠光体，即索氏体，这种组织有利于拉拔，可以省掉预处理工序。

7.1.1.4　化学成分及力学性能

钢的化学成分是决定成品金相组织的基础条件。它除了对加工工艺过程有影响（如连铸操作希望钢中Mn与Si的比大于3）之外，还对盘条的各项性能有重要的影响。碳、锰（硅）左右着钢的强度、韧性等基本性能。磷、硫一般被认为是有害元素，其含量越低越好，往往根据磷硫含量评定钢的级别。磷固溶于铁素体，虽能增加强度，但会使之脆化。硫则影响热工工艺，其化合物破坏基体的连续性。评价既定钢种钢号“化学成分”质量的着眼点，应是各元素含量的允许波动范围和同一熔炼号实物的波动值，还有不可避免的偏析值。化学成分除与整个生产技术水平有关之外，和分析取样方法有关。随着用户对盘条各方面的要求日益严格，生产厂对化学成分的允许波动范围也根据情况加以调整，如制造特殊用途的钢绳，制造厂限制了同一根钢绳用钢丝的力学性能波动幅度，规定了制绳用盘条的碳含量（熔炼成分）只允许 5 个“点”的波动（如 $w[C]=0.70\% \sim 0.75\%$）。锰含量允许波动值均为 20 个“点”。此外，对钢中的残余元素，如对高强度弹簧盘条及制绳钢丝，规定镍、铬含量均不得大于 0.08%，对高质量制绳用钢规定的元素含量的最高限量为：$w[Ni]=0.12\%$，$w[Cr]=0.08\%$，$w[Sn]=0.025\%$，$w[Cu]=0.1\%$，$w[Mo]=0.02\%$。连铸时残余元素往往造成严重的中心偏析，在拉丝时中心偏析会造成断裂事故。铜、锡含量高，则在钢坯加热的强氧化气氛中沉积于表面，影响盘条质量。钢中的氮可提高拔丝的加工硬化速率，更影响时效硬化，对拉丝不利。因此，应注意控制氮含量不得高于 0.008%。

YB 4027-91 和 ZBH 44002、44004、44005-88 结合我国具体情况对盘条的化学成分作了明确的规定。国际市场用户很重视根据合同在成品上取样，对化学成分加以核验。

（1）对碳的要求。为了保证线材质量均匀，性能一致，其碳含量波动范围应尽可能小，不仅要求同一浇注批号的碳含量波动小，而且要求同一钢号的碳含量都相同，以保证同一钢号的线材质量稳定。另外要限定偏析值保证线材成分及性能均匀。对碳钢线材而言，含碳量每增加 0.1%，则抗拉强度就相应增加 78.4MPa，而伸长率下降 4%。所以通常要求同批线材碳含量波动不超过 0.02%。目前我国标准规定的允许碳含量波动范围都比较大。相信随着炼钢工序精炼手段的完善，我国炼钢水平一定能赶上并超过目前的国际先进标准。

成品分析 6 个试样平均值及个别试样与熔炼成分之差，必须满足表 7-4 的要求。

表 7-4 成品分析允许碳含量偏差

碳含量范围/%	平均值与熔炼成分之差/%	任一试样与熔炼成分之差/%
≤0.25	≤0.02	≤0.03
0.25~0.50	≤0.03	≤0.05
≥0.50	≤0.04	≤0.06

（2）对硅及锰的要求。成品分析 6 个试样平均值必须符合熔炼成分的要求，硅的任一试样不得比熔炼成分高出 0.04%，锰的 6 个试样的波动范围不得大于 0.08%。

（3）对硫及磷的要求。成品分析 6 个试样各自的平均值须在熔炼成分范围内，硫及磷任一元素其任一单独试样的波动值不得超出熔炼成分±0.006%。

7.1.1.5 外形尺寸

A 盘条的高精度

高速线材轧机精轧机组的精确度很高，轧辊质量很好，当控制系统灵敏，孔型-轧制制度合理，并且调整技术熟练时，它生产的盘条精度可以大大超过老式轧机的盘条精度。如前所述，高速线材轧机产品精度达到±0.15mm 没有什么问题，一般认为软线精度达到±0.25mm 即完全可以满足要求。当然高速线材轧机的产品精度是可以达到±0.1mm 的，不过这是不经济的。除常换辊外，还要在导卫、孔型、轧机、传动、电控方面做许多工作，也只能使线材在一段短时间之内保持±0.1mm的精度。据此，相关部门发布的ZBH 44001—88标准作了规定见表7-5。

表7-5 热轧盘条尺寸精度允许偏差（ZBH 44001—88标准）

直径 φ/mm	允许偏差/mm		
	A精度级	B精度级	C精度级
5.5~10.0	±0.30	±0.20	±0.15
10.5~15.0	±0.40	±0.25	±0.20
15.5~22.0	±0.50	±0.30	±0.25

B 高精度盘条对后续生产的影响

较高的尺寸精度是节约钢材最有效的方法之一，用高级钢种盘条作为深加工原料，其尺寸精度尤为重要。如按公称尺寸计算，设计拉丝工艺第一道变形量，若按过去标准规定允许的直径正偏差极限交货，则第一道变形量得超过设计值1/3以上，对高碳钢来说，这将达到其断裂极限值。制造非调质高强度标准件，将会给冷镦工序造成严重困难，产生大量废品并损坏模具。按过去标准允许的负偏差极限值轧制，同样也会给这些用户带来问题。据此YB 4027—91又规定制造标准件的原料必须以B、C级精度交货。对此，国际上有些著名厂家则规定盘条的“当量圆”直径的偏差小于公称直径±0.15mm，以限制横断面积的波动。尺寸精度的另一指标是不圆度即同一断面最大直径与最小直径之差，一般规定为直径允许的正负偏差的绝对值之和的80%。当不圆度超过一定限度时，对拉丝工序的危害很大。在同一断面的相互垂直方向上变形量不同，将造成“模压差”，这不仅会破坏润滑效果，还会引起模内直线段各向磨损不均，这对制品收得率及拉模寿命均有严重影响。

C 轧制工序对尺寸精度的影响

轧制工序是控制尺寸精度的主要环节。而影响精度的主要因素有温度、张力、孔型设计、轧辊及工艺装备的加工精度，孔槽及导卫的磨损、导卫安装和轧机调整及轧机的机座刚度、调整精度、轧辊轴承的可靠性和电传控制水平和精度等。

a 轧件温度的影响

轧件的温度变化将影响变形抗力和宽展，从而造成轧件尺寸的波动。轧件温度变化与轧机工艺设计、平面布置和控冷设备有关。高速线材轧机不像横列式轧机有数量众多的长活套，这些活套温降严重，是造成横列式线材轧机轧件出现头尾温差的主要原因。高速线材轧机为了实现无张力轧制，设置了一些调节活套，这些不大的活套不构成温降。因此高速线材轧机轧件的温度变化主要是操作因素造成的，如加热不均，控冷变化，轧件的停顿等，所以高速线材轧机必须严格控制轧制温度，使同条、同批轧制温度尽可能一致。

b 张力的影响

张力在热轧线材生产中是影响轧件尺寸精度的最主要因素。但在细小轧件的高速连轧中张力又是不可避免的。粗轧中由于轧机间距不大也不可能堆起活套，实现无张力轧制。在轧制线材中尽可能实现微张力或无张力轧制是连续式线材轧制的宗旨。粗轧轧件尺寸的波动到成品一般只能消除4/5，精轧机的消差能力也只有50%。所以控制张力在全轧线的每一个环节都不容忽略。一般一个连轧机组，如粗轧或中轧为一个设计单元，每一单元的设计拉钢值不应大于 1%，为了轧制顺利进行，拉钢又多置于本连轧机组的第一、二架之间。

c 孔型设计的影响

孔型设计与轧件精度也有密切关系，一般讲椭圆-立椭孔型系统消差作用比较显著，小辊径可以减少宽展量，其消差作用比大辊径好；在精轧机组、中轧机组不采用大延伸可增加孔型系统的适应性，从而增大消差作用。孔型设计中应特别注意轧件尺寸变化后的孔型适应性，即变形的稳定性、不扭转不倒钢不改变变形方位。

d 轧辊加工及装备精度的影响

轧辊加工及工艺装备的精度是实现正常生产的基本条件，也是保证轧件精度的基础条件。高速线材轧机的工装精度应保证轧件尺寸波动在 0.05mm 之内。安装导卫，调整设定孔槽都应该使用样棒。轧机调整装置的调整都应该用数字显示，美国摩根公司的最新精轧机的压下调整已经安装了传感器，可以数字显示，可以远距离遥控调整。

e 轧机刚度的影响

轧机刚度的重要性曾一度被一些人过分地强调。其实在线材生产中由于轧制压力不大，轧机的总变形量不大，机架及辊系的弹性变形量在总变形量中并不占重要成分。反而是机座的加工精度、轧辊的轴承质量更为重要。就提高线材精度而言，提高机件加工精度，减少轧制力传递系统的间隙数量和缩小间隙比增加牌坊刚度、比缩短一点应力线更实用更有效。调整精确，不松动，运行稳定对保证机座使用性能是非常重要的。所以要控制轧件精度必须对这些主要设备注意维护、检测和改进。

f 自动检测和自动控制

在高速线材轧机生产中，另一个影响轧件精度的重要因素是自动检测和自动控制。高速线材轧机的高速连续化生产要求合理控制工艺参数，而控制参数的许多环节不是靠人工干预，而是靠智能仪表的检测和调整。因此仪表的失准、调整的失灵失误都不能保证生产工艺按要求进行。如温度的显示、水量、水压的显示，轧辊转速的显示等无一不直接影响控制程序，又无一不影响轧制中的轧件温度、张力设定等。错误的显示可直接导致错误的程序发生。所以首先要注意仪表的准确可靠，其次是控制执行的准确性，即控制质量（包括传动质量等）。凡是能造成轧机运转产生误差或波动的，凡是能造成控轧、控温的诸多控制环节失准的因素都影响张力、温度等，也必然都影响轧件的精度。

7.1.1.6 表面质量

高速轧机生产的线材表面缺陷与普通轧机生产的线材表面缺陷基本相同，表面缺陷一是原料带来的，二是加热轧制或精整过程造成的。

A 坯料质量控制

表面质量的控制首先要严格控制坯料质量，严格检查、正确判定、认真清理修磨。要特别强调的是对坯料的隐形缺陷应引起注意，如针孔、潜伏的皮下气泡等，这些缺陷的检查应按铸造批次进行截面检查，并应对炼钢及浇注工序有严格的工艺限定，凡是炼钢及浇注未达到工序控制要求的坯料都应严格检查，不放过有潜伏缺陷的钢坯。

B 热轧盘条表面质量控制

我国标准规定的表面质量要求又分表面、截面及氧化铁皮三项。YB 4027—91 和 ZBH 44002、44004、44005-88 对优质碳素钢、普通低碳钢、制绳钢丝用钢及碳素焊条钢四类的高速无扭轧制及控制冷却的热轧盘条表面质量有明确的规定：表面应光滑，不得有裂纹、折叠、耳子、结疤、分层及夹杂，允许有压痕及局部的凸块、划痕、麻点，其深度或高度（从实际尺寸算起）A 级精度不得大于 0.15mm，B、C 级精度不得大于 0.10mm。国外有的标准规定麻点深不得超过公称直径的 1%。下面简述缺陷产生原因。

a 耳子

盘条表面沿轧制方向的条状凸起称为耳子，主要是轧槽过充满造成的。轧槽导卫安装不正及放偏过钢，均能使轧件产生耳子。轧制温度的波动或局部不均匀，影响轧件的宽展量，也可能形成耳子。此外，坯料的缺陷，如缩孔、偏析、分层及外来夹杂物，会影响轧件的正常变形，因此也是形成耳子的原因。在高速线材轧机（连轧）生产中，最终产品头尾两端很难避免耳子的产生。

b 折叠

盘条表面沿轧制方向平直或弯曲的细线，在横断面上与表面呈小角度交角状的缺陷多为折叠，主要是由前道次的耳子，也可能是其他纵向凸起物轧入本体造成方坯上的缺陷处理不当留下的深沟，轧制时形成折叠，如图 7-1 所示。折叠的两侧伴有脱碳层或部分脱碳层，折缝中间常存在氧化铁夹杂。

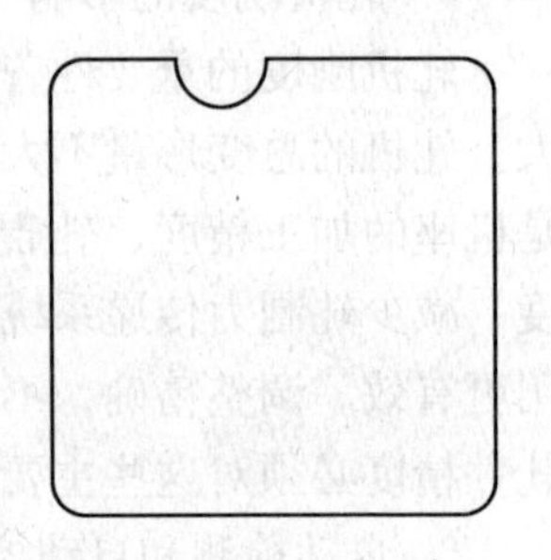

图 7-1 钢坯处理不当

c 裂纹

盘条表面沿轧制方向有平直或弯曲、折曲的细线，这种缺陷多为裂纹。有的裂纹内有夹杂物，两侧也有脱碳现象。钢坯上未消除的裂纹（无论纵向或横向），皮下气泡及非金属夹杂物都会在盘条上造成裂纹缺陷。

连铸坯上的针孔如不清除，经轧制被延伸、氧化、熔接就会造成成品的线状纹。针孔是铸坯常见的重要缺陷之一，不显露时很难检查出来，应特别予以注意。高碳钢盘条或合金含量高的钢坯加热工艺不当（预热速度过快，加热温度过高等），以及盘条轧成后冷却速度过快，也可能造成成品裂纹，后者还可能出现横向裂纹。轧后控冷不当形成的裂纹无脱碳现象伴生，纹缝中一般无氧化铁皮。

d 结疤

在盘条表面与盘条本体部分结合或完全未结合的金属片层称为结疤。前者是由成品以前道次轧件上的凸起物轧入本体形成的，后者则是已脱离轧件的金属碎屑轧在轧件表面上形成的。漏检锭上留有的结疤，钢锭表面未清除干净的翘皮、飞翅也可形成结疤。

e 分层

盘条纵向分成两层或更多层的缺陷称之为分层，漏检的沸腾钢锭上部所轧出的钢坯生产的盘条，以及轧制钢坯切头不净，可使盘条产生分层。钢坯上的分层来自钢锭，当浇注钢锭时，上部形成气泡或大量的非金属夹杂物聚集，轧坯时不能焊合，化学成分严重偏析（如硫等），轧坯时造成金属不连续，也是造成分层的原因。

f 夹杂

盘条表面所见夹杂（这里是指肉眼可见的非金属物质），多为铸钢时耐火材料附在钢锭、钢坯表面，钢坯入炉加热时漏检所致。钢坯加热过程中，炉顶耐火材料或其他异物被轧在盘条表面，也可形成夹杂缺陷。

g 凸起及压痕

凸起、压痕主要是轧槽损坏或磨损造成的，老式轧机生产的盘条，有时出现这类缺陷，高速线材轧机的产品很少遇到，主要是因为高速轧机的轧辊材质坚硬，磨制光洁平滑。

h 麻点

麻点是轧槽磨损严重或吐丝温度过高，冷却速度过慢，盘条表面受到严重氧化造成的，有时盘条轧成后长期贮存在潮湿及腐蚀气氛中，也形成麻点。

i 划痕

划痕主要是成品通过有缺陷的设备，如水冷箱，夹送辊，吐丝机，散卷输送线，集卷器及打捆机等造成的。

对直接用作建筑材料的盘条，其表面缺陷主要影响强度、疲劳极限，若有锈蚀，将沿缺陷向盘条内部延伸。作为拉丝及其他深加工的原料，盘条的表面缺陷则除对拉模及其他工模具有损害之外，重要的是还会严重影响其中间产品及最终产品的质量。如裂纹在拉丝过程中将会逐步扩大，在退火过程中脱碳层扩大延伸，调质过程在尖端产生新的内应力，裂纹向前延伸。更为严重的是造成设备故障或其他事故以致停车。

j 盘条截面上的缩孔、分层、夹杂

盘条截面中心部位的疏松或空洞称为缩孔，缩孔处存在非金属夹杂，同时某些非铁元素富集。当模铸钢锭或连铸钢坯的钢液冷缩时，在锭坯中心部位出现空洞，正确的锭模设计及铸锭工艺操作使缩孔在钢锭头部形成，轧坯时将相应钢锭头部这一部分切除即可。钢坯切头不净，残留的缩孔将由半成品带入盘条。另外，除去钢锭头部之外，不正确的铸模设计及铸钢工艺还会形成二次甚至三次缩孔深入钢锭中部，这些必须引起注意。连铸方坯按“小钢锭理论”有时出现周期性的缩孔与钢锭缩孔相仿。缩孔与内裂（由内应力产生的锭、坯、材中心部位的裂纹）不同，缩孔伴有严重的非金属夹杂物，内裂是由加工应力或热处理相变应力造成的内部裂纹，两侧及附近没有夹杂物聚集。也有人将锭、坯中心部位的夹杂物聚集称为缩孔。

盘条截面上的分层和表面上的分层一样，来自钢锭浇注所产生的上部气泡或非金属夹杂物的大量聚集，以及某些元素的大量偏析，特别是低碳沸腾钢，如硫在钢液凝固过程中富集于液相，形成低熔点的连续或不连续的网状 FeS，轧坯时则会形成分层。

盘条截面上的夹杂和表面上的夹杂一样，是指肉眼可见的夹杂，这样的缺陷一般是铸钢时外来的非金属物质进入钢液，冷凝在钢锭上部，或黏附在钢锭或铸坯某个部位造成的。

截面上的缩孔、分层和夹杂，破坏了金属的连续性，对盘条的直接应用和深加工都极为不利。

k 表面氧化铁皮

YB 4027—91 和 ZBH 44002、44004、44005-88 标准中规定：盘条表面氧化铁皮质量不

大于 10kg/t。国际上一般标准规定不超过 8kg/t。过去有的厂家对盘条表面的氧化铁皮未予重视，过多的氧化铁皮严重影响深加工产品的成材率。以前老轧机生产的盘条，由于冷却速度慢，二次氧化铁皮的生成量占 1.6%~2.0%。控制冷却可以控制二次氧化铁皮的生成数量和成分。在控制冷却的情况下，二次氧化铁皮的生成数量均在 0.3%~0.9%。当吐丝温度控制在 750~800℃时，二次氧化铁皮生成量为下限值，当吐丝温度高达 1000℃时，二次氧化铁皮的生成量为上限值。氧化铁皮中 Fe_2O_3 的数量随着温度的提高而增加，Fe_2O_3在酸洗中不易溶解。黏在钢表面的少量的 Fe_2O_3酸洗可以除掉。用机械除鳞法不易除掉 Fe_2O_3，可以比较容易地除掉较厚的 FeO 层。要想得到较厚的 FeO 层，吐丝温度控制在 900~950℃较好，这对于低碳钢线材或高碳钢线材都是一样的。

7.1.2　高倍低倍检验

需要进行高倍低倍检验的项目有元素偏析、表面脱碳、夹杂、晶粒度及微观组织等。

A　偏析

在盘条的断面上存在着元素不均匀的现象，称为偏析，常见的碳、硫、磷偏析最为严重。偏析现象，主要是钢液在冷却凝固过程中，元素在结晶与余液中分配不一致造成的。元素的偏析程度与钢种、锭坯浇注方法，元素成分含量，浇注工艺操作有关。

钢中的碳偏析和锰偏析，对高碳钢丝来说可能是最重要的问题。不同炼钢工艺所产生的偏析位置不同。连铸钢坯的偏析问题，近年来已引起了更多的关注，特别是高碳钢，更要注意偏析这个潜在因素。

偏析程度随钢坯铸造断面的增加而减少，断面尺寸小于 100mm×100mm 的钢坯比 100mm×100mm~125mm×125mm 的钢坯偏析程度大。这是由于大等轴晶粒有助于使偏析的元素扩散，降低了偏析程度。目前采用铸造时的二次冷却来控制柱状晶生长，其目的是使钢坯横截面形成最大区域的等轴晶粒。同时在铸流冷却时使用了电磁搅拌，以试图扩散铸造时产生的富碳和富硫区，但成效有限。高碳钢连铸坯的主要问题是碳、硫和锰的偏析峰在控制冷却过程中，与输送机边缘局部缓慢冷却部位重合而产生的晶界自由渗碳体和偶然粗大的珠光体晶粒，不能成功地直接拉拔成钢丝。特别是生产大直径线材时，拔丝更为困难。

通过许多试验，发现有效控制偏析的方法是将铸造温度控制低些。把中间包温度控制在固相线以上 20~25℃，进行低温连铸，对降低偏析程度有显著的作用。

目前坦普尔巴勒轧钢公司线材厂使用连铸坯已有 6 年。开始使用时认为控制质量最主要的是控制中心偏析。因此，只有含碳量在 0.4%~0.7%之内的钢号用连铸坯。由于进行了很多改进，目前含碳量为 0.83%的钢，也可用连铸坯。

通过拔丝试验证明，含碳量在 0.75%~0.85%时，偏析程度大，能够造成有纵裂纹的钢丝断裂。断裂与中心晶界两珠光体之间存在的脆性自由渗碳体薄膜有关。而低碳钢的渗碳体问题并不严重，因为低碳钢在有较高的渗碳体偏析的情况下也不产生自由渗碳体。

在中碳钢内有适度的碳和硫偏析是可以接受的，但是对于含碳量为 0.70%~0.85%的钢来说，碳和硫的偏析则是造成钢丝断裂的最主要原因，用经过铅淬火的线材拔丝尤其如此。

坦普尔巴勒轧钢公司线材厂在控制冷却方面采用较严格的操作，并进行了改进。对较大直径的线材，为了减少析出二次渗碳体，增加了冷却速度。通过使用较长的带有调整风量装置的控制冷却线，改进不同部位的风量（特别是运输机边缘部位）和变换线材圈与圈接触的位置，使线材得到了更均匀的冷却。这不仅有消除粗大显微组织和减少网状渗碳体的作用，而且提高了每一圈和整卷盘条性能的均匀性。

在钢坯连铸和线材轧制得到改进以后，坦普尔巴勒轧钢公司线材厂目前用连铸坯生产的含碳量高达0.80%，尺寸在ϕ11.0mm以下（包括ϕ11.0mm）的线材，可不经铅浴淬火直接拔成钢丝。根据对盘条的使用要求，有严重偏析的钢材应当剔除，例如制绳钢丝用盘条的碳含量中心偏析可以使中部出现渗碳体块，这种线材拉丝时产生中心断裂，当用拔后水冷增加断面减缩率时断裂更严重。钢液中的残余元素偏析富集于连铸方坯的中心，同样也会造成这种损害。硅的偏析也不容疏忽，有的文献说硅的偏析可大到0.10%~0.40%，硅含量过高，也严重降低拉丝性能。

此外，H08焊条钢盘条硫偏析发生在沸腾钢锭上部中心，可使该段钢坯截面的硫含量超出熔炼成分一倍以上。我国已公布的高速线材轧机生产的热轧盘条标准对元素偏析未作具体规定。国外有的制绳厂规定进厂C级（最高等级）原料按专门制定的低倍评级图片验收，其碳含量大于或等于0.75%者，碳偏析不得超过1级，硫偏析不得大于3级；其碳含量小于0.75%者，碳偏析不得超过2级，硫偏析不得超过4级。

B　脱碳

用光学显微镜检查没有珠光体的区域，其大小沿圆周的长超过0.2mm，径向深度大于0.2mm者称之为全脱碳。伴随着折叠或裂纹而产生的脱碳称为局部脱碳。在光学显微镜下，盘条表面显示碳含量减少，但其程度较轻，称为部分脱碳。与里面缺陷折叠及裂纹伴随的脱碳区，其总长度的测量方法国外标准中均有明确而详细的规定。高级别盘条（如美国C级）不允许有全脱碳层存在。部分脱碳层最深不得大于盘条公称直径的1.0%，脱碳影响盘条及其制品的疲劳极限。

C　非金属夹杂

非金属夹杂指高倍显微镜下检查到的非金属夹杂物，通常用夹杂物评级图作对比鉴定其级别。盘条中的非金属夹杂物来源于锭、坯浇注时外界进入脱氧脱硫反应生成的物质。它的存在破坏了金属基体的连续性，金属断裂之前，往往先在夹杂物内或夹杂物与基体金属结合面产生断裂源。硫化物（硫化锰）、硅酸盐在加工时随基体变形，其危害性一般认为小于不能变形的氧化物，尤其是氧化铝，带棱角的氧化铝给拉丝提供应力集中的场所造成钢丝断裂。所以就单独存在而言，在单独视场中，对氧化物的要求更严。随着拉丝技术的发展，断面减缩率的增加，拉丝速度的提高，对钢洁净度的要求日趋严格。

D　晶粒度

我国ZBH 44002—88及ZBH 44004—88对优质碳素钢及制绳钢丝用盘条的实际晶粒度有明确规定：60~85号钢及40Mn~85Mn钢盘条其实际晶粒度为6~8级。国际市场的合同交货技术条件（若需要）规定的晶粒度较严格，只有一个“级”的波动。避免出现尺寸大小不匀的混合晶粒，以利于深加工。晶粒均匀对拉丝及冷镦很有利。控制轧制的发展，将用控制线材金相组织的办法控制线材性能的工作提到了一个更高的阶段。控制轧制在900℃以下，在奥氏体未再结晶区及铁素体和奥氏体双相区进行大变形量的延伸使晶粒得到极大的细化。常规轧制后奥氏体粒约20~40μm，而控制轧制后的奥氏体晶粒可细化到几微米。

钢的屈服点及断裂强度与晶粒大小密切相关，强度的增大与晶粒直径的平方根成反比。晶粒越小钢的脆性转变温度越低。因此要想得到高韧性的钢就必须使它的晶粒细化，10 号钢的晶粒直径与屈服点的关系见表 7-6。

表 7-6　10 号钢的铁素体晶粒直径与屈服点的关系

晶粒直径 d/μm	400	50	10	5	2
屈服点 σ_s/MPa	125	175	280	350	500

E　微观组织（成分）

钢材的微观组织决定了钢材的性能（特别是力学性能及工艺性能）。我国 ZBH 44002—88 及 ZBH 44004—88 对优质碳素钢及制绳钢丝用盘条的显微组织作了“不得有淬火组织（马氏体区和屈氏体、马氏体区域）”的规定，高速线材轧机的特点，或者说突出的优势之一，是能够在金属终轧之后，立即在线作控制冷却处理；可以极大程度地按预先设计的目标来调整控冷制度，使成品盘条得到预期的金相组织。如果在低碳钢中含有马氏体组织或者在锰钢中含有较多的奥氏体组织，对进一步拉丝十分不利。对含碳量较高的钢来说，尽量少的铁素体，尽可能薄的珠光体片层间距，这种组织对“直接拉拔率”，即盘条不经热处理一次可以拉缩的最大面缩率，十分有利。国外有的工厂对盘条组织中的可分辨珠光体作了限制，以求得到以索氏体为主的有利于深加工的组织。

7.1.3　力学性能

力学性能包括抗拉强度、屈服点、断面收缩率及伸长率。供建筑直接使用的热轧盘条（用来作混凝土加强钢筋）对最低屈服点有明确要求，我国 YB 4027—91 要求，用作深加工原料的热轧盘条，其力学性能必须明确规定，以满足用户进行深加工的需要。如作冷拔带肋钢筋用的低碳钢盘条，用来拔制非调质高强度紧固件用钢丝的低碳微合金钢盘条等，这些盘条经过规定的冷拔或冷轧产生加工硬化，从而使成品的力学性能在原料的基础上得到调整，达到所需要的力学性能指标；又如，对直接拉丝用盘条来说，十分重要的是它应有较高的断面收缩率；再如，对有些高碳钢要求一定的碳锰含量达到相应的抗拉强度，即盘条的抗拉强度与按公式计算所得的碳当量相对应，以核查化学成分与操作程序控制是否相对应；还有一点是为保证力学性能的均匀性，有的工厂规定在一圈盘条上等距离 6 点取样检验的抗拉强度差不超过±20MPa，同条差不超过±30MPa；有的工厂严格规定进厂原料碳含量，无论低、中、高任何级别的同批最高与最低抗拉强度之差不得超过 90MPa。图 7-2 为非调质钢盘条成品力学性能对钢丝性能的影响。

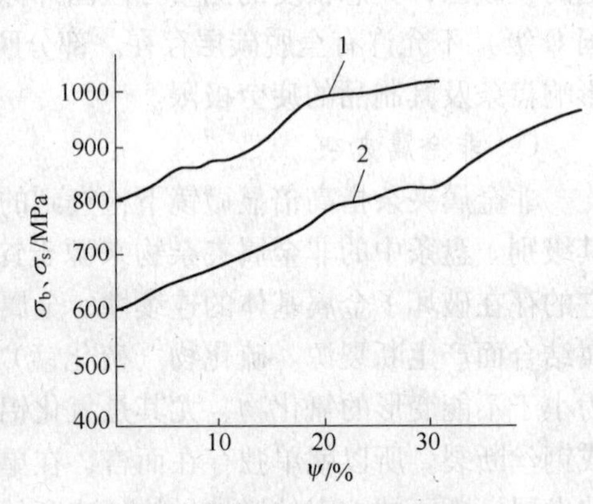

图 7-2　非调质钢盘条成品力学性能对钢丝性能的影响

1—σ_b 值；2—σ_s 值

7.1.4　包装及标志

YB 4027—91 和 ZBH 44002、44004、44005—88 规定“盘条应成盘交货，每盘捆扎不少于 3 处，每盘应由一根组成，允许每批有 5% 的盘数由两根组成，每根盘重不少于 100kg”。

国外有的厂家要求较严格，规定每盘必须捆扎 4 道，捆扎牢固，盘卷平整，不松散，无歪扭线圈，不得挤压过紧，影响化学除鳞。此外，每盘必须拴挂金属标牌，印明制造厂家、规格尺寸，钢的浇注号，熔炼碳成分，轧制日期，钢种（钢的质量等级）及盘条的质量等级。

7.2　各类产品的生产特点和质量控制

7.2.1　焊线钢

焊线钢是专门供制造电弧焊、气焊、埋弧自动焊、电渣焊和气体保护焊焊条用的钢。钢的成分随所焊材质不同而不同，大致分为碳素结构钢、合金结构钢和不锈钢三大类。焊线钢大多拔制成焊丝，作为各种焊条的原料，少部分直接使用盘条。

7.2.1.1　焊线钢的生产特点

A　焊线钢的质量要求

主要是化学成分、表面质量和尺寸精度，对力学性能一般不作要求，因而对冶金质量要求较高，特别是硫、磷有害元素含量的控制。焊线钢的含碳量一般都低于 0.15%，少量钢号的含碳量大于 0.15%，最高可达到 0.35%，如 H15A、H15Mn、H18CrMoA、H30CrMnSiA、H2Cr13 等。

B　焊线钢的加热要求

碳素结构钢类的焊线钢，大部分属于低碳钢，因而对加热温度控制的要求不严格，可参照低碳钢的加热工艺。对于添加了锰、硅、铬、钼等合金元素的合金钢和不锈钢类焊线钢，为防止过热，加热温度不宜过高。

C　对钢坯进行质量检查和清理

根据焊线钢的用途要求，要重视钢坯表面质量的检查，对不合要求的表面缺陷，一般可用火焰清理，但对合金元素含量高的钢种不得采用火焰清理，以防止产生热裂纹，可以用其他机械修磨的方法清除缺陷。

D　采用大变形量轧制

焊线钢的高温塑性一般都较好，变形抗力较小，热轧温度范围宽，一般可采用较大的变形量轧制。

7.2.1.2　焊线钢的质量控制

焊线钢的应用范围十分广泛，经拔制后作不同用途和要求的焊丝用，常用于对金属结构件、机械零件、容器罐（板）、机器设备、船用钢板以及特殊用途的焊接，其质量的好坏对焊接件使用中的安全有较大的影响。焊接后的焊缝应满足质量要求，有足够的力学性能和不出气孔。否则，低质量的焊缝将会带来无法弥补的经济损失。因而对钢的化学成分有严格要求。同时，为保证焊丝有均匀一致的性能，不允许有超出标准的成分偏析。这就要求焊线钢必须有高的冶金质量来保证。另外焊线钢的用途决定它还应具有良好的表面质量和拉拔性能。

A 要注意工具表面的光洁及检查

轧制中应注意强调轧制工具的表面必须光洁，认真做好对导卫、导槽及轧辊（环）轧槽的检查，发现有裂纹的孔槽要及时更换，防止黏钢、毛刺、刮丝、缺冷却水等造成的轧件表面缺陷带到成品线材表面上去。

B 冷却工艺采用延迟型冷却工艺

由于焊线钢盘条轧制后一般需要拉拔，其性能和组织要求与拉丝用的低碳钢类似。所以冷却工艺通常采用延迟型冷却工艺，按低碳钢要求控制，但对吐丝温度相对控制得较低。一般优质钢 H08A 为 860℃，锰和硅-锰类钢按其钢号不同，控制在 780~820℃。这是因为 H08A 的碳含量低，轧后盘条的强度亦较低，采用较低的吐丝温度对控制线材表面氧化铁皮有利，可以提高线材的表面质量。而锰及硅-锰类的钢则是因为降低吐丝温度，能使细晶奥氏体在较低温度下转变分解得到较细的铁素体+珠光体组织，可有效地避免马氏体组织的出现，从而达到降低线材抗拉强度的目的，有利于拔制。

锰及硅-锰类钢，由于硅、锰合金元素的存在，提高了钢的淬透性，并使转变曲线在“CCT”曲线图上向右下方移动，推迟并延长了转变的时间。特别是对硅、锰含量较高的钢种，尽管碳量不高，若工艺参数控制不当，转变后也可能产生马氏体等硬组织。

C 气体保护焊丝用钢的质量控制

CO_2气体保护焊是成本较低的气体电焊工艺方法之一，近几十年来发展很快，在国内外都得到了广泛的应用。该工艺使用 H08Mn2SiA 的丝，即为含碳量低，含硅、锰量较高的硅锰钢。对应的同类钢号美国标准为 ER 70S-6，日本标准是 YGW 11。由于其锰、硅含量较高（$w[\mathrm{Mn}]=1.80\%\sim2.10\%$，$w[\mathrm{Si}]=0.65\%\sim0.95\%$），要求冷却速度非常缓慢。即使在延迟型冷却的条件下，若工艺参数控制不当，也有可能出现一些不希望有的马氏体组织。因此，在转变前控制奥氏体晶粒的大小是该类钢质量控制的关键。为获得尽可能小的奥氏体晶粒，应将终轧温度和吐丝温度控制得较低，以细化奥氏体晶粒，使奥氏体向铁素体和渗碳体转变最佳化。吐丝温度可低至 760℃。同时采用延迟型冷却工艺，使冷却速度尽可能缓慢。其工艺参数选择：辊道速度 0.05m/s，保温罩盖全关，风机关闭。

用该工艺生产的气体保护焊丝用钢，经检验，金相组织为铁素体+珠光体，无马氏体组织。线材的抗拉强度 $\sigma_b\leqslant600\mathrm{MPa}$，伸长率 $\delta_5\geqslant20\%$，能满足用户对拉拔性能的要求。

7.2.2 硬线

7.2.2.1 硬线的概念及用途

通常把优质碳素结构钢中含碳量不小于 0.45%的中高碳钢轧制的线材称为硬线。变形抗力与硬线相当的低合金钢、合金钢及某些专用钢也可归类为硬线，但通常合金钢线材是按其合金含量及用途分类的。

硬线主要是作为金属制品行业的原料，广泛用于加工低松弛预应力钢丝、钢丝绳、钢绞线、轮胎钢丝及钢帘线、中高强度的紧固件等。硬线过去依靠国外大量进口，耗费大量外汇。随着我国线材生产的发展，特别是高速线材轧机的工艺技术装备的应用，硬线产量和质量不断提高，扭转了硬线生产的被动局面，出现了不断开发硬线产品的好势头。

7.2.2.2 硬线产品的生产特点

硬线产品用途的要求，决定了硬线的生产有以下特点：

（1）对钢坯探伤，并做低倍检验，表面不合要求的钢坯必须修磨处理，通常在前道工序配置钢坯修磨线，清理钢坯表面。

（2）对盘条有脱碳层要求，一般脱碳层深度不大于公称直径的2%（对制绳用盘条不大于5%），因而坯料的加热制度应予以控制。

（3）轧制工艺控制严格，轧机的调整，导卫、轧辊（环）表面的检查都要认真，不得有黏钢、刮丝、错辊现象，以预防出现耳子、折叠、结疤、裂纹等轧制缺陷。

（4）轧制中变形抗力较大。

（5）终轧温度和控制冷却的温度控制严格。

7.2.2.3 硬线产品的质量控制

为了保证硬线产品的质量，满足后续工序制品加工用户的需要，在原料、加热、轧制冷却各工序的质量控制上应予以足够的重视。

A 原料、加热的质量控制

在轧制过程中无法清除因钢质带来的缺陷，因而钢坯的内部质量是获得高质量产品的首要保证。由于硬线产品对表面质量有严格要求，因此生产硬线的厂家在前道工序应配备必要的钢坯修磨（清理）设备，通常包括喷丸、荧粉探伤、砂轮修磨等（对硬线坯不宜用火焰清理），对表面不合要求的钢坯进行表面清理，清除表面的局部缺陷。对有特殊要求的钢种，有时须作表面“扒皮”处理。

钢坯加热应防止表面脱碳，是硬线产品的基本要求。为了防止脱碳，应根据含碳量合理地控制各段的加热温度和加热速度及炉内气氛，应严格地控制钢坯在高温区的加热时间。钢坯出炉温度控制在1150℃以下为宜，在轧制能力许可的条件下，可把开轧温度控制在950~1000℃。

B 轧制控制

成品的表面质量和几何尺寸的精度是靠轧制中的精心操作、调整和检查来保证的。但轧制中的温度控制，特别是终轧的奥氏体晶粒大小影响转变后的组织性能。对于硬线来说，一般要求较高的吐丝温度，因而相应的终轧温度也较高，一般控制在950~1050℃；这可通过精轧前水箱及精轧导卫的冷却水量调节来实现。

C 控制冷却

控制冷却对线材的组织、力学性能有重要影响，硬线产品的最终用途是通过拉拔，深加工成各种规格的、不同用途的金属制品。这要求硬线具有一定的拉拔强度和较好的延伸性能，通常制品厂家需要通过铅浴淬火使硬线获得这种性能。在线材厂进行控制冷却的目的就是要模拟一个铅浴淬火的过程。控冷的硬线在金属制品厂家至少可省掉一次铅浴淬火，简化了工艺并大大减少了氧化铁皮量，有较好的社会经济效益。

为使高碳钢线材获得接近铅浴处理的性能，根据C曲线的要求，需要较高的吐丝温度和较快的冷却速度，因此采用标准型冷却工艺。吐丝温度一般在850~950℃，为减少二次氧化，控制它不超过900℃，以控制在850~870℃为宜。风冷区供给100%风量，运输辊道速度选择1.10~1.30m/s。该工艺控制的冷却速度可使奥氏体分解的过冷度增大，连续冷却转变曲线向右下方移动，使较粗大的奥氏体晶粒转变为珠光体的相变在更低的温度下进行，以使转变后的珠光体片间距减小，使线材的抗拉强度增加。在相同冷却条件下，线材吐丝温度越高，抗拉强度越高，吐丝温度越低，抗拉强度越低。当吐丝温度相同时，小规格线材的抗拉强度较高。

标准型斯太尔摩工艺处理的SWRH67A（宝钢坯）线材从ϕ5.5mm拉拔至ϕ1.25mm，其面缩率极限值为94.8%，与铅浴淬火处理后的钢丝冷拉面缩率极限值96%已十分接近，可取代铅浴淬火工艺。对ϕ11mm 3CD82（欧洲牌号）高碳钢线材，不经铅浴淬火，直接拉拔8道，总面缩率为79%，可生产出符合美国标准ASTMA 416—80的250级预应力铜绞线制品。

7.2.3 软线

7.2.3.1 软线产品的特点

软线生产除常规的生产工艺要求外，无其他特殊要求。在质量控制上因用途不同而有所差异。根据软线产品的用途一般分为拉拔用线材和建筑用线材两大类，二者的性能和组织要求均不相同。拉拔用线材要经受很大的拉拔变形，要求线材的强度低，塑性好。其金相组织中珠光体含量越少越好，要求铁素体晶粒粗大一些。而建筑用线材则要求有较高的抗拉强度和一定的塑性，其组织要求晶粒细小，尽可能提高珠光体含量。鉴于上述不同要求，在选择控制冷却工艺和终轧温度时要区别对待（见表7-7）。

表7-7 软钢线材冷却工艺参数

工艺参数	拔丝用	建筑用	备注
吐丝温度/℃	900	850	
运输辊道速度/$m \cdot s^{-1}$	0.08	0.15~0.25	速度分8段控制，各段设定不同
保温罩盖	全关	前部分关闭	
风机风量	0	0	风量分四档控制，“0”为风机关闭

7.2.3.2 冷却工艺制度的制定

标准型冷却工艺对软线的性能控制是不理想的。因其冷却速度快，过饱和固溶体中的碳作为间隙原子出现，并且部分聚集在点阵缺陷（位错）处，在形变过程中产生强烈的应变时效，导致硬度、塑性、韧性下降，使软线的使用性能下降。

选用延迟型冷却工艺，在提高终轧温度和吐丝温度的情况下，能获得较粗大的奥氏体晶粒，减少随后冷却相变时的铁素体形核率。同时，在相变区进行缓慢冷却，不同的冷却速度可得到满足不同使用要求的性能。

拉拔用线材的吐丝温度较高，而冷却速度较慢，可使奥氏体分解在高温区进行，并且分解转变的时间较长。据低碳钢C曲线可知，这是有利于先共析铁素体的充分析出和长大的，粗大的奥氏体转变为粗大的铁素体和少量的碳化物组织。而建筑用线材吐丝温度相对较低，但冷却速度相对较快，该工艺控制的目的是为了降低奥氏体分解温度和缩短分解转变时间，以便得到较多的珠光体组织和较细的铁素体晶粒。

实践表明，用上述工艺生产的低碳钢线材，其性能明显优于标准型冷却工艺生产的同类产品。以拉丝用0215F线材为例，其抗拉强度低于390MPa，伸长率达40%以上，优于原专业标准ZBH 44003—88规定的要求，而标准型冷却工艺生产的Q215F却难以达到这一水平，其抗拉强度在410MPa左右，高于专业标准的规定。

7.2.4 低合金钢线材

7.2.4.1 低合金钢线材的概念及用途

按合金的含量分类：钢中合金总含量小于3. 5%的线材统称为低合金钢线材，而与碳含量的高低关系不大。如FM07Mn2SiV双相钢、09CrPV（D）耐候钢、ML15 MnVB、I20MnTiB、20 CrMnM。

冷镦钢、65Mn弹簧钢、GCr15轴承钢等，虽含碳量不同，其合金总含量均小于3. 5%，所以均归类为低合金钢线材。该类线材由于合金元素的存在，一般具有较高的淬透性，较高的强度和较好的韧性，即较好的综合力学性能，可用于制作铆螺用紧固件、标准件、承受强度的结构件以及耐磨件等。

7.2.4.2 低合金钢线材的生产特点

低合金钢线材的生产有以下特点：

（1）该类钢的用途决定了对坯料表面要求较严，它的坯料必须经检查、清理后方可入炉。

（2）该类钢大多有脱碳要求，加热时除考虑脱碳影响外，还应注意合金含量对加热制度的影响，才能合理地制定加热工艺。

（3）充分做好轧制前的准备工作，检查轧线导卫、轧辊（环），针对不同钢种的特性，合理地调整孔型、冷却水量。

（4）在制定轧制、控冷工艺时，对合金元素的存在应予以足够的重视。

7.2.4.3 低合金钢线材的质量控制

该类钢除考虑碳含量因素外，质量控制的重点是合金元素的含量、种类及其性质，针对不同的用途选择合适的工艺参数。该类钢大多数要求有较好的综合力学性能（适当的强度和良好的塑性和韧性），通常采用延迟型冷却来达到目的。现仅以20CrMnMo、GCr15为例介绍该类钢的线材质量控制。

A 20CrMnMo钢的质量控制

20CrMnMo钢常用来制造链条用销轴，要求具有良好的综合力学性能和良好的低温冲击韧性，即对线材的强度和塑性均有一定要求。该钢含铬(Cr)、锰(Mn)、钼（Mo）量较高，淬透性较好，其成分为：$w(\mathrm{Cr}) = 1.10\%\sim1.40\%$，$w(\mathrm{Mn}) = 0.9\%\sim1.20\%$、$w(\mathrm{Mo})$

= 0. 20% ~ 0 30%。从 20CrMnMo 钢的 C 曲线可知，在冷却速度稍快的情况下，可以得到一定量的贝氏体组织，因而宜采用延迟型缓慢冷却的控制工艺。为了避免产生较多的贝氏体组织，吐丝温度应设定较低，防止晶粒粗大，以使奥氏体较早地进行珠光体分解转变。在较低的冷却速度下，盘条在高于贝氏体相变区温度的温度下有足够的时间完成相变，获得片层间距较小的珠光体或索氏体组织。

终轧温度控制在不大于 980℃，吐丝温度选择在 760 ~ 780℃，辊道速度 0. 05 ~ 0. 15m/s（辊速由前向后递增），保温罩盖全部关闭，风机全部关闭。在此工艺控制下得到的组织为珠光体、索氏体加少量铁素体。其抗拉强度为 950 ~ 1045MPa，伸长率 δ_5 为 13% ~ 15%。该钢种由于锰、铬合金的固溶强化作用，在轧制时变形抗力较大，相当于高碳钢轧制时的变形抗力。

B　GCr15 钢的质量控制

GCr15 线材主要用于制造各类轴承中的滚珠、滚柱、滚针。对钢质要求严格，如对钢的化学成分和内部组织的均匀性、钢的纯净度和表面脱碳都有较高的要求。轴承钢标准除规定化学成分外，还要求检查低倍组织、非金属夹杂物、碳化物不均匀性（网状碳化物、带状碳化物和碳化物偏析）和表面脱碳等。由于轴承钢对冶炼要求十分严格，能生产高质量轴承钢的厂家不多，仅有少数几家，因而目前国内 GCr15 线材的产量很低，相当一部分还依赖进口，但具备生产轴承钢线材的线材厂家在日益增多。相信不久以后，这种依赖进口的局面，将随着我国轴承钢质量的改善和提高而彻底扭转。

GCr15 是高碳低铬钢，在质量控制中如何抑制网状碳化物的形成是问题的关键。资料表明，终轧温度控制在 800 ~ 850℃能够控制网状碳化物的形成，但高速线材轧机其变形量和变形速度都很大，轧制中变形热也大，如此低的终轧温度对线材冷却和电机负荷来说是难以实现的。为此只能尽可能地控制合适的终轧温度，轧后立即强制快速水冷至 800℃以下，以减少或抑制碳化物沿晶界析出，并减少氧化铁皮的生成量。吐丝温度控制在 780℃左右，随后采用延迟型缓慢冷却，以尽可能地控制网状碳化物的形成和长大。辊道速度选择 0. 08 ~ 0. 12m/s，保温罩盖全关闭，风机全部关闭。采用该控冷工艺得到的组织为细珠光体加断续薄网状碳化物，网状碳化物级别为 0 ~ 1. 5 级，大多数为 0. 5 级，能满足用户的要求和标准规定。用该控冷工艺生产的 ϕ5. 5mm 的 GCr15 线材，其抗拉强度达到 1230MPa，断面收缩率为 18%。

综上所述，制定低合金钢线材的延迟冷却工艺，必须根据用途等条件综合考虑。由于合金元素的作用，采用标准型控冷工艺是不适宜的。

7. 2. 5　合金钢线材

7. 2. 5. 1　合金钢线材的概念及用途

相对于低合金钢线材而言，钢中合金元素的总含量不小于 3. 5% 的线材称为合金钢线材。合金钢线材因其合金元素含量高，冶炼、浇注技术要求严格，成分难以控制。目前国内的生产厂家不多，仅在合金钢厂有小批量的生产。因原料供应困难，在高速线材轧机上采用控轧、控冷工艺生产合金钢线材的厂家很少。马鞍山钢铁公司的高速线材轧机，生产 ϕ6. 5mm 的 1Cr18 Ni9Ti 不锈钢盘条。这种属奥氏体-铁素体类的不锈钢，具有较好的耐腐蚀性，通常这种盘条用于制造有特殊用途的钢球、医疗用针、骨架支撑及生活用品等。

7.2.5.2 1Cr18Ni9Ti 线材的生产特点

该钢种为高铬、镍钢，具有高强度，高耐蚀性、高塑性（无磁性），是一种具有少量碳化物和铁素体相的奥氏体类钢，其生产特点如下：

（1）钢坯表面应严格检查，表面缺陷用机械方法清除。

（2）钢的导热性差，导热系数相当于低碳钢的 27%，预热段加热速度不宜过快。这种钢无组织应力，可冷态装炉。

（3）该钢种高温塑性好，加热温度可以适当高些，但温度过高将引起钢中第二相（铁素体相）数量增加，降低高温塑性，因此不宜超过 1200℃。

（4）该钢种的变形抗力大，较碳钢的大 1.3~1.5 倍。当轧制温度较低时，变形抗力急剧增加，因此，终轧温度不应过低。

（5）轧制中轧辊、导卫的冷却水量应予以控制，防止表面因急剧冷却导致裂纹，并保证有较高的终轧温度。

（6）该钢种不产生组织应力，所以轧后不须缓冷。为避免碳化物析出，以获得高的抗晶间腐蚀能力，轧后须经固溶处理。

（7）该钢种的氧化铁皮难以清除，须用硫酸、硝酸、盐酸及氢氟酸溶液去除氧化铁皮。

7.2.5.3 1Cr18Ni9Ti 线材的质量控制

1Cr18Ni9Ti 线材的使用要求是应具有较高的拉拔性能、良好的晶间抗腐能力，良好的冷镦性能以及高的屈服点。考虑到该钢种自身的性能特点，在质量控制中对轧制、控制冷却应予以足够的重视。

为改善轧制条件，该钢种应在较高的温度下轧制变形，轧制温度和终轧温度都要求控制高些。为防止在高温下因第二相（铁素体相）的增加而带来的塑性降低，加热的极限温度要求低于 1250℃，开轧温度控制在 1150~1180℃。为了尽可能减少轧制中的温降损失，粗、中轧机组的冷却水量至少要减少 50%。轧后要求粗大的奥氏体组织，终轧温度控制得较高，一般控制在 1050~1100℃之内。轧后为使钢中碳化物或其他化合物能在较高温度下有足够的时间固溶于粗大的奥氏体晶粒中，相应选择 950℃的吐丝温度。随后采用标准型控制冷却工艺，在风冷区以 100%的风量快速冷却，辊道速度选择 0.90~1.05m/s，保温罩盖全部打开。盘条经快速冷却后可避免碳化物在晶界处沉淀，有效地提高线材抗晶间腐蚀的能力，提高线材的耐腐蚀性。经该控冷工艺控制的线材性能，其抗拉强度达到 580~650MPa，伸长率大于 20%，改善了线材的塑性和韧性，具有良好的加工和使用性能，为热轧后继续进行冷加工准备了条件。

7.2.6 冷镦钢线材

7.2.6.1 冷镦钢线材的用途及要求

冷镦钢线材一般用低、中碳优质碳素结构钢和合金结构钢生产，主要用于制造螺栓、螺母、螺钉、铆钉、自攻螺钉等紧固件和各种冷镦成形的零配件，其用途十分广泛，需求量也较大。据资料统计，目前国内年需求量约100多万吨，市场供不应求。

这种线材的制品在各个领域都得到广泛应用，其产品质量的重要性尤为突出。在诸多钢种中，冷镦钢检验项目最多而且严格。对线材的表面质量、内在质量、成分的均匀性、冷加工性能及尺寸精度均有较高的要求。

目前我国冷镦钢线材质量和国外实物质量相比，仍有一定的差距，其力学性能和工艺性能不够稳定、材质硬度不均，表现在冷冲压加工过程中，表面开裂现象较为严重（部分品种镦裂率有时高达20%，日本同类材质的镦裂率低于2%）。在品种上，10级、9级以上的高强度紧固件尚依赖进口。在产品标准上，我国含碳量组距为7个碳量，国外为5个碳量，较我国控制得严。我国标准的锰含量为$w[Mn]=0.20\%\sim0.5\%$，而国外的标准分三个档次，$w[Mn]=0.30\%\sim0.60\%$；$w[Mn]=0.60\%\sim0.90\%$；$w[Mn]=0.90\%\sim1.00\%$。Mn含量的提高，扩大了低碳冷镦钢的锰含量范围，改善了线材的综合力学性能。

为适应国民经济的发展，冷镦钢线材的质量（特别是冶金质量）尚有待进一步提高。

7.2.6.2 冷镦钢线材的生产特点

冷镦钢线材的生产特点有：

(1) 冷镦钢要求有高的冶金质量。其化学成分、夹杂、偏析直接影响成材后的冷镦加工性能。在国外，该钢种均采用炉外精炼等二次冶炼技术。

(2) 对原料的表面质量检查严格，不合格钢坯必须经修磨后方可入炉。

(3) 加热制度和低、中碳钢相同。但对表面有脱碳要求的钢种，加热、控冷中应予以注意。

(4) 轧制中变形抗力不大，轧前对轧制工具表面及导槽均要严格检查、清理，精心调整。

(5) 为减少后续工序模具的消耗和不必要的空拉拔，对线材的尺寸精度要求较严。

(6) 尽可能减少氧化铁皮。

7.2.6.3 冷镦钢线材的质量控制

冷镦钢线材质量控制的特点不同于对应的低、中碳素结构钢线材，其最终的性能要保证有足够的强度和良好的韧性和塑性，一般没有拉拔性能的要求。因而质量控制的重点是使冷镦钢线材具有较好的综合力学性能，其金相组织为铁素体加珠光体，采用延迟型冷却较合适。对于不同钢号的冷镦钢，在控冷工艺上大同小异，风机和保温罩盖都是全部关闭的，而在终轧温度、吐丝温度及辊道运输速度的控制上略有区别。

A ML10~ML45线材的质量控制

ML10~ML45线材与低、中碳钢线材相比，吐丝温度选择适中的820~840℃，可减少氧化铁皮的生产量。辊道速度控制在0.1~0.20m/s较低的冷却速度上。该工艺参数控制的目的是使奥氏体相变在适中的温度下进行，并且相转变的时间较长，以便得到适中的铁素体晶粒和少量的珠光体，从而提高线材的强度，并且塑性指标不下降。这就保证了冷镦钢线材能获得较好的综合力学性能。吐丝温度和辊道速度的选择与含碳量和成品性能要求有关，作高强度紧固件用的钢可选择温度和速度的下限控制。

B　ML15 MnVB 线材的质量控制

ML15MnVB 线材为低碳合金结构钢线材，可制作高强度螺栓、螺母、螺钉等紧固件。表面脱碳要求不大于线材直径的 15%。合金元素锰含量较高（w[Mn] = 1.20%~1.60%），且含有微量合金元素硼、钒，可有效地提高过冷奥氏体的稳定性，延缓并降低先共析铁素体的生成速度。选择较低的吐丝温度（约 780℃左右），可在转变前获得细小的奥氏体晶粒。在 0.15m/s 的辊道速度下缓慢冷却，能使合金元素的碳化物起到强化组织的作用。采用该工艺控制，得到的组织是细铁素体加少量珠光体。抗拉强度为 500~600MPa，能满足综合性能高的要求。

C　G10180 线材的质量控制

该钢种 G10180 线材是含碳量较低（w[C] =0.15%~0.20%），但锰含量（w[Mn] = 0.60%~0.90%）高于我国类似钢号的线材。合金元素锰的固溶强化作用，可提高材质的强度。控冷工艺选择 860℃的吐丝温度，0.10m/s 的辊道运输速度，可使该线材获得适中的抗拉强度和良好的韧性。其组织为晶粒适中（6~8 级）的铁素体加少量珠光体，抗拉强度达到 460~480MPa，伸长率 δ_5 为 41%~44%。

复习思考题

7-1　线材使用的质量要求是什么？

7-2　各类产品的生产特点和质量控制方法是什么？

7-3　热轧盘条质量控制有什么要求？

参考文献

[1] 赵志业. 金属塑性变形与轧制理论［M］. 北京：冶金工业出版社，1961.
[2] 高速轧机线材生产编写组. 高速轧机线材生产［M］. 北京：冶金工业出版社，1995.
[3] 刘文，王兴珍. 轧钢生产基础知识问答［M］. 北京：冶金工业出版社，1994.
[4] 王有铭. 型钢生产理论与工艺［M］. 北京：冶金工业出版社，1995.
[5] 李生智. 金属压力加工概论［M］. 北京：冶金工业出版社，1983.
[6] 线材生产编写组. 线材生产［M］. 北京：冶金工业出版社，1986.
[7] 王有铭，李曼云，韦光. 钢材的控制轧制和控制冷却［M］. 北京：冶金工业出版社，2009.
[8] 赵松筠，唐文林. 型钢孔型设计［M］. 北京：冶金工业出版社，2000.
[9] 曲克. 轧钢工艺学［M］. 北京：冶金工业出版社，1997.
[10] 傅德武. 轧钢学［M］. 北京：冶金工业出版社，1985.
[11] 翁宇庆. 超细晶钢［M］. 北京：冶金工业出版社，2003.